大数据技术与应用

城市发展的数据逻辑

李光耀 杨 丽

编著

U0310226

上海科学技术出版社

本书出版由上海科技专著出版资金资助

图书在版编目(CIP)数据

城市发展的数据逻辑/李光耀,杨丽编著. 一上海:
上海科学技术出版社,2015.1(2016.2重印)
(大数据技术与应用)
ISBN 978—7—5478—2296—8

Ⅰ.①城… Ⅱ.①李…②杨… Ⅲ.①城市—发展—
空间信息系统②城市—发展—地理信息系统 Ⅳ.①P208

中国版本图书馆 CIP 数据核字(2014)第 145186 号

城市发展的数据逻辑

李光耀 杨 丽 编著

上海世纪出版股份有限公司
上 海 科 学 技 术 出 版 社 出版
(上海钦州南路 71 号 邮政编码 200235)

上海世纪出版股份有限公司发行中心发行
200001 上海福建中路 193 号 www.ewen.co
苏州望电印刷有限公司印刷
开本 787×1092 1/16 印张 15.75
字数:350 千字
2015 年 1 月第 1 版 2016 年 2 月第 3 次印刷
ISBN 978—7—5478—2296—8/TP·29
定价:60.00 元

本书如有缺页、错装或坏损等严重质量问题,请向工厂联系调换

内容提要

　　本书通过对城市空间数据和非空间数据（如地形数据、建筑物数据、交通数据、城市环境数据等）反映城市发展现状和历史的数据进行分析、挖掘，论述城市发展的规律和内在逻辑，为城市发展提供了重要的分析工具和科学依据。

　　本书系统、全面地介绍了与城市发展有关的各种空间数据，包括卫片、航片、地面测量数据等。在此基础上介绍了国内外对城市生长的研究现状，总结了目前国内外城市大数据研究的形成和发展、城市生长模型及其新方法，并借助一些典型案例，介绍应用城市生长技术的流程与方法。本书还介绍了包括 GIS、RS、GPS 等新技术在城市发展以及城市规划中的应用。在信息技术不断更新的过程中，城市的发展又产生了更多数据，本书介绍了如何使用新的信息技术方法揭示城市发展过程中诸如道路交通、城市建筑、公共设施等城市因子与城市发展的内生联系。

　　本书不仅在技术上系统介绍了数据的来源、标准、格式，还阐述了分析方法、分析模型，并通过信息技术、数据的演变逻辑，演绎了城市发展过程，即通过对城市相关数据的逻辑分析推演城市发展规律。这些技术手段、分析方法对科学认识城市，推进城市分析、城市研究、城市建设、城市管理均具有十分重要的理论与应用价值。

　　本书的读者对象主要包括城市发展领域的本科生、研究生、教师、研究人员和政府部门相关工作人员，以及对城市发展感兴趣的普通读者。

本书获得国家自然科学基金资助

基金批准号：51378365

"水环境对建筑空间环境影响的数字化关键技术研究"

大数据技术与应用

学术顾问

中国工程院院士	**邬江兴**
中国科学院院士	**梅 宏**
中国科学院院士	**金 力**
教授,博士生导师	**温孚江**
教授,博士生导师	**王晓阳**
教授,博士生导师	**管海兵**
教授,博士生导师	**顾君忠**
教授,博士生导师	**乐嘉锦**
研究员	**史一兵**

本书编委会

主　编

同济大学　**李光耀**

同济大学　**杨　丽**

编　委

同济大学　**童小华**

Harvard University　**Bing Wang**

同济大学　**李光明**

同济大学　**王力生**

同济大学　**李方元**

同济大学　**董德存**

青岛海洋地质研究所　**何书锋**

同济大学　**陈　鹏**

同济大学　**田春岐**

同济大学　**朱茂然**

前　言

人类活动的密集性导致了大城市的形成,而人类活动的变迁导致了城市的产生与发展,同时城市在发展过程中又迫使人类活动以适应这种发展。基于两者不可分割的互动联系,现代城市的发展和规划研究不仅需要着眼于平面上土地的利用划分,而且需要考虑三维空间的布局,而为了让城市居民获得有效、和谐、健康、舒适的工作和生活环境,城市发展的研究需要在更多的"维"度进行思考和综合。

"维"是大数据的概念,我们幸运地生活在一个技术快速发展的时代,这些新的技术给我们的生活带来了便利,同时也产生了大量的数据,我们离不开数据。大数据时代的来临为我们提供了更多的方法来研究城市发展如何能更好地为人类服务。本书从大数据的视角,分析城市形成、发展的演变规律以及城市发展中存在的问题及其成因,为城市发展提供重要的分析工具和科学依据。

本书内容分四个主要部分,并且按照数据、分析、技术、仿真这条主线设置章节。

第一部分主要内容包括第 2 章城市发展中的数据和第 3 章空间数据的应用技术,是城市发展的大数据和获取方法及对这些数据的处理分析方法。全面介绍与城市发展有关的各种空间数据(包括卫星、航片、地面测量数据)的获取方法、标准格式以及目前最常用的设备、最先进的设备。对这些数据的处理和分析不论在技术上还是在工作量方面都是很繁杂的,因此本书也介绍了一些研究者设计和发明的技术方法和处理分析软件平台。

第二部分主要内容是介绍国内外对城市生长的研究现状和方法,比较全面地总结和介绍了目前国内外在该领域研究的发展过程、城市生长的模型和新的方法,同时选取一些典型应用作为研究城市生长技术的示范案例。这部分内容包括第 4 章大数据时代下的城市发展研究和第 5 章交通与城市发展。此外,还包括第 6 章城市生长模型,比较全面地介绍了国内外学者在城市生长研究方面建立的各种模型和方法,同时对这些模型成果的应用进行了梳理,作为案例进行详细分析。

第三部分主要内容是作者新的研究内容和部分成果。主要介绍环境数据与城市宜居性。重点分析了风环境、水环境对城市空间的影响,随着城市不断变大,人口的密集居住和流动,适宜的风环境是非常重要的。水环境对宜居的影响不言而喻,但更多的研究是从人文的角度进行解说,如何从物理的角度分析水环境对人居的舒适性影响是一个比较新的内容,虽然有难度,但还是可以进行定量分析,给出合理的建议。幸运的是,该研究得到国家自然科学基金的资助,目前正在和哈佛大学合作进行探索研究。这部分的主要内容集中在第7章气象数据与城市宜居性。

第四部分主要内容是介绍新的技术在城市生长、城市发展以及城市规划中的应用,这些内容包括3S技术和虚拟现实技术等的应用。信息技术飞速发展,如何在城市发展过程中有效地利用这些新技术、新方法是技术应用者的使命,更是技术开发者的目的。先进的信息技术不仅可以提高效率,而且更关键的是对城市发展的未来有更好的指引。

城市发展遵循一定的规律,这种规律隐含在城市的空间数据和非空间数据之中,如何获取、分析并总结出这些规律,对指导城市的发展有着重要的意义。同时在信息技术不断更新的过程中,城市的发展又产生了更多的数据,需要使用新的信息技术方法揭示城市发展过程中诸如道路交通、建筑物、公共设施等城市因子与城市发展的内生联系。

本书的部分成果是作者研究成果,部分研究得到了国家自然科学基金的资助。有些研究还处于探索之中,因此如有不全面的地方,敬请广大读者提出宝贵意见。

"城市发展的数据逻辑"确是很有意义的研究方向。本书涉及的内容比较多,跨越的学科也比较多。编写本书的主要目的是希望能运用大数据理论和技术分析方法对城市发展的规律进行探索,现在物联网技术、大数据技术、云计算技术如火如荼,但到底在城市发展研究中能有多大的作用,如何能更有效的运用,这些都是新兴的课题,我们也尝试去思考,但这仅仅是开始,我们还将继续努力。

　　本书的编写得到了同济大学建筑与城市规划学院、土木工程学院、测绘与地理信息学院、经济与管理学院、环境科学与工程学院、电子与信息工程学院、交通运输工程学院、铁道与城市轨道交通研究院、联合国环境规划署环境与持续发展学院、中德学院以及复旦大学、华东师范大学等院系领导和教授们的大力支持和帮助，在此对他们表示衷心的感谢。尤其要感谢同济大学建筑与城市规划学院彭震伟教授、华东师范大学现代城市研究中心曾刚教授对本书的大力支持和鼓励，他们为本书的编写提出了很多宝贵的意见，让我们有信心坚持下来。

　　在本书的编写过程中，一些博士和硕士研究生参与了部分研究工作，完成了大量的资料收集、整理工作，他们是：彭磊、谢力、秦洁、徐巍、何垫、毛宇航、唐可、羿莉。另外，肖莽、蔡杰、夏兵、吕扬建也参与了其中部分工作，朱国云老师倾注了大量的心血，对他们一并表示感谢。

　　限于作者的水平，书中肯定有不足和遗漏，恳请广大读者批评指正，以便将来做进一步的修订。

本书编者

目 录

第1章

引论

1.1 城市是一个生命体

2010 年上海世博会期间,世博园内有一个主题馆——城市生命馆,该馆的总设计师,中国美术学院院长许江将其解读为"城市是一个活的生命体"。这个比喻非常贴切,城市也是有生命的。人体的五大体征对应城市生命基因,首先是血脉,城市的血脉就是人流、物流、车流、金融流、信息流,血脉畅通才能使城市繁荣;其次是代谢循环,城市需要消耗水、电、热等能源,用完后还要排走,这要求城市的"消化系统"很通畅;第三是神经,城市社区、教育、卫生方方面面,千头万绪,需要有相应的监测系统、互动系统将之管理起来;还有是肌理,城市既要有历史的遗存,有各个年代的建筑样板,又要有城市发展的最新体现,有今天的时尚元素;最重要的是灵魂,每一座城市都有各自地域特色的文化内涵,有独特的精神品格。这五大体征分别代表了城市的经济、结构、管理、形态和精神。

是的,城市是有生命的。城市的生命力,归根到底,来源于人类的活动。人类在城市聚居,在城市开展各种活动,便赋予了城市以生命。只要人类存在,只要人类在城市聚居并不停活动,城市就存在,城市的生命就不会熄灭。很多学者从不同的角度对城市生命进行研究,如《城市的崛起——城市系统学与中国城市化》[1]比较全面地对城市进行系统解构与功能分析,作者将城市看作一个"生命体",从城市系统中梳理出规划系统、产业系统、基础设施系统和公共服务系统等。提出了城市系统的七个基本概念,构建出城市系统论的基本理论框架。

但是城市又太复杂,在我国城市化加速发展的今天,城市在不断地成长,就像一个处于青春期的少年,一些城市得到了很好的呵护,发展良好,但也有一些城市在成长过程中出现了问题。城市出现了一系列的问题,除了空气污染、热岛效应、酸雨酸雾、水污染、噪声污染、光污染等,在环境恶化的同时,交通变得越来越拥堵,人的活动空间变得拥挤,城市本来是能为人们提供方便的场所,现在反而变得越来越不方便了。

规划师们从不同的角度,提出了很多针对城市规划的新的理论和方法,1898 年霍华德(Howard)构想了"田园城市",芒福德(L. Mumford)称赞为"20 世纪初,我们的眼前出现了两项最伟大的发明,一项是飞机,它给人类装上翅膀,另一项就是田园城市,它为飞回地面的人们提供了一个更好的住所",但是随着工业革命的到来,尤其是汽车工业的发展,城市改变了。一些人为因素和缺乏科学根据的决策使得城市无序扩张,变得毫无规律。城市变得越来越浑浊,人们变得很无奈,可能 1 km 的路程需要绝望地等待 1 h。虽然规划师们使出了浑身解数,但收效并不明显。

好在,信息技术的飞速发展,为人们提供了认识城市的手段和方法,大数据时代的来临,让人们有可能摸清城市这个庞然大物的脾气、性格。人们该如何认识和了解城市,怎样把握城市的构成与运行,认知什么是城市化发展的最大制约,适合我国国情的城市化模式是什么,城市的发展应该重点关注什么,这些都是致力于推动城市发展的学者与实践者们所关心的问题。

1.2　如何认识城市

近几年兴起的物联网、云计算和大数据,在悄然地改变着人们的生活。物联网传感器等技术的部署实际上在很大程度上为数据的收集奠定了良好的技术基础,自动化的数据收集方式给了大数据应用更多的数据来源,这些庞大的数据体系通过云计算等技术的整合、分析和处理,得以将更为准确的交付结果提供给管理者以作为依据[2]。

首先是交通,智能交通与大数据应用密切相关。数据的获取与管理是判断城市和公路交通运行状态以及交通信息服务的首要条件,大数据技术可促进交通管理模式的变革,让出行方案有据可依,让车辆管理更具科学性、规划性。在交通信息资源整合的过程中,面临着海量多元异构数据的采集、管理和分析。在实施过程中,除了音频、视频数据外,还包括了卡口数据,电子警察采集数据,车辆的 GPS 数据,气象数据,地理信息数据,公交车、长途客运车等车辆的静态属性信息和营运信息。数据采集并集中在统一的数据交换平台上,针对不同主题进行分析和挖掘。

很多城市借助云计算产业平台将数据集中,充分利用数据资源。以上海为例,按照《上海推进大数据研究与发展三年行动计划》(2013—2015 年),上海将加强公共平台建设,重点选取医疗卫生、食品安全、终身教育、智慧交通、公共安全、科技服务等具有大数据基础的领域,探索交互共享、一体化的服务模式,建设大数据公共服务平台[3]。

针对交通规划、综合交通决策、跨部门协同管理、公众信息服务等需求,建设全方位交通大数据服务平台;针对公共安全领域治安防控、反恐维稳、情报研判、案情侦破等实战需求,建设基于大数据的公共安全管理和应用平台;等等。

大数据兴起于技术发展,却在经济社会生产生活中得到不断的印证和创新。有效的数据共享和精准的数据分析所得出的结果已经不限于领导决策的需要,而延伸至每一个城市人的生活中。

物联网技术为人们带来了大数据,这些数据更多的是针对人的行为的数据。在城市的发展过程中,一些城市空间数据的不断积累也为人们决策将来的发展提供了大量的历史和现实数据,现代航空航天技术的发展极大地推动了遥感遥测技术的进步。20 世纪 60 年代,在航天技术、计算机技术以及传感器技术的大力推动下,利用卫星和飞机,通过各种传感器获取地表信息,在对数据进行传输和处理后获得地面物体的形状、大小、位置、性质及其与环境的相互关系。随着技术的不断进步,遥感技术得到了飞快发展,70年代第一颗地球资源卫星发射升空,一直以来,法国、美国、俄罗斯、日本、印度以及中国等国家陆续发射了对地观测的卫星,并且越来越多[4]。技术越来越先进,设备越来越精密,多样化、多层次搭载平台不断出现,各种新型传感器大量涌现,多样化的立体影像获取手段层出不穷,卫星遥感影像分辨率不断提高。遥感的应用不断扩大,涉及地图制图(影像地图制作、地图测绘和修测、特殊条件下测绘),农、林、牧生产(农作物面积估算、土地使用分类、森林及草场资源统计、防灾抗灾等),环境监测(大气环境、水环境、城市污染等监测),遥感与地理信息系统集成等[5]。

1.3 数据挖掘

大数据有了,如何从这些数据中找到需要的知识、规律呢?好在科学家们运用他们的智慧发明了很多的数据挖掘算法,这些算法可以帮助人们针对不同的数据进行不同的分析。

数据挖掘(data mining,DM)又称数据库知识发现(knowledge discovery in database,KDD),是目前人工智能和数据仓库领域研究的热点问题。所谓数据挖掘,是指从数据仓库的大量数据中揭示出隐含的、先前未知的并有潜在价值的信息的非平凡过程。数据挖掘是一种决策支持过程,它主要基于人工智能、机器学习、模式识别、统计学、数据库、可视化技术等,高度自动化地分析企业的数据,做出归纳性的推理,从中挖掘出潜在的模式、规律,为将来的决策提供依据[6]。利用数据挖掘进行数据分析常用的方法主要有分类、回归分析、聚类、关联规则、特征、变化和偏差分析、Web页挖掘等,它们分别从不同的角度对数据进行挖掘。数据挖掘通过预测未来趋势及行为,做出前瞻的、基于知识的决策。数据挖掘的目标是从数据库中发现隐含的、有意义的知识,主要有五大功能:自动预测趋势和行为、关联分析、聚类、概念描述、偏差检测,发明的算法包括:人工神经网络、决策树、遗传算法、近邻算法、规则推导。

数据挖掘是一个多学科的交叉领域,一方面,想要以非凡的方法发现蕴藏的大型数据集中的有用知识,数据挖掘必须从统计学、机器学习、神经网络、模式识别、知识库系统、信息检索、高性能计算和可视化等学科领域汲取营养;另一方面,这些学科领域也需要从不同角度关注数据的分析和理解,数据挖掘也为这些学科领域的发展提供了新的机遇和挑战。数据的不断发展,数据类型的不断丰富,涉及城市发展的数据类型有:流、序列、图、时间序列、符号序列、空间、音频、图像和视频数据,因此也发展出一些新的技术,如流数据的关联、分类和聚类等。

◇ **参 ◇ 考 ◇ 文 ◇ 献** ◇

［1］ 刘春成,侯汉坡. 城市的崛起——城市系统学与中国城市化［M］. 北京：中央文献出版社,2012.

［2］ 邢帆,张越. 智慧城市的大数据逻辑［EB/OL］.［2013 - 09 - 23］. http：//www. ichina. net. cn/Html/2013/coverstory/22930. html.

［3］ 周宪. 浅谈大数据时代的大变革［J］. 科技信息,2013(26)：1.

［4］ 李德仁. 摄影测量与遥感的现状及发展趋势［J］. 武汉测绘科技大学学报,2000,25(1)：1 - 5.

［5］ 胡兴树,龚健雅,潘建平. 当代遥感技术的现状和发展趋势［J］. 武汉大学学报：工学版,2003,36(3A)：195 - 198.

［6］ 韩家炜. 数据挖掘概念与技术［M］. 范明,孟小峰,译. 北京：机械工业出版社,2012.

第 2 章

城市发展中的数据

新中国成立以来,我国城市发生了翻天覆地的变化。当前城市化的进程正在快速推进,城市发展布局和结构日趋合理,城市经济在国民经济中的地位和作用也日益显著。城市建设日新月异,城市居民的生活质量和生活环境也得到了极大的改善[1]。

近年来,我国城镇化发展迅速。社科院最新的报告称,今后 20 年内,中国有将近 5 亿农民需要市民化,城市发展的迅速可见一斑。随着城市居民收入显著增长,居住条件极大改善,生活质量不断提高,社会保障体系日趋完善,满足基本需求的成本以及环境和自然资源面临的压力也随之增加。由于城市的发展是人类居住环境不断演变的过程,同时也是人类自觉和不自觉地对居住环境规划安排的过程,这就要求人们必须以发展的眼光,以科学论证的方法对城市的经济结构、空间结构、社会结构进行规划。城市的复杂巨系统特性决定了城市规划是随城市发展与运行状况长期调整、不断修订、持续改进和完善的复杂的连续决策过程。

2.1 数据分类与表示

近年来随着互联网和信息技术的不断发展,数据已经渗透到社会发展的各个领域。数据是对现实世界数字方式的描述和数字符号的记录,信息是对数据进行组织和筛选,用来揭示现实世界的内在机理,提供关于现实世界规律和特征的事实和知识。人们正是利用从这些数据中提取出的信息来指导城市发展。

2.1.1 数据概况

城市发展过程中,会涉及地理信息系统(geographic information system,GIS)。地理信息系统是一门综合性学科,结合地理学与地图学以及遥感和计算机科学,已经广泛应用于不同的领域。GIS 中一个重要组成部分就是地理空间数据(或数据库)。GIS 信息的数据来源主要是:地图数据、遥感影像数据、地面测量数据、文本资料、统计资料、多媒体数据和已有系统的数据。

随着科学技术的发展,对地理空间系统的研究不再仅仅局限于简单和静态的描述,更应该侧重于地理事物构成或地理现象产生的原因及演化过程。GIS 模型能较好地解决部分空间相关性分析问题,但对复杂的、时空动态变化的地理现象却难以模拟。因此,在 GIS 的基础上发展起来的地理模拟系统(geographic simulation system,GSS)可以进行有效的时空动态分析、模拟、预测、优化和显示[2]。

在地理模拟系统中,需要利用复杂系统理论建立地理模型。多智能体系统(multi-agent systems)和元胞自动机是研究复杂系统非常有效的方法[2,3]。多智能体系统来源于复杂适应系统理论,是由多个可以交互的智能体计算单元所组成的系统。智能体是指在虚拟环境中具有自主能力,可以进行有关决策的实体。智能体可以与其他智能体进行交互,这种交互不是简单地交换数据,而是参与某种社会行为,就像人们在每天的生活中发生的合作、协作和协商等。

对于 GIS 的应用来说,可以根据研究目标的性质不同而收集最基本的 GIS 数据,这些数据包括区域的社会经济等专题图、地图(如国家行政区规划图)和已有的一些与应用相关的数据资料,还包括人口普查数据、社会经济调查数据、野外调查及测量数据和各种统计资料等。这些数据可分为数字化和非数字化数据,也可以分为原始和转换数据,见表 2-1。数据是 GIS 的基础和核心,对于地理模拟系统也是如此。

表 2-1　GIS 包含的数据

分　类	原　始　数　据	转　换　数　据
数字化数据	遥感数字图像,数字化仪器实测数据等	已建的各种数据库,现有的 GIS 数据
非数字化数据	野外文本记录,统计数据报表,社会经济、人口调查报告等	纸质地图,专题图,统计图表

城市发展过程中还涉及资源、环境、交通、人口等多方面的地理对象或地理空间数据,城市发展不仅要面临人口增加、交通拥堵等具体可见的问题,还要解决城市微气候环境破坏等复杂微妙的生态难题。

由于城市规模的不断扩大,能源和物资消耗也随之增长,大量的工业生活排热排污难以被生态系统容纳,而产生了城市热岛效应、洪涝灾害、酸雨、雾霾等恶劣天气状况。这些无一不给城市居民的生活带来诸多不便,甚至给人们的生命健康和经济安全带来了危害。

随着建筑物越来越多,过高过密的建筑森林改变了城市的风场。河流两岸的微气候要比商业区宜人,工业生产会增加空气中的微粒,可是,人们却不能简单地拆除高楼、关闭工厂、挖出河流小溪来谋求优质的生态环境。在有限的自然资源和科技水平下,城市的发展只能在城市建设和环境保护之间寻求一个折中方案,而界定这个中间点就需要借助气象数据进行具体的分析,探索城市发展与气候变化的作用规律。

因此,城市发展中也涉及气象数据,这些气象数据可分为天气资料和气候资料,是分析和描述气候特征变化规律的基本资料,包括气温、气压、风速、湿度、日照强度、辐射、降水等诸多气象要素,通常使用均值、总量、频率、极值、变率来描述。近些年来,随着气象观测站的增多,记录频率的增加,以及测量精度的增高,气象数据量得以千倍万倍的增长,这些数据清楚地记录了城市发展进程对气候条件造成的改变,是用来分析城市与环境之间关系的重要依据。

目前常用的分析手段主要是通过对城市进行仿真建模,然后利用气象数据通过风洞实验或大气湍流模型对城市气候变化进行反复模拟和修正,这种基于模型的方法有较好的理论基础,需要的数据量不大,能够较快地模拟出不同程度的下垫面改变、产热、排污等人为事件对城市气候的影响。随着大数据概念的提出,一些人也尝试着从大量密集的观测数据中挖掘信息,以代替复杂的物理化学模型,探索城市气候变化的特征,从而在尽可能少影响城市原本运转轨迹的情况下改善居民居住环境。无论采取哪种方法,准确而丰富的气象数据都是该项研究的基础,这些数据的代表意义、获取途径、统计方法、表达方式则是本章要介绍的又一内容。

2.1.2　数据分类

1) 从数据特征分类

按照数据特征分类,城市数据可分为以下三种类型:空间特征数据(定位数据)、时间属性数据(尺度数据)和专题属性数据(非定位数据)[4]。对于绝大部分城市应用来说,时间和专题属性数据结合在一起共同作为属性特征数据,而空间特征数据和属性特征数据统称为空间数据(或地理数据)。

(1) 空间特征数据　空间特征数据记录的是空间实体的几何特征、拓扑关系和位置。空间特征指空间物体的大小、形状和位置等几何特征,以及与相邻物体的拓扑关系。拓扑和位置特征是空间或地理信息系统所独有的,空间位置可以由不同的坐标系统来描述,如任意的直角坐标、一些标准的地图投影坐标或是经纬度坐标等。人类对空间目标的定位一般不是通过记忆其空间坐标,而是确定某一目标与其他更熟悉的目标间的空间位置关系,而这种关系往往也是拓扑关系。如一所学校位于哪条街道或哪个路口。

(2) 时间属性数据　时间属性是指数据采集的时间或地理实体的时间变化等。严格地讲,空间数据总是在某一特定时间或时段内采集得到或计算产生的。由于有些空间数据随时间变化相对较慢,因而有时被忽略;有些时候,时间可以被看成一个专题特征。

(3) 专题属性数据　专题属性指的是地理实体所具有的各种性质,如空气污染程度、交通流量、人口密度、地形的坡度、土地酸碱类型、某地的年降雨量、坡向等。这类特征在其他类型的信息系统中均可存储和处理。专题属性通常以文本、图像、符号和数字等形式来表示。

一般地,表示地理现象的空间数据可以细分为:

(1) 类型数据　例如,考古地点、道路线和土壤类型的分布等。

(2) 面域数据　例如,随机多边形的中心点、行政区域界线和行政单元等。

(3) 网络数据　例如,道路交点、街道和街区等。

（4）样本数据　例如，气象站、航线和野外样本的分布区等。

（5）曲面数据　例如，高程点、等高线和等值区域。

（6）文本数据　例如，地名、河流名称和区域名称。

（7）符号数据　例如，点状符号、线状符号和面状符号等。

2）从管理角度分类

从管理需要的角度分类，城市基础数据包括基础地形数据、部件数据和地理编码数据[5]。

（1）基础地形数据　基础地形数据是用于反映城市地貌和位置的背景数据，其中基础地形图和航拍影像数据均由政府委托当地测绘部门测绘所得。一般情况下，可直接与城市管理相关的各部门协调，获取最新年份的基础地理信息。

基础地形图一般包括地名注记、河流、线状道路、面状道路、建筑物等图层。遥感影像数据一般包括航拍图片和卫星图片。

（2）部件数据　城市部件数据库存储的内容是城市管理过程中的所有对象，城市部件数据库的建设使实现精确城市管理和事件定位成为可能，是数字城市管理系统最重要的基础数据库之一。

城市部件即物化的城市管理对象，主要包括热、气、水、电、桥梁、道路等城市公用设施以及休闲健身娱乐设施、绿地、公园等公共设施，也包括广告牌匾、门牌等非公共设施。

（3）地理编码数据　地理编码技术实现了空间位置和地址数据之间的对应管理，地理编码数据应涵盖以下内容：

① 行政区划数据，包括市、区、街道办事处、社区。

② 单元网格数据。

③ 地名数据，包括现状地名、历史地名等。

④ 道路数据，包括主要道路、现状道路等。

⑤ 门庭院落数据，包括院落名称、门牌编号等。

⑥ 小区楼座数据，包括小区名称、楼座名称等。

⑦ 沿街店面数据，包括道路两旁商业单位、饭馆等。

⑧ 城市部件数据，包括城市部件、城市部件编码等。

2.1.3 矢量数据和栅格数据

在 GIS 应用过程中，对于空间数据最常用的数据结构可分为两种：矢量数据结构和栅格数据结构。两种数据结构都可用来描述地理实体的点、线、面三种基本类型。尽管表现效果有较大的区别，但现实世界的地理实体都可以用这两种数据结构来表示。这两种数据结构本质上都是以离散方式来反映现实世界的。

矢量数据结构是最常见的图形数据结构，是一种面向目标的数据组织形式。现实世界中地理实体位置、范围和地理现象在矢量数据结构模型中可以被抽象为点、线、面等要素来表达。矢量数据结构是对矢量数据模型进行数据的组织。通过记录实体坐标及其关系,尽可能精确地表现点、线、多边形等地理实体,坐标空间设为连续,允许任意位置、长度和面积的精确定义。矢量数据结构直接以几何空间坐标为基础,记录取样点坐标。在获取了矢量数据后,需要对这些矢量数据进行表达。因此根据地理要素,矢量数据结构将地理现象或实体抽象为点、线、面要素。

相比较于矢量数据结构,栅格数据结构又称为格网结构,是最简单直观的空间数据结构。它是指将地理实体表面划分为紧密相邻、大小相等和均匀分布的网格阵列,每个网格作为一个栅格或像元,由行号和列号来确定其所在的位置,也即用二维坐标中的 (x, y) 来表示,并包含一个属性代码,表示该栅格或像元的属性类型。

矢量数据结构和栅格数据结构各有其优缺点。在实际应用中,往往根据自己的需要选用不同的数据格式,或是两种数据格式结合使用。有时需要对这些数据结构进行转换。但要注意,矢量格式的数据转换为栅格格式的数据比较容易实现,但反过来比较困难。特别是将矢量格式的数据转换为栅格格式的数据后,几乎不可能再还原为原来的矢量格式的数据。因此,在 GIS 的数据库中往往是储存矢量格式的数据,在应用中可根据需要将其转换为栅格格式的数据。

2.2 空间数据来源

城市是人类活动高度集中的区域,也是信息和物质高度集中的区域。随着城市的发展,数据和信息变得越来越重要,城市地理信息系统或者数字城市正在迅速发展,而任何信息系统都只有在拥有完备正确的数据的基础上才能发挥其作用。

空间数据相比较而言更加重要,而遥感数据作为空间数据重要的数据来源,是由于遥感数据含有丰富的资源与环境信息,同时是一种大面积的、动态的、近实时的数据源。地图数据作为主要的数据来源,是因为地图包含着丰富的内容,不仅含有实体的类别和属性,而且含有实体间的空间关系。地面测量数据是由野外试验和实地测量等方式获取的数据,可以通过转换直接输入地理数据库,以便于进行实时的分析和进一步的应用。统计数据包括国家和军队的许多部门和机构都拥有的不同领域(如人口、基础设施建设、兵要地志等)的大量统计资料,尤其是属性数据的重要来源。所以本节着重从遥感影像数据、地图数据、地面摄影测量数据和统计数据四个方面来介绍数据的来源和获取采集方式。

2.2.1 遥感影像数据

遥感影像数据的种类主要有卫星像片、航摄像片(影像地图)和地面摄影像片三种[6,7]。

遥感(remote sensing，RS)是 20 世纪 60 年代初发展起来的一门新兴技术，它为人类提供了从多维和宏观角度去认识宇宙世界的新方法与新手段。最初遥感是采用航空摄影技术，1972 年美国发射了第一颗对地观测卫星(Landsat)，开始了航天遥感技术发展和应用的新时期，人类认识地球的范围变得无限宽广。经过几十年的迅速发展，目前遥感技术已广泛应用于国防、数字城市、农业、林业、土地、海洋、测绘、气象、生态、环保以及地矿、石油等众多领域。

遥感，从语义角度可以解释为遥远的感知。它是指一种在远离目标的情况下，不与目标对象进行直接的接触，而是通过某种搭载平台上的传感器来获取其特征信息，然后对所获取的信息进行提取、判定、加工处理及应用分析的综合性技术[8]。遥感可获取大范围数据资料，例如一张国产环境小卫星图像，其覆盖面积可超过 12 万 km^2；获取信息的速度快、周期短，如国产环境小卫星 2 天就可以对同一地区重复拍摄；此外，遥感获取信息还具有受条件限制少、手段多、信息量大等特点。

遥感的主要信息载体就是影像，遥感影像是距离地球几千米到几百千米处获得的地球"相片"，这种"相片"包含了很多的信息。首先，在影像上真实、清晰地展现了地球表面物体的位置、形状、大小和颜色等信息，使得影像成为基础地理数据采集与更新的重要数据源，同时影像地图也成为重要的地图种类之一。其次，遥感不仅仅采用可见光探测物体，也常使用紫外线、红外线和微波探测物体。地物在这些不同的光谱范围内表现出不一样的特性，通过分析影像的光谱信息，就可以获取如植被信息、地表水分、水质参数、地表温度以及海水温度等地球定量信息。目前，遥感影像日渐成为一种非常可靠、不可替代的空间数据源。

遥感影像的成像方式有微波雷达、航空扫描和航空摄影三种。

(1) 微波雷达　微波成像雷达的工作波长为 1 mm～1 m，由于微波雷达是一种自备能源的主动传感器，同时微波具有穿透云雾的能力，所以微波雷达成像具有全天时、全天候的特点。在城市遥感中，这种成像方式对于那些对微波敏感的目标物的识别具有重要意义。

(2) 航空扫描　扫描成像是依靠探测元件和扫描镜对目标物体以瞬时视场为单位进行逐点、逐行取样，以得到目标物的电磁辐射特性信息，形成一定谱段的图像。

(3) 航空摄影　摄影成像是指利用成像设备来获取物体的影像信息的技术。传统意义上的摄影成像是指依靠光学镜头和放置在焦平面上的感光胶片来记录物体影像。而数字摄影则是通过放置在焦平面上的光敏元件，经过光/电转换，最终以数字信号的方式来记录物体的影像的。

传统意义上的分辨率是指屏幕图像的精密度，但是对于遥感来说，其分辨率是从时间、空间、光谱和辐射四个方面[9,10]来解释的。

(1) 时间分辨率(temporal resolution)　是对遥感影像的间隔时间的性能进行描述的指标。其探测器是在一定的时间周期内对目标数据进行重复采集，这个时间周期称为重复周期(回归周期)。时间分辨率也就是重复观测目标的最小时间间隔。

(2) 空间分辨率(spatial resolution) 又称地面分辨率。对图像或遥感器而言,指的是能在图像上详细区分的最小单元的大小或尺寸,也可以指遥感器区分两个目标的线性距离、最小角度的度量或是可以识别的最小地面距离。

(3) 光谱分辨率(spectral resolution) 指在遥感器接收目标辐射的时候能够分辨的最小波长间隔。光谱分辨率的三个决定因素分别是所选用的各波段波长的位置、各波段数量的多少和波长间隔的大小。光谱分辨率越高,遥感应用分析的效果就越好。

(4) 辐射分辨率(radiation resolution) 指的是探测器的灵敏度,也就是在接收光谱信号时遥感器感测元件能够分辨的最小辐射度差。一般的表示方式是用灰度的分级数,即最暗至最亮灰度值间分级的数目。

在行业内有一句话"遥感和 GIS 不分家"。GIS 是管理和分析空间数据的有效工具,遥感和 GIS 是空间信息的主要组成部分,两者有着天然的联系。在空间信息的许多行业,离开遥感影像,GIS 就是不完整的;另外,遥感影像也依赖于 GIS 的有效管理与共享。由此可见,遥感数据与 GIS 之间的联系变得更加紧密。遥感与 GIS 真正实现融合后,还将达到优势互补,可以提升空间和影像分析的工作效率以及可操作性。遥感与 GIS 的一体化逐渐成为一种发展潮流和趋势。

遥感数据的格式可以按照多波段来划分,多波段图像具有空间的位置和光谱的信息。根据在二维空间的像元配置,多波段图像的数据格式按照如何存储各种波段的信息可以分为以下三类[11]:

(1) BSQ 格式 对各波段按照波段的顺序对二维图像数据进行排列。

(2) BIL 格式 先对每一行中代表一个波段的光谱值进行排列,再对该行按照波段顺序排列,最后重复排列各行。

(3) BIP 格式 先在一行中,按照光谱波段次序对每个像元进行排列,然后按照这种波段次序对该行的全部像元进行排列,最后重复排列各行。

在普通的彩色图像显示装置中,图像是分为 R、G、B 三个波段显示的,这种按波段进行的处理最适合 BSQ 格式。而在最大似然比分类法中,对每个像元进行的处理最适合 BIP 格式。BIL 格式具有以上两种格式的中间特征。

2.2.2　地图数据

在 GIS 中,将地图数据分为矢量数据与栅格数据两种类型。地图数据通常用点、线、面及注记来表示地理实体及实体间的关系,如:点——居民点、采样点、高程点、控制点等;线——河流、道路、构造线等;面——湖泊、海洋、植被等;注记——地名注记、高程注记等。要明白地图数据的分类,必须先理解一个概念,就是地图图层。地图图层如图 2-1 所示。电子地图对实际空间的表达,事实上是通过不同的图层来描述,然后通过图层叠加显示来进行表达的过程。根据地图应用目标的不同,叠加的图层也是不同的,以展示针对目标所需要信息内容。

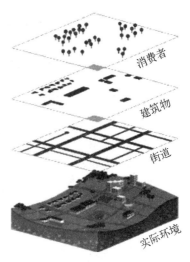

消费者

建筑物

街道

实际环境

图 2-1 地图图层

在引入图层和底图的概念之后,可以将地图数据分为底图数据、POI(point of interest)数据和其他数据图层。其中底图数据就是地图中最基本的地物外形数据及一定的相关附加信息(如道路名、河流名等)。POI 数据严格来说属于矢量数据,不过是最简单的矢量数据,换句话说,就是坐标点标注数据,也是电子地图上最常用的数据图层。日常在电子地图上所使用的数据都是 POI 数据。POI 数据只是信息关联坐标点的数据,不涉及线和面,用于简单的地点标注而不需要相应地物轮廓的需求。需要指出的是,POI 数据的编辑更新简单,同时也经常用于动态数据标注,最经典的莫过于车辆定位标注,在交通方面也有很多的运用。至于其他数据图层常见的有卫图图层、交通状况图层、三维图和街景图等。

具体的地图数据有地形图、专题地图、全国性指标图和国界(系列图)。

(1)地形图 指的是地表起伏形态和地物位置、形状在水平面上的投影图。具体来讲,将地面上的地物和地貌按水平投影的方法,并按一定的比例尺缩绘到图纸上,这种图称为地形图。若图上只有地物,不表示地面起伏的图称为平面图。平面地形图又分为等高线地形图和分层设色地形图。首先要明确地形图上的每个点位需要的三个基本要素:方位、距离和高程。同时这三个基本要素还必须有起始方向、坐标原点和高程零点作为依据。测绘地形图的工作实际上就是测定并表示地面上所有地貌和地物的特征点。当然,不同比例尺的地形图,还有对特征点的取舍和繁简综合的问题。随着测绘科学技术的发展,现代地形图的大量艰巨的测绘工作已由传统的野外白纸测图转向室内的航空摄影测绘和航天遥感测绘,并已逐渐迈向全数字化、自动化测图。

(2)专题地图 又称特种地图,着重表示一种或数种自然要素或社会经济现象的地图[12]。专题地图的内容由地理基础和专题内容两部分构成。地理基础是用以标明专题要素空间位置与地理背景的普通地图内容,主要有经纬网、水系、境界、居民点等。专题内容是图上突出表示的自然或社会经济现象及其有关特征。专题地图是指突出而尽可能完善、详尽地表示制图区内的一种或几种自然或社会经济人文要素的地图。专题地图的制图领域广泛,凡具有空间属性的信息数据都可用其来表示,其内容、形式多种多样,能够应用于国民经济建设、教学和科学研究、国防建设等行业部门。专题地图按内容性质分类可分为自然地图、社会经济(人文)地图和其他专题地图。自然地图是反映制图区中的自然要素的空间分布规律及其相互关系的地图。社会经济(人文)地图是反映制图区中的社会、经济等人文要素的地理分布、区域特征和相互关系的地图。其他专题地图是不宜直接划归自然或社会经济地图的用于其他用途的专题地图[13]。

（3）全国性指标图 针对不同的指标有不同的示意图，比如山系图、河网密度图、居民地密度图等。这类地图主要描绘的是各项指标在地图上的规划。

（4）国界（系列图） 有系列国界标准样图等。

2.2.3 地面摄影测量数据

地面摄影测量（terrestrial photogrammetry）[14-17]是指利用安置在地面上基线两端点处的摄影机向目标拍摄立体像时，对所摄目标进行测绘的技术。1851 年，法国的洛斯达（A. Laussedat）最早用地面摄影测量方法编制地形图。当时的做法是先在地面选设摄影站点，摄影时使摄影机光轴保持水平，像片面则处于铅垂位置，至少从两个摄站分别摄取同一地段的像片，摄站位置和摄影机方位用普通测量方法测定。在室内利用像片测点时，是根据单张像片上的像点坐标，求出从摄站到各地面点方向与光轴之间的水平角及竖直角；然后，利用求得的水平角在绘图板上展绘出各摄站到各相应点的诸方向线，类似于平板仪的图解交会，得到各点的平面位置，再利用竖直角和量取的距离计算出各点的高程。这种方法称为平板仪摄影测量或交会摄影测量。1901 年，德国的普尔弗里希（C. Pulfrich）创制了立体坐标量测仪，地面摄影测量遂发展为地面立体摄影测量，即用地面拍摄的立体像对，在地面立体测图仪上建立模型，然后进行地形测绘的技术。它适用于险阻高山区、小范围山区和丘陵地区的测图，可用于地质、冶金、采矿、水利、铁道等方面的勘察工作。1966—1968 年，中国曾用此方法测绘了珠穆朗玛峰地区比例尺为 1∶25 000 和 1∶50 000 的地形图[18]。

2.2.4 统计数据

统计数据主要涉及交通和人口方面的数据。其中交通方面的数据主要来自交通运输信息数据库，例如，通过车载定位数据来分析某时段内城市某一区域的汽车数量，从而对该区域的交通状况进行分析。而人口数据一般以各种级别的行政区域为统计单位，使用表格进行展示。常用的人口分布度量指标是人口密度，即行政区域内单位土地面积上的人口数量，这种以行政辖区为单元进行统计的方法，统计的结果假定人口是均匀分布在整个区域内，无法表达辖区的内部差异，面积较大的湖泊上、坡度较大的山地上都会被分配人口，这在很大程度上影响了人口密度数据在使用时的准确性和可靠性。随着地理信息系统的应用和发展，基于固定大小空间单元的人口计算方法研究逐步开展，其中以千米格网（1 km×1 km）的应用较多。在地理信息系统中对人口数据进行格网化表达，能够直观地表现人口数据的空间分布，有效地拓展人口数据的应用领域。

2.3 空间数据的获取和采集

对于遥感影像数据、地图数据、地面摄影测量数据和统计数据来说，都有其各自的数据获取和采集的方式。遥感影像数据获取的主要方式是航空影像和卫星像片；地图数据的来源主要有官方地图、实地外采和通过航片、卫片制作成的地图；地面摄影测量数据是直接通过摄像机摄像的方法绘制而成的。统计数据主要来源于两种渠道：一是直接的调查和科学的试验，这是统计数据的直接来源，称为第一手或直接的统计数据；二是别人调查或试验的数据，这是统计数据的间接来源，称为第二手或间接的统计数据。

2.3.1 遥感影像数据

按照搭载传感器的摇杆平台来分，遥感可以分为航空遥感、航天遥感和地面遥感三种。航空遥感是指把传感器安装在如航模、飞机和气球等航空器上；航天遥感是指把传感器安装在如宇宙飞船和人造卫星等航天器上；地面遥感是指把传感器安装在如人手、高架平台、车以及船等地面平台上。由于航空和航天遥感的重要性日益明显，这里主要介绍航天和航空两种方式。

1）遥感卫星

遥感卫星是指在外层空间中搭载遥感平台的人造卫星。卫星遥感是指用卫星作为平台的遥感技术。遥感卫星在轨道上的运行时间通常是数年，可根据需要确定卫星的轨道[19]。在规定的时间内，遥感卫星能覆盖整个地球或指定的任何区域，当沿地球同步轨道运行时，它能连续地对地球表面某指定地域进行遥感。遥感卫星是对地球和大气的各种特征和现象进行遥感观测的人造地球卫星，具体包括侦察卫星、环境监测卫星、海洋观测卫星、地球资源卫星和气象卫星等。遥感卫星在空间利用遥感器收集地球或大气目标辐射或反射的电磁波信息，并记录下来，由传输、信启设备发送回地面进行处理和加工，判读地球景物、资源和环境等信息。遥感卫星由信息传输设备、信息处理设备、遥感器和卫星平台组成[20]。

近20年来全球空间对地观测技术的发展和应用已表明，遥感卫星技术是一项应用广泛的高科技，不论是欧美发达国家，还是亚太地区的发展中国家，都十分重视这项技术。目前民用遥感卫星按其工作方式有四种主要类型：光学卫星、雷达卫星、激光测高卫星以及重力卫星。图 2-2 所示是常见的遥感卫星图片。

（1）美国陆地卫星 Landsat 系列　美国陆地卫星 Landsat 系列由美国国家航空与航天局（National Aeronautics and Space Administration，NASA）和美国地质调查局（U. S.

图 2-2 遥感卫星图片

Geological Survey，USGS)共同管理。自 1972 年起，Landsat 系列卫星陆续发射，是美国用于探测地球资源与环境的系列地球观测卫星系统，曾称为地球资源技术卫星（earth resources technology satellite，ERTS）。

陆地卫星的主要任务是：调查地下水资源、海洋资源和地下矿藏，监视和协助管理农、林、畜牧业和水利资源的合理使用，预报农作物的收成，研究自然植物的地貌和生长，考察和预报各种环境污染和严重的自然灾害（如地震），拍摄各种目标的图像，绘制各种专题图（如水文图、地貌图和地质图）等[21,22]。

目前，在城市遥感中常用到的是美国陆地卫星系列中的 Landsat－5、Landsat－7 和 Landsat－8 三颗卫星的数据（表 2-2）。

表 2-2 美国陆地卫星 Landsat 系列

卫星及传感器		波 段 数 量						重访周期 (d)		分辨率 (m)		扫描幅宽 (km)
卫星	传感器	全色	可见光	近红外	短波红外	热红外	雷达	最小	最大	最高	最低	垂直轨道方向
Landsat－5	TM		3	1	2	1		16	16	30	120	185
Landsat－7	ETM+	1	3	1	2	1		16	16	15	60	185
Landsat－8	OLI/TIRS	1	4	1	3	3		16	16	15	100	185

① Landsat－5 卫星。Landsat－5 卫星是美国陆地卫星系列中的第五颗，于 1984 年 3 月发射升空。它是一颗光学对地观测卫星，有效载荷为专题制图仪（thematic mapper，

TM)和多谱段扫描仪(multispectral scanner，MSS)。Landsat‐5 卫星所获得的图像是迄今为止在全球应用最为广泛、成效最为显著的地球资源卫星遥感信息源,同时 Landsat‐5 卫星也是目前在轨运行时间最长的光学遥感卫星。Landsat‐5 卫星 TM 传感器参数见表 2‐3,Landsat‐5 卫星产品级别说明见表 2‐4。

表 2‐3　Landsat‐5 卫星 TM 传感器参数表

波　　段	波长范围(μm)	分辨率(m)
1	0.45～0.53	30
2	0.52～0.60	30
3	0.63～0.69	30
4	0.76～0.90	30
5	1.55～1.75	30
6	10.40～12.50	120
7	2.08～2.35	30

表 2‐4　Landsat‐5 卫星产品级别说明表

产品级别	说　　　明
1 级	经过辐射校正,并将卫星下行扫描行数据反转后按标称位置排列,但没有经过几何校正的产品数据。1 级产品也被称为辐射校正产品
2 级	经过辐射校正和几何校正的产品数据,并将校正后的图像数据映射到指定的地图投影坐标下。2 级产品也被称为系统校正产品
3 级	经过辐射校正和几何校正的产品数据,同时采用地面控制点改进产品的几何精度。3 级产品也被称为几何精校正产品。几何精校正产品的几何精度取决于地面控制点的精度[23-25]
4 级	经过几何精校正、几何校正和辐射校正的产品数据,同时采用数字高程模型(digital elevation model,DEM)纠正地势起伏造成的视差。4 级产品也称为高程校正产品。高程校正产品的几何精度取决于地面控制点的可用性和 DEM 数据的分辨率[23-25]

② Landsat‐7 卫星。Landsat‐7 卫星于 1999 年 4 月 15 日发射升空,是美国陆地卫星系列卫星。Landsat‐7 卫星装备有增强型专题制图仪(enhancement thematic mapper plus，ETM＋),ETM＋被动感应地表反射的太阳辐射和散发的热辐射,有 8 个波段的感应器,覆盖了从红外到可见光的不同波长范围。与 Landsat‐5 卫星的 TM 传感器相比,ETM＋增加了 15 m 分辨率的一个波段,在红外波段的分辨率更高,因此有更高的准确性。2003 年 5 月 31 日起,Landsat‐7 的扫描仪校正器出现异常,之后只能采用 SLC‐off 模型对数据进行校正。Landsat‐7 卫星 ETM＋传感器参数见表 2‐5。

表 2‐5 Landsat‐7 卫星 ETM＋传感器参数表

波 段	波长范围(μm)	分辨率(m)
1	0.45～0.53	30
2	0.52～0.60	30
3	0.63～0.69	30
4	0.76～0.90	30
5	1.55～1.75	30
6	10.40～12.50	60
7	2.09～2.35	30
8	0.52～0.90	15

③ Landsat‐8 卫星。Landsat‐8 卫星于 2013 年 2 月 11 日发射升空,是美国陆地卫星系列的后续卫星。Landsat‐8 卫星装备有陆地成像仪(operational land imager,OLI)和热红外传感器(thermal infrared sensor,TIRS)。OLI 被动感应地表反射的太阳辐射和散发的热辐射,有 9 个波段的感应器,覆盖了从红外到可见光的不同波长范围。与 Landsat‐7 卫星的 ETM＋传感器相比,OLI 增加了一个蓝色波段(0.43～0.45 μm)和一个短波红外波段(1.36～1.38 μm),蓝色波段主要用于海岸带观测,短波红外波段包括水汽强吸收特征,可用于云检测。TIRS 是有史以来最先进,性能最好的热红外传感器。TIRS 将收集地球热量流失,目标是了解所观测地带水分消耗,特别是干旱地区水分消耗。Landsat‐8 卫星OLI 和 TIRS 传感器参数见表 2‐6 和表 2‐7。Landsat‐8 卫星标准数据产品支持参数见表 2‐8。

表 2‐6 Landsat‐8 卫星 OLI 传感器参数表

波 段	波长范围(μm)	分辨率(m)
1	0.43～0.45	30
2	0.45～0.51	30
3	0.53～0.59	30
4	0.64～0.67	30
5	0.85～0.88	30
6	1.57～1.65	30
7	2.11～2.29	30
8	0.50～0.68	15
9	1.36～1.38	30

表 2-7 Landsat-8 卫星 TIRS 传感器参数表

波段	波长范围(μm)	分辨率(m)
1	10.60~11.19	100
2	11.50~12.51	100

表 2-8 Landsat-8 卫星标准数据产品支持参数表

项目	参数
产品级别	4级
椭球体模型	WGS 84
地图投影	TM
输出格式	16bit Geotiff
重采样方式	CC
图像分辨率	30 m(OLI传感器1~7及9波段)/15 m(OLI传感器8波段)/100 m

（2）法国地球观测卫星 SPOT 系列 SPOT 是法国国家空间研究中心（Centre National d'Etudes Spatiales，CNES)研制的地球观测卫星系统。SPOT 卫星系统包括一系列卫星及用于卫星控制、数据处理和分发的地面系统。自 1986 年 2 月起，SPOT 系列卫星陆续发射，截至目前，共发射了 5 颗 SPOT 卫星。SPOT 系列卫星有着相同的卫星轨道和相似的传感器，均采用电荷耦合器件（charge-coupled device，CCD)线阵的推帚式光电扫描仪，并可以在左右 27°范围内侧视观测。

由于 SPOT-1/2/4/5/6 卫星具有侧视观测能力，且卫星数据空间分辨率适中，因此在资源调查、农业、林业、土地管理、大比例尺地形图测绘等方面都有十分广泛的应用。SPOT-1/2/4/5/6 卫星及其传感器的基本信息见表 2-9(以下关于 SPOT 介绍的图和表均来自中国遥感网数据产品介绍）。

表 2-9 SPOT-1/2/4/5/6 卫星及其传感器的基本信息表

卫星及传感器		波段数量						重访周期(d)		分辨率(m)		扫描幅宽(km)
卫星	传感器	全色	可见光	近红外	短波红外	热红外	雷达	最小	最大	最高	最低	垂直轨道方向
SPOT-1	HRV1	1	2	1				2	3	10	20	60
	HRV2	1	2	1				2	3	10	20	60
SPOT-2	HRV1	1	2	1				2	3	10	20	60
	HRV2	1	2	1				2	3	10	20	60

（续表）

卫星及传感器		波 段 数 量						重访周期 (d)		分辨率 (m)		扫描幅宽 (km)
卫星	传感器	全色	可见光	近红外	短波红外	热红外	雷达	最小	最大	最高	最低	垂直轨道方向
SPOT-4	HRVIR1		3	1	1			2	3	10	20	60
	HRVIR2		3	1	1			2	3	10	20	60
SPOT-5	HRG1	2	2	1	1			2	3	2.5	10	60
	HRG2	2	2	1	1			2	3	2.5	10	60
SPOT-6	NAOMI	1	3	1	0			2	3	1.5	6	60

① SPOT-1卫星。SPOT-1是法国SPOT卫星系列的第一颗卫星，于1986年2月22日发射成功。1993年8月SPOT-1曾经暂停使用，1996年11月9日，SPOT-3卫星不幸与地面失去联络后，SPOT-1重新启用，直至2002年5月停止工作。它是一颗光学对地观测卫星，有效载荷为2台HRV(high resolution visible)传感器。HRV传感器可以采集3个多光谱波段和1个全色波段的数据。多光谱波段数据的空间分辨率为20 m，全色波段的空间分辨率为10 m。

② SPOT-2卫星。SPOT-2卫星于1990年1月22日发射成功。它是一颗光学对地观测卫星，有效载荷为2台HRV传感器。HRV传感器可以采集3个多光谱波段和1个全色波段的数据。多光谱波段数据的空间分辨率为20 m，全色波段的空间分辨率为10 m。

③ SPOT-4卫星。SPOT-4卫星于1998年3月24日发射成功。它是一颗光学对地观测卫星，有效载荷为2台HRVIR(high resolution visible infra-red)传感器。HRVIR传感器可以采集4个多光谱波段和1个单色波段的数据。多光谱波段数据的空间分辨率为20 m，单色波段的空间分辨率为10 m。与SPOT-2卫星的HRV传感器相比，SPOT-4卫星的HRVIR传感器增加了短波红外的一个波段，将全色波段改为单色波段（HRV传感器中的B2波段）。SPOT-4卫星遥感图片如图2-3所示。

④ SPOT-5卫星。SPOT-5卫星于2002年5月3日发射，与其前期SPOT卫星类似，SPOT-5卫星运行于同一轨道，以继续保持对地观测的高重复周期。但是SPOT-5卫星的传感器与其他SPOT卫星相比，有了较大的提高。SPOT-5卫星用HRG(high resolution geometry)传感器替代SPOT-4卫星的HRVIR传感器。HRG具有新的特征：更高分辨率的卫星影像，2.5 m分辨率的全色波段和10 m分辨率的多光谱波段；采用12 000像元的CCD探测器，以维持60 km的地面数据宽度；采用了新的技术来实现以上特征，例如采用新的数据压缩方法、利用150 Mbit/s的速率传输下行数据。SPOT-5卫星的成像传感器、产品级别说明见表2-10和表2-11。SPOT-5卫星遥感图片如图2-4所示。

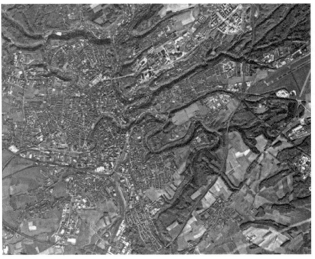

图 2-3 SPOT-4 卫星遥感图片

表 2-10 SPOT-5 卫星 HRG 传感器参数表

波　段	成 像 模 式	波长范围(μm)	分辨率(m)
B1	J	0.49～0.61	10
B2	J	0.61～0.68	10
B3	J	0.78～0.89	10
B4	J	1.58～1.75	10
Pan	A	0.48～0.71	5
Pan	B	0.48～0.71	5
Pan	T	0.48～0.71	2.5

表 2-11 SPOT-5 卫星产品级别说明表

产 品 级 别	说　　明
1A 级	仅做辐射纠正处理,并进行必要的数据配准
2A 级	对 1A 级辐射纠正处理,纠正成像过程中的图像畸变,并将纠正后的图像映射到适当的地图投影方式下

⑤ SPOT-6 卫星。SPOT-6 卫星由欧洲领先的空间技术公司 Astrium 制造,并搭载印度 PSLV 运载火箭于 2012 年 9 月 9 日成功发射。它将加入由 Astrium Services 分批发射的极高分辨率卫星 Pleiades-1A 的轨道。这两颗卫星共同提供服务并最终在 2014 年与

图2-4 SPOT-5卫星遥感图片

Pléiades-1B和SPOT-7一起构成完整的Astrium Services光学卫星星座,以继续保持对地观测的高重复周期。SPOT-6是一颗提供高分辨率光学影像的对地观测卫星,和既定于2014年初发射的SPOT-7一样,SPOT-6具有60 km大幅宽和高至1.5 m分辨率的优势。SPOT-6/7能够确保从1998年和2002年就已投入运营的SPOT-4/5卫星的连续性。另外,相比于之前的SPOT计划,新卫星无论是空间部分还是地面系统都经过了优化设计,特别是在从卫星编程到产品提交的反应能力和数据获取能力方面。SPOT-6和SPOT-7能够以每天600万 km² 的覆盖能力提供地球上任何地方的每日重访。SPOT-6卫星的传感器、产品级别说明见表2-12和表2-13。

表 2-12 SPOT-6卫星传感器参数表

波 段	波长范围(μm)	分辨率(m)
B1	0.45～0.52	6
B2	0.53～0.59	6
B3	0.625～0.695	6
B4	0.76～0.89	6
Pan	0.45～0.745	1.5

表 2-13 SPOT-6卫星产品级别说明表

产 品 级 别	说 明
RS级	仅做辐射纠正处理,并进行必要的数据配准
ORTHO级	对RS级进行正射纠正处理,根据DEM纠正成像过程中的图像畸变,并将纠正后的图像映射到适当的地图投影方式下

(3) ALOS卫星 ALOS卫星是日本的对地观测卫星,于2006年1月24日发射,是

JERS-1 与 ADEOS 的后继星,采用了先进的陆地观测技术,能够获取全球高分辨率陆地观测数据,主要应用目标为测绘、区域环境观测、灾害监测、资源调查等领域。ALOS 卫星载有三个传感器:全色遥感立体测绘仪(PRISM),主要用于数字高程测绘;先进可见光与近红外辐射计-2(AVNIR-2),用于精确陆地观测;相控阵型 L 波段合成孔径雷达(PALSAR),用于全天时、全天候陆地观测。ALOS 卫星及传感器参数见表 2-14,ALOS 卫星遥感图片如图 2-5 所示。

表 2-14 ALOS 卫星及传感器参数表

卫星及传感器		波 段 数 量						重访周期 (d)		分辨率 (m)		扫描幅宽 (km)
卫星	传感器	全色	可见光	近红外	短波红外	热红外	雷达	最小	最大	最高	最低	垂直轨道方向
ALOS	PRISM	1						1	2	2.5	2.5	70
	AVNIR-2		3	1						10	10	70
	PALSAR						1			10	100	60

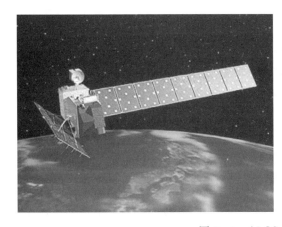

图 2-5 ALOS 卫星遥感图片

PRISM 具有独立的三个观测相机,分别用于星下点、前视和后视观测,沿轨道方向获取立体影像,星下点空间分辨率为 2.5 m。其数据主要用于建立高精度数字高程模型。

AVNIR-2 传感器比 ADEOS 卫星所携带的 AVNIR 具有更高的空间分辨率,主要用于陆地和沿海地区的观测,为区域环境监测提供土地覆盖图和土地利用分类图。为了灾害监测的需要,AVNIR-2 提高了交轨方向指向能力,侧摆角度为 44°,能及时观测受灾地区。

PALSAR 为 L 波段的合成孔径雷达,是一种主动式微波传感器,它不受昼夜、天气和云层影响,可全天候对地观测,比 JERS-1 卫星所携带的 SAR 传感器性能更优越。该传感器具有极化、高分辨率和扫描式合成孔径雷达三种观测模式,具有广域模式(幅度 250~

350 km)和高分辨率模式(幅度 10 m),使之能获取比普通 SAR 更宽的地面幅宽。数字高程模型的生成,适合对特定区域的监测。

(4) Terra 卫星　Terra 卫星(也被称为 EOS-AM1 卫星)于 1999 年 12 月 18 日发射升空,是 EOS 计划的第一颗卫星。Terra 卫星上共有五种传感器:对流层污染测量仪(MOPITT)、先进星载热辐射与反射辐射计(ASTER)、多角度成像光谱仪(MISR)、中分辨率成像光谱仪(MODIS)和云与地球辐射能量系统(CERES),能同时采集地球大气、陆地、海洋和太阳能量平衡等信息。Terra 是美国、加拿大和日本联合进行的项目,美国提供了卫星和三种仪器:MODIS、MISR 和 CERES,日本的国际贸易和工业部门提供了 ASTER 装置,加拿大的多伦多大学(机构)提供了 MOPITT 装置。Terra 卫星沿地球近极地轨道航行,高度是 705 km,在早上同一地方时经过赤道。Terra 卫星轨道基本上与地球自转方向垂直,所以它的图像可以拼接成一幅完整的地球图像。

Terra 卫星陆地标准产品包括:MOD09A1(500 m 地表反射率 8 天合成产品)、MOD09GA(500 m 地表反射率)、MOD09GQ(250 m 地表反射率)、MOD11A1(1 km 地表温度/反射率 L3 产品)、MOD13A1(500 m 分辨率植被指数 16 天合成产品)。

MODIS 表面反射率产品是表面波谱反射的估计,低级数据产品进行了大气和气溶胶的校正,并在此基础上进一步处理产生了 L2 基础数据产品、L2G(栅格化 2 级产品)和 L3 数据产品。

自从美国公布了全球 PM2.5 的分布图,城市的 PM2.5 含量受到关注,预防和治理 PM2.5 污染迫在眉睫。2012 年全国增加了很多监测 PM2.5 站点,但是地面监测站毕竟不能完全均匀分布在每一个地方,卫星遥感手段以其时效性高、覆盖面广、分辨率高等优势使得快速大面积监测气溶胶情况成为可能。MODIS 是先进的多光谱遥感传感器,具有 36 个观测通道,覆盖了当前主要遥感卫星的主要观测数据。利用反演得到的气溶胶光学厚度空间分布数据结合 PM2.5 实测数据建立相关模型,即可实现 PM2.5 的遥感监测。

(5) 中国卫星

① "资源三号"卫星。"资源三号"卫星于 2012 年 1 月 9 日成功发射。"资源三号"卫星重约 2 650 kg,设计寿命约 5 年。该卫星的主要任务是长期、连续、稳定、快速地获取覆盖全国的高分辨率立体影像和多光谱影像,为国家重大工程、城市规划与建设、生态环境、防灾减灾、农林水利、国土资源调查与监测和交通等领域的应用提供服务。

"资源三号"卫星是我国首颗民用高分辨率光学传输型立体测图卫星,卫星集测绘和资源调查功能于一体。"资源三号"上搭载的前、后、正视相机可以获取同一地区三个不同观测角度立体像对,能够提供丰富的三维几何信息,填补了我国立体测图这一领域的空白,具有里程碑意义。

② "高分一号"(GF-1)卫星。GF-1 卫星于 2013 年 4 月成功发射,其搭载了两台 2 m 分辨率全色/8 m 分辨率多光谱相机,四台 16 m 分辨率多光谱相机。卫星工程突破了高空间分辨率、多光谱与高时间分辨率结合的光学遥感技术,多载荷图像拼接融合技术,高精度、高稳定

度姿态控制技术,5~8 年寿命高可靠卫星技术,高分辨率数据处理与应用等关键技术,对于推动我国卫星工程水平的提升,提高我国高分辨率数据自给率,具有重大战略意义。

2) 航拍影像

航空摄影(aerial photography),又称航拍,是指在飞机或其他航空飞行器上利用航空摄影机摄取地面景物像片的技术。现在除从飞机拍摄的航空照片之外,从人造卫星拍摄的宇宙照片、从气球拍摄的气球照片等都统称为空中摄影。航空摄影一般选在上午或下午,因为上午或下午地面上的景物比较清晰,有足够的照度,容易收到较好的影调效果。如果地面上有雾,那么拍摄时要使用适当的滤光器,以增强画面的反差[26]。

值得特别指出的是现在无人机在航拍领域的应用。无人机航拍摄影是以无人驾驶飞机作为空中平台,以机载遥感设备,如轻型光学相机、激光扫描仪、红外扫描仪、高分辨率CCD 数码相机和磁测仪等获取信息,用计算机对图像信息进行处理,并按照一定精度要求制作成图像。无人机航拍摄影系统在设计和最优化组合方面具有突出的特点,集成了高空拍摄、遥控、遥测、视频影像微波传输和计算机影像信息处理等新型应用技术。在我国各领域信息化建设均飞速发展的形势下,数字城市、数字国土、数字林业、数字环保、数字公安、数字能源等数字化建设进程明显加快,并已经取得一定的成果。

无人机是通过无线电遥控设备或机载计算机程控系统进行操控的不载人飞行器。无人机结构简单、使用成本低,不但能完成有人驾驶飞机执行的任务,更适用于有人飞机不宜执行的任务,如危险区域的地质灾害调查、空中救援指挥和环境遥感监测[27]。

按照系统组成和飞行特点,无人机可分为无人驾驶直升机和固定翼型无人机两大类。固定翼型无人机通过动力系统和机翼的滑行实现起降和飞行,遥控飞行和程控飞行均容易实现,抗风能力也比较强,类型较多,能同时搭载多种遥感传感器。起飞方式有滑行、弹射、车载、火箭助推和飞机投放等;降落方式有撞网、伞降和滑行等。固定翼型无人机的起降需要比较空旷的场地,比较适合电力、土地利用监测以及水利、海洋环境监测、林业和草场监测、污染源及扩散态势监测、矿山资源监测等领域的应用。

无人机出现于 1917 年,早期的无人驾驶飞行器的研制和应用主要用作靶机,应用范围主要是在军事上,后来逐渐用于作战、侦察及民用遥感飞行平台。20 世纪 80 年代以来,随着计算机技术、通信技术的迅速发展以及各种数字化、质量小、体积小、探测精度高的新型传感器的不断面世,无人机的性能不断提高,应用范围和应用领域迅速拓展。世界范围内的各种用途、各种性能指标的无人机的类型已达数百种之多。续航时间从 1 h 延长到几十小时,任务载荷从几千克到几百千克,这为长时间、大范围的遥感监测提供了保障,也为搭载多种传感器和执行多种任务创造了有利条件[28,29]。

无人机遥感(图 2-6)可快速对城市环境信息和过时的 GIS 数据库进行更新、修正和升级,为政府和相关部门的行政管理、土地、地质环境治理提供及时的技术保证。随着经济建设迅猛发展,城市面貌日新月异,以无人驾驶飞机为空中遥感平台的技术,能够较好地满足现阶段我国对航空遥感业务的需求,对陈旧的城市数据进行更新[29]。

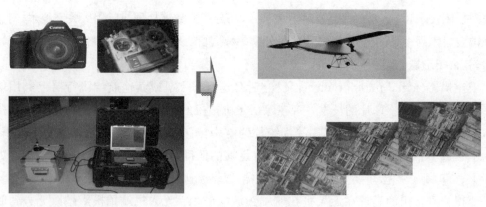

图 2-6　无人机遥感

2.3.2　地图数据

地图数据被分为矢量数据与栅格数据两种类型。地图数据主要通过对地图的跟踪数字化和扫描数字化获取。其中直接的栅格数据来源有卫星遥感影像、航空拍摄图等，间接的栅格数据来源有扫描纸质地图、通过等高线地形图提取的数字高程模型等；直接的矢量图来源有全球定位系统(global positioning system，GPS)测量、工程测量等，间接的矢量图来源有纸质地图扫描矢量化等。随着遥感技术的进步，地图数据中的底图数据依赖实地采集的比例已经越来越小，基本已经很少采用实地采集的方式。这部分数据的主要来源有三种：官方地图、实地外采和航片卫片制作。目前常用的是航拍或者卫拍手段，包括机载数码摄像、机载遥感以及三维激光扫描(主要用于三维地图数据采集)。而另一种 POI 数据的采集和生产主要有以下几种：

(1) 通过整合 GPS 的摄像机，步行或者车行，进行持续拍摄，再根据拍摄结果进行手工输入和标注，这种方式适合于大规模采集标注，是目前数据采集供应商的主要采集手段之一。

(2) 通过专职或者兼职人员，使用手持含 GPS 的智能设备进行拍摄，输入提交，然后进行采集。

(3) 地址反向编译，这是通过门牌地址号码以及矢量地图中的道路数据，运用算法进行定位标注。这种标注精度相对较低，准确性也不高，但是成本非常低，可以用于不需要特别高精度，成本控制也比较严的采集领域。

(4) 从互联网或者企业获取。

2.3.3　地面摄影测量数据

现代的地面测量设备主要是全站仪和电子水准仪。全站仪是指能完成一个测站上的全部测量工作的测量仪器[30]。全站仪由电子经纬仪、光电测距仪和微型计算机组成,其外形如图2-7所示。从20世纪60年代推出世界上第一台全站仪以来,已经经历了工具型全站仪、电脑型全站仪、智能(自动化)型全站仪的发展阶段。现代新型全站仪及时吸收IT的发展成果,不断改进固件性能,极大丰富了全站仪的操作功能。随着发展,原来测角的光学经纬仪发展成了电子经纬仪,原来测距的钢尺发展成了电磁波测距仪,这两者组合成了半站仪,再加上由微型计算机组成的数据处理系统,最终形成了全站仪。

全站仪按测距仪测距分类,可以分为短距离测距全站仪、中测程全站仪和长测程全站仪。其中短距离测距全站仪测程小于3 km,一般用于城市测量和普通测量;中测程全站仪测程3~15 km,用于一般等级的控制测量;长测程全站仪测程大于15 km,通常用于特级导线及国家三角网的测量[31]。

图2-7 全站仪示意图

全站仪的数据采集主要有两个方面:角度测量和距离测量。在角度测量方面,索佳公司提出了所谓的自主角度测量系统,其基本原理是在绝对编码度盘测角的基础上,内置一个角度基准,通过该角度基准事先测定并预置度盘在不同位置时的测角误差,并用于实际角度测量时的误差修正。在距离测量方面,索佳公司的 RED-tech EDM 将测距信号频率提高至 185 MHz,同时在多个测距信号的同步调制发射与接收方面取得突破。而徕卡公司的 PinPoint EDM 技术的主要特点是成功研发了新型系统分析器,改善了无棱镜测距精度与测程。

电子水准仪又称数字水准仪,是在自动安平水准仪基础上,在望远镜光路中增加了读数器和分光镜,并采用图像处理电子系统和条码标尺构成光机电测一体化的高科技产品。目前,电子水准仪的调焦和照准标尺仍需目视进行。在经过调试后,标尺条码一方面在望远镜分化板上形成图像供目视观测,另一方面又通过望远镜的分光镜在光电传感器(又称探测器)上形成图像供电子读数。由于各厂家标尺编码的条码图案各不相同,因此条码标尺一般不能互通使用。当使用传统水准标尺进行测量时,电子水准仪也可以像普通自动安平水准仪一样使用,不过这时的测量精度低于电子测量的精度,特别是精密电子水准仪,由于没有光学测微器,当成普通自动安平水准仪使用时,其精度更低[32]。图2-8所示即为常见的电子水准仪。

除了从设备角度出发进行地面的相关测量,还有一种是在车辆等地面高速移动平台上安置集成的遥感测量系统,在车辆的高速行进

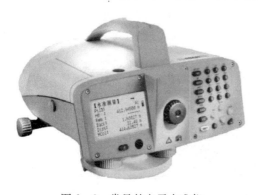

图2-8 常见的电子水准仪

图 2-9　移动测量车

之中通过激光扫描和数码照相的方式快速采集城市、道路等目标区域或线路的整体空间影像数据、属性数据和位置数据，并同步存储在系统计算机中，经专门软件编辑处理，形成所需的影像数据、属性数据和专题图数据。移动测量系统的组成如图 2-9 和图 2-10 所示。

街景数据采集系统能够通过双频双星接收机（GPS+GLONASS）确定车辆的地理空间位置，利用 IMU 测量导航单元实时提供车辆的运行姿态，可以精确记录具有空间参考信息和时标信息的 RGB 点云及视频影像，能快速获取道路及周边地物的三维特征，获取道路沿线 360°全景影像（图 2-11），具有数据采集方便、工作流程简易的优点。

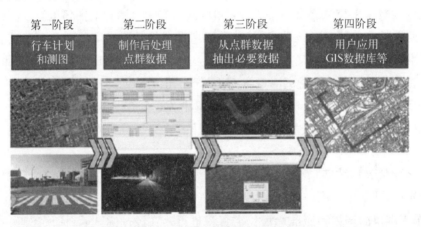

图 2-10　车载测量系统阶段图

图 2-11　360°全景影像图

2.4 气象数据

GIS 的运用能为城市发展的研究提供数据理论基础,但是城市的发展还涉及气候环境方面的因素。为了对城市微气候环境进行分析,需要引入气象方面的数据,利用气象资料分析城市建设过程中涌现的建筑风环境、热环境问题,以及工业化引发的城市气候变化和空气污染,从气象环境的角度探索城市发展和变迁的规律。同时,把人体对外界环境的感受加入到城市规划体系中,对于提高城市宜居性和建设生态城市具有重要的意义。

2.4.1 气象数据的内容

总结气象方面的数据,其中主要的内容可概括为气温、湿度、风、辐射、气压、降水量、蒸发量、日照强度以及云。这些数据作为分析和描述气候特征变化规律的基本资料,为城市微气候分析提供了数据基础。接下来分别介绍各种具体数据。

1) 气温

气温是衡量空气冷热程度的物理量,表示空气分子运动的平均动能的大小,通常用摄氏温标(℃)来表示,也有用华氏温标(℉)表示的。地面气温一般指距地面 1.25～2.0 m 处的大气温度。气温变化直接影响人体的热舒适性,严寒的天气使人感到冰冷刺骨,容易引发风湿病和高血压;而如果长期处于高温状态下,大脑的体温调节器官会因不堪重负而"罢工",导致神经系统的水盐代谢故障,损害人体健康。同时,气温也会对城市环境及其他气象因素产生一定的作用,如改变水体的蒸发速率、改变室内外温差,从而影响建筑通风状况,极端温度带来的供暖制冷耗能增加产生环境污染,城市热岛效应导致的空气停滞和尘埃聚集等。

在气温中又有干球温度、湿球温度和黑球温度三类。干球温度指的是暴露于空气中而又不受太阳直接照射的干球温度表上所读取的数值。干球温度表温度是温度表自由地被暴露在空气中所测量的温度,同时避免辐射和湿气的干扰。干球温度表温度通常被视作气温的温度,它是真实的热力学温度,是一个普通温度表被暴露在气流中所测量的温度。不同于湿球温度表,干球温度表的温度在天气中不表明所对的温度值。在建筑中,当设计某一气候时,一座大厦要重点考虑它。Nall 称它为"人的舒适和大厦节能的最重要的气候可变物"之一。干球温度是接触球体表面空气的实际温度,湿球温度是球体表面附着有水时,水分蒸发带走热量后球体的温度,水的蒸发量与空气的湿度有关,空气湿度越大,蒸发量越小,带走的热量越少,干湿球温度差异越小;空气湿度越小,水蒸发量越大,带走的热量也越多,干湿球温差也就越大,所以可以通过干湿球温差的变化规律来反映当前空气湿度状况。

湿球气温是指同等焓值空气状态下,空气中水蒸气达到饱和时的空气温度,在空气焓湿图上是由空气状态点沿等焓线下降至100％相对湿度线上,对应点的干球温度。黑球温度也称实感温度,标志着在辐射热环境中人或物体受辐射热和对流热综合作用时,以温度表示出来的实际感觉温度,所测的黑球温度值一般比环境温度也就是空气温度值高一些。黑球温度是一个综合的温度,受到太阳辐射的作用很大,对人体的热感觉影响强烈。在可以忍受的温度范围内,强烈的太阳辐射带给人的烘烤感,是诱发热量使人不舒适的重要原因。

在此介绍用三维曲面图来表示温度,图2-12表示的是上海平均温度三维曲面图,在此图中三个轴分别表示周数、时数和平均温度。

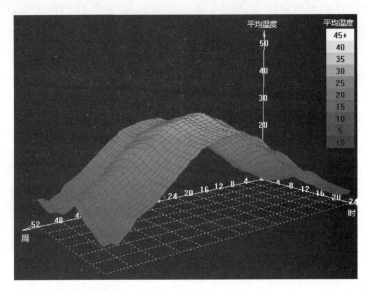

图 2-12　上海平均温度三维曲面图

2) 湿度

湿度是表示大气干燥程度的物理量。在一定的温度下,一定体积的空气中含有的水汽越少,空气越干燥;水汽越多,则空气越潮湿。空气的干湿程度称为"湿度"。湿度会影响人体对温度的感受,相对湿度为50％时最为舒适。湿度过高时,会抑制人体的排汗功能,比如,当气温为28℃、相对湿度达90％时,人就会有气温达到34℃的感觉。除此之外,空气湿度还关系到水面的蒸发速率,继而从水循环方面影响城市气候。在此意义下,常用绝对湿度、相对湿度、比湿、混合比、饱和差以及露点等物理量来表示。若表示在湿蒸汽中水蒸气的质量占蒸汽总质量的百分比,则称为蒸汽的湿度。其中相对湿度指空气中水汽压与饱和水汽压的百分比,湿空气的绝对湿度与相同温度下可能达到的最大绝对湿度之比,也可表示为湿空气中水蒸气分压力与相同温度下水的饱和压力之比。绝对湿度定义为:在标准状态下(0℃,760 mmHg)每立方米湿空气中所含水蒸气的质量。比湿是一团由干空气和水汽组成的湿空气中的水汽质量与湿空气的总质量之比。若湿空气与外界无质量交换,且无相变,则比湿保持不变。以 g/g 或 g/kg 为单位,通常大气中比湿都小于 40 g/kg。当温度降到某一特定值时,饱和水蒸气分压力等于同温度下的实际水蒸气分压力,相对湿度100%,本来不饱和的空气,最终因室温下降而达到饱和状态,这一特定温度称为该空气的露点温度。蒸气压在一定外界条件下,液体中的液态分子会蒸发为气态分子,同时气态分子也会撞击液面回归液态。这是单组分系统发生的两相变化,一定时间后,即可达到平衡。平衡时,气态分子含量达到最大值,这些气态分子对液体产生的压强称为饱和蒸气压,简称蒸气压。

3) 风

风常常会对居民的室外活动产生一定的影响,炎热的夏季,清风拂来可以使人感到凉爽惬意,而在冬季,却令人瑟瑟发抖。在城市规划中,也需要考虑风的作用,一方面,由于空气流动常常会裹挟着各种污染物颗粒,在设计城市功能单元布局时就要兼顾当地的主导风向,例如避免将排污量较大的工厂放在城市的上风向区域等;另一方面,气流的流动方向在下垫面作用下非常容易发生变化,城市里的一栋楼房、一棵树、一座立交桥都可能对周围的风场产生意想不到的改变,有时,形成的极端风力会吹倒毫无防备的路人,甚至掀翻建筑的屋顶,有时,空气的停滞导致室内自然通风不畅,污染物迟迟无法散去。由此可见,环境风的研究对人体舒适性的改善和城市节能减排工作的意义深远。

风主要包括风速和风向。风速是指空气相对于地球某一固定地点的运动速率,风速的常用单位是 m/s,1 m/s= 3.6 km/h。风速没有等级,风力才有等级,风速是风力等级划分的依据。一般来讲,风速越大,风力等级越高,风的破坏性越大。另外,风向是指风吹来的方向。一般在测定时有不同的方法,主要分海洋、大陆、高空进行确定。风向的利用可以在工业、农业、交通和军事等领域发挥积极作用。

在对风的数据进行收集后,有风向玫瑰图[33]和主导风向风频图这两种表达方式。其中风向玫瑰图也称风向频率玫瑰图(图 2-13),它是根据某一地区多年对各个风向和风速的

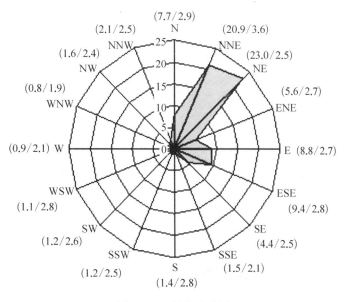

图 2-13 风向玫瑰图

百分数值进行平均的统计,并且按照一定比例进行绘制而成的,一般多用 8 个或 16 个罗盘方位表示。玫瑰图上所表示出来的风的吹向是指从外部吹向整个地区中心的方向,在各方向上按其统计数值所画出的线段来表示此方向上风频率的大小,其线段越长,表示该风向出现的次数越多。按照风速数值百分比,将各个方向上表示风频的线段用不同颜色绘制成分线段,这样表示出各风向上的平均风速,将此类统计图称为风频风速玫瑰图。在主导风向风频图中,颜色代表一年中一定风速在某风向出现的时间,颜色越深,出现的时间越多。相比于风向玫瑰图,多了一个风速的分布情况[34]。图 2-14 为主导风向风频图。在风向玫瑰图中记录的是平均风速,另外还有风速矢量图(图 2-15),也是一种展示方式。

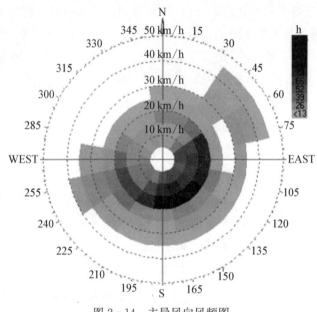

图 2-14 主导风向风频图

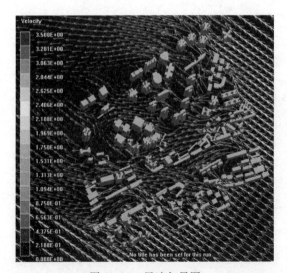

图 2-15 风速矢量图

4) 辐射

辐射指的是能量以电磁波或粒子(如 α 粒子、β 粒子等)的形式向外扩散。自然界中的一切物体,凡是温度在绝对零度以上,都会时刻不停地以电磁波和粒子的形式向外传送热量,将这种传送能量的方式称为辐射。辐射的能量是在所有方向上从辐射源向外直线放射的。物体通过辐射所放射出的能量称为辐射能,辐射是以伦琴/小时来计算的。辐射有一个重要特点,就是它是"对等的"。不论物体(气体)温度高低都向外辐射,甲物体可以向乙物体辐射,同时乙也可向甲辐射。辐射本身是中性词,但某些物质的辐射可能会带来危害。太阳辐射(solar radiation)是指太阳向宇宙空间发射的电磁波和粒子流。地球所接收到的太阳辐射能量仅为太阳向宇宙空间放射的总辐射能量的 20 亿分之一,但却是地球大气运动的主要能量源泉。电磁辐射(electromagnetic radiation)又可以称为电子烟雾,由空间共同移送的电能量和磁能量组成,并由电荷移动产生,例如,发射信号的射频天线发出的移动电荷会产生电磁能量。电磁频谱包括各种各样的电磁辐射,范围从极低频至极高频的电磁辐射,两者之间还有微波、红外线、可见光、紫外光和无线电波等。在电磁频谱中对于射频的一般定义是指频率由 3 kHz 至 300 GHz 的辐射[35]。而有些电磁辐射对人体也有一定的影响。热辐射(thermal radiation)是指物体因为具有温度而产生辐射电磁波的现象,是热量传递的三种方式之一。物体温度越高,辐射出的总能量就越大,短波成分也越多。热辐射的光谱是连续谱,理论上波长覆盖范围可从 0 至无穷大,一般的热辐射主要靠波长较长的可见光和红外线传播。由于电磁波的传播无须任何介质,所以热辐射是真空中唯一的传热方式[36]。

5)气压

气压是作用在单位面积上的大气压力,即单位面积上向上延伸到大气上界的垂直空气柱的重量,著名的马德堡半球实验证明了它的存在。气压的国际制单位是帕斯卡,简称帕,符号是 Pa。不同位置间气压差的存在形成了风,因而气压数据常常用来评价区域通风状况。其中低气压是指近地面的气压,一般夏天形成在陆地上。著名的低气压中心就是亚洲低压中心(印度低压)和亚速尔低压中心。低气压的气流是向上上升,而气流越上升气温越下降,从而形成降雨。所以低气压一般给经过的地区带来大风和降雨,可以缓解旱情。高气压,简称"高压",指比周围的气压高的地点而言,其中气压最高的地点,称为"高气压中心"。在同一高度上,中心气压高于四周的大气涡旋称为高气压。通常研究的是近地面高度的高气压,一般采用等值线图来描述某地区的气压分布状况。

6)降水量

从天空降落到地面上的雨水,未经蒸发、渗透、流失而在水面上积聚的水层深度,称为降水量(以 mm 为单位),它可以直观地表示降雨的多少。测定降水量常用的仪器包括雨量筒和量杯。降水量的表达方式比较简单,通常会采用柱状统计图来表示,也可以用等值线图来表示一段时间内的累积或平均降雨量(图 2 - 16)。

7)蒸发量

水由液态或固态转变成气态,逸入大气中的过程称为蒸发。而蒸发量是指在一定时段内,水分经蒸发而散布到空中的量,通常用蒸发掉的水层厚度的毫米数表示,水面或土壤的水分蒸发量,分别用不同的蒸发器测定。水面蒸发的过程会形成一股向上运动的气流,对附近的风场造成一定程度的改变,蒸发量越大,变化越明显。并且蒸发的过程会吸收大量的热,因而蒸发量经常用来辅助研究城市温度的变化。一般温度越高、湿度越小、风速越大、气压越低,蒸发量就越大;反之,蒸发量就越小。土壤蒸发量和水面蒸发量的测定在农业生产和水文工作上非常重要。雨量稀少、地下水源及流入径流水量不多的地区,如果蒸

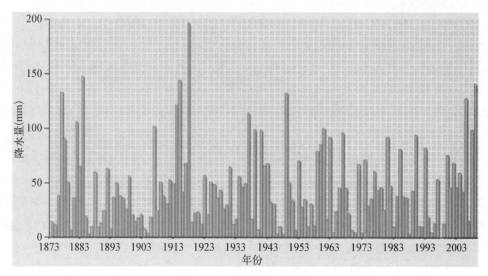

图 2-16　降水量柱状图

发量很大,就容易发生干旱[37]。

8）日照强度

日照强度是指在单位时间、单位面积内所接收到的太阳辐射量,其度量单位为 W/m^2。一个地区的日照强度往往受到地势高低、大气透明度、纬度和太阳活动等因素的影响。日照强度越大,日照时间越长,所吸收的太阳辐射就越多,环境温度越高。日照强度通常会采用折线图来表示(图 2-17)。

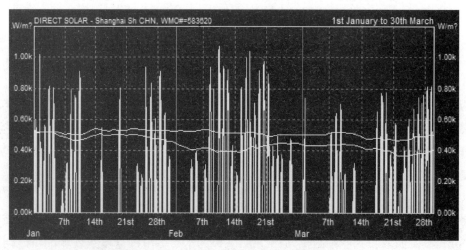

图 2-17　上海 1—3 月的直接日照强度图

2.4.2　气象数据的观测

气象数据的观测主要是通过地面气象观测、自动气象站、专业气象站、气象卫星、气象雷达、气象气球、气象飞机和气象火箭等多种方式来进行观测，每一种观测方式都有其特有的优缺点。

1）地面气象观测

地面气象观测，是指利用气象仪器和目力，对靠近地面的大气层的气象要素值及自由大气中的一些现象进行的观测。地面气象[37]观测的内容很多，包括风向、风速、气温、天气现象、空气湿度、冻土、云、气压、地温、降水、日照、能见度、蒸发、雪深、电线结冻等。地面气象观测的项目大多都是通过固定在观测场内的各种仪器来进行的，因此观测场地以及气象站的站址选择，还有仪器的安装是否正确等，都对资料的准确性、比较性和代表性有极大的影响。一般来说，气象台站的地址应选在能代表其周围大部分地区天气和气候特点的地方，并且尽量避免局部环境和小范围对其的影响，同时应当将地址选在当地风向最多的上风方处，不要选在洼地、山谷、绝壁和陡坡上。并且要求观测场的四周平坦空旷并能代表周围的地形，其附近不应该有其他任何物体。孤立和不高的个别障碍物，离观测场的距离至少要保持在障碍物高度的 3 倍以上；密集、宽大和成片的障碍物，其距离也要在离障碍物高度的 10 倍以上。观测场周围 10 m 范围内不能种植高秆作物，以此来保证气流上的畅通。气象台站的房屋一般应建在观测场的北面。另外，一个气象台站建成之后，要长期稳定，否则会影响观测资料的连续性[38]。

地面气象观测可以分为不定时观测和定时观测两类。值得一提的是定时观测，它是气象台站的基本观测，主要目的是为天气预报提供依据，积累资料，了解一个地方的气候变化规律，为经济建设服务。一般来说，一天内观测次数越多，越能反映一个地方气象要素的变化。但为了节约人力、物力，可以在一天中选择适当的有代表性的时间来进行。气象工作者经过统计发现，每天选择适当时间观测 4 次与观测 24 次（1 次/h）的日平均值非常接近。因此中国气象局规定，"国家基本气象站"每天必须进行 2 点、8 点、14 点、20 点这 4 个时次的定时观测，昼夜要守班；"国家一般气象站"每天只进行 8 点、14 点、20 点这 3 个时次的定时观测，夜间不必守班。建立地面气象观测是一项非常重要的工作，它是整个气象工作的基础，是气象台站掌握当地天气实况、索取气象资料的主要手段[39]。

2）自动气象站

具有能自动地观测和存储气象观测数据的设备的气象站称为自动气象站，这些设备主要由系统电源、采集器、传感器和通信接口等组成。随着气象要素值的不断变化，各传感器的感应元件输出的电量也会随之产生变化，CPU 实时控制下这种变化量会被数据采集器所采集，然后经过定量化和线性化处理，实现从工程量到要素量之间的转换，最后对数据进行筛选，从而得出各个气象要素值。自动气象站的观测项目主要包括温度、风向、风速、气压、湿度和雨量等要素，经过扩充后还可以测量其他要素，数据采集的频率比较高，每分钟采集并存储一组观测数据。根据对自动气象站人工干预情况，可将自动气象站分为有人自动站和无人自动站。自动气象站网由一个中心站和若干自动气象站通过通信电路组成。按用途分类有：自动天气站、自动气候站、特殊用途的自动站。按传输方式分类有：有线自动站和无线自动站。用有线通信方式传递的通常称为综合有线遥测气象仪;用无线通信方式直接将资料传输给用户的通常称为自动气象站;经卫星中继的则称为资料收集平台。无线自动站由于无须观测员守班,且传输距离远(数百千米),适用于海岛、高山及边远地区不便建立有人观测站的地方,以弥补这些地区气象资料的欠缺[40]。

3) 专业气象站

专业气象站是为某项专业生产需要气象服务而专设在特定环境条件下的气象站,如林场气象站、盐场气象站、农场气象站、水库气象站和渔场气象站等。通常隶属于各专业部门,与一般气象站的隶属关系不同。

4) 气象卫星

实质上,气象卫星是一个在太空中的自动化高级气象站,是遥感、空间、通信、控制和计算机等高技术相结合的产物[41]。由于轨道的不同,可分为两大类:地球同步气象卫星和太阳同步极地轨道气象卫星。前者与地球保持同步运行,相对地球是不动的,称为静止轨道气象卫星,又称地球同步轨道气象卫星。后者由于其卫星是逆地球自转方向与太阳同步,所以又称太阳同步轨道气象卫星。在气象预测过程中非常重要的卫星云图的拍摄也有两种形式:一种是借助于地球上物体对太阳光的反向程度而拍摄的可见光云图,只限于白天工作;另一种是借助地球表面物体温度和大气层温度辐射的程度,形成红外云图,可以全天候工作。气象卫星具有以下特点:① 有低轨和高轨两种轨道;② 短周期重复观测;③ 成像面积大,有利于获得宏观同步信息,减少数据处理容量;④ 资料来源连续、实时性强,成本低等。

地球同步气象卫星的运行高度大约在 35 800 km,轨道平面与地球的赤道平面是相重合的。从地球上看,卫星静止在赤道某个经度的上空。一颗同步卫星的观测范围为 100 个经度跨距,100 个纬度跨距(从南纬 50°到北纬 50°),因而 5 颗这样的卫星就可形成覆盖全球中、低纬度地区的观测网。太阳同步极地轨道气象卫星的飞行高度在 600~1 500 km,卫星的轨道平面和太阳始终保持相对固定的交角,这样的卫星每天在固定时间内经过同一地区 2 次,因而每隔 12 h 就可获得一份全球的气象资料[42]。

气象卫星对云顶温度、云顶状况、云量、云内凝结物相位的观测和对卫星云图的拍摄;对陆地表面状况(主要是风沙、冰雪)以及海洋表面状况的观测(如海冰、洋流和海洋表面温度等);对大气中湿度分布、降水区、降水量和水汽总量的分布,还包括太阳的入射辐射、地气体系对太阳辐射的总反射率、地气体系向太空的红外辐射以及大气中臭氧的含量及其分布的观测;对空间环境状况的监测(如电子的通量密度、α 粒子和太阳发射的质子),等等;有助于人们监测天气系统的移动和演变,为研究气候变迁提供大量的基础资料;为空间飞行提供大量的环境监测结果。

目前,我国的静止气象卫星和极轨气象卫星已经发射上天并开展工作[43],在轨运行的卫星分别是"风云一号"D 星(2002 年发射)和"风云二号"C 星(2004 年发射)。我国是世界上少数几个同时拥有静止和极轨气象卫星的国家之一,是世界气象组织对地观测卫星业务监测网的重要成员。

"风云二号"气象卫星(FY-2)是我国自行研制的第一代地球静止轨道气象卫星,与极地轨道气象卫星相辅相成,构成我国气象卫星应用体系。"风云二号"卫星由两颗试验卫星(FY-2A卫星、FY-2B卫星)和四颗业务卫星(FY-2C卫星、FY-2D卫星、FY-2E卫星、FY-2F卫星)组成,作用是获取白天可见光云图、昼夜红外云图和水汽分布图,进行天气图传真广播;收集气象、水文和海洋等数据收集平台的气象监测数据,供国内外气象资料利用站接收利用;监测太阳活动和卫星所处轨道的空间环境,为卫星工程和空间环境科学研究提供监测数据[44]。

5) 气象雷达

专门用于大气探测的雷达称为气象雷达,属于主动式的微波大气遥感设备。气象雷达是一种用于预报和警戒小、中尺度天气系统的主要探测工具。常规雷达装置大体上由定向天线、发射机、接收机、天线控制器、显示器和照相装置、电子计算机和图像传输等部分组成,如图2-18所示。

图2-18 气象雷达

主要的气象雷达有测云雷达、测雨雷达、测风雷达、圆极化雷达、调频连续波雷达和气象多普勒雷达等[45]。

目前正在研究试验的雷达中还有双波长雷达和机载多普勒雷达等。20世纪70年代以来,利用一个运动着的小天线来等效许多静止的小天线所合成的一个大天线的合成孔径雷达的新发展,必将加速机载多普勒雷达今后的发展进程。机载多普勒雷达的机动性很强,可以用来获取分辨率很高的对流风暴的多普勒速度分布图[46]。

◇ 参 ◇ 考 ◇ 文 ◇ 献 ◇

[1] 崔浩. 文明城市创建中的公众参与问题研究[D]. 苏州:苏州大学,2009.

[2] 黎夏,叶嘉安,刘小平,等. 地理模拟系统:元胞自动机与多智能体[M]. 北京:科学出版社,2007.

[3] 周成虎,孙战利,谢一春. 地理元胞自动机研究[M]. 北京:科学出版社,1999.

[4] 高晖. 基于GIS技术的环境制图[D]. 西安:长安大学,2006.

[5] 张晓亮. 数字城管系统的建设内容及架构模式分析[C]. 第三届中国国际数字城市建设技术研讨

会,2007.

[6] 王雷光,郑晨,林立宇,等.基于多尺度均值漂移的高分辨率遥感影像快速分割方法[J].光谱学与光谱分析,2011,31(1):177-183.

[7] 蔡志明.V律指数法提取城市建筑用地遥感影像的研究[J].五邑大学学报:自然科学版,2011,25(1):43-49.

[8] 连江龙.小波多尺度分析的应用研究[D].福州:福建师范大学,2008.

[9] 李新峰.利用WorldView-2卫星影像数据生产高分辨率多光谱正射影像技术方法研究[D].西安:长安大学,2012.

[10] 骆钦锋.浅谈林业工作中常用的遥感影像及处理要点[J].华东森林经理,2012,26(2):80-83.

[11] 李航.遥感图像在空间数据库中的存储与应用开发研究[D].合肥:中国科学技术大学,2005.

[12] 石矿林,畅毅,孙斌,等.物探专题施工图的制作及应用效果分析[J].物探装备,2010,20(3):158-162.

[13] 岳华.关于专题要素的特征及表示方法[J].城市建设理论研究:电子版,2012,(6):1-5.

[14] 李仲,杜永刚,邵晋彪.用地面摄影测量法测定地下开采中支架或支护的变形[J].北京测绘,2009,(4):32-36.

[15] 李仲,杜永刚,田万寿,等.地面摄影测量在变形监测中的精度分析[J].北京测绘,2010,(2):94-95.

[16] 李仲,杜永刚.地下采空区体积测量与分析[J].测绘与空间地理信息,2010,33(1):177-179.

[17] 徐忠阳.现代地面测量设备发展动态[J].中国测绘学会2010年学术年会论文集,2010:268-273.

[18] 白成军.三维激光扫描技术在古建筑测绘中的应用及相关问题研究[D].天津:天津大学,2007.

[19] 朱晓炜.民勤地区沙尘暴年际变化研究及其监测预警技术的对比分析[D].南京:南京信息工程大学,2011.

[20] 张佑一.从国家主权高度看待"资源三号"[J].地球,2012,(1):37.

[21] 翟进.基于遥感技术的干旱灌区水盐平衡及生态需水研究[D].呼和浩特:内蒙古农业大学,2009.

[22] 李述.干旱、半干旱区土地利用/覆盖变化与荒漠化的遥感综合研究[D].兰州:兰州大学,2006.

[23] 尹光华,胡伟华,沈军.数字遥感图像假彩色合成及在活动构造解译方面的尝试[J].内陆地震,2006,19(3):223-232.

[24] 钟花相,董兴齐.基于遥感监测山丘型钉螺分布的研究进展[J].地方病通报,2009,23(6):73-75.

[25] 高思平.机载宽幅图像压缩、存储与地面回放系统研制[D].南京:南京航空航天大学,2009.

[26] 金云根.无人飞行器低空遥感技术及其在大比例尺测绘中的应用[J].华东地区第十次测绘学术交流大会论文集,2007.

[27] 周国香.UAV载多面阵数码相机拼接技术的研究[D].青岛:山东科技大学,2009.

[28] 王新,陈武,汪荣胜,等.浅论低空无人机遥感技术在水利相关领域中的应用前景[J].浙江水利科技,2010,(6):27-29.

[29] 张太鹏,宋会传.无人机技术在现代矿山测量中的应用探讨[J].矿山测量,2010,(3):44-46.

[30] 靳石民.全站仪的日常使用与维护[J].科学与财富,2012,(7):283.

[31] 李瑛.大跨复杂钢结构施工过程健康监测与分析[D].兰州:兰州理工大学,2012.

[32] 郑国才,高俊强,刘三枝,等.数字水准仪的测量原理及测试精度分析[J].南京工业大学学报:自然

科学版,2006,28(4):77 - 82.

[33] 曹丽娟,周玲,陈艳丽,等. 风玫瑰图的研究与程序自动成图设计[J]. 计算机与现代化,2013,(2):134 - 137.

[34] 王艳. 风-蓄联合运行系统可行性研究[D]. 北京:华北电力大学(北京),2008.

[35] 赵洋,李秀霞. 电磁辐射对机体健康影响研究进展[J]. 医学信息:中旬刊,2010,5(6):1654.

[36] 李霞. 用 Lattice Boltzmann 方法处理传热传质中的固液相变问题[D]. 金华:浙江师范大学,2011.

[37] 唐敏. 桂西南麻疯树生长、种仁含油率及其与环境的相关性研究[D]. 南宁:广西大学,2007.

[38] 冯辉. 探析地面气象观测的重要工作内容[J]. 城市建设理论研究:电子版,2012,(18):1 - 5.

[39] 赵秀英,易达仁. 浅析自动气象站的综合防雷设计[J]. 气象研究与应用,2009,30(A01):168 - 169.

[40] 何小东. 利用地面资料计算抬升凝结高度的新算法及其在云底高度分析中的应用研究[D]. 南京:南京信息工程大学,2009.

[41] 余晓红. 雷电防护技术在自动气象站的应用研究[D]. 重庆:重庆大学,2009.

[42] 朱青. 卫星红外云图与可见光云图融合方法研究[D]. 青岛:中国海洋大学,2010.

[43] 隋雪莉. 气象图像自动配准方法研究[D]. 南京:南京理工大学,2006.

[44] 汪明轶. 构建民航气象服务机构知识管理平台[D]. 成都:电子科技大学,2010.

[45] 李康. 非线性调频信号设计[D]. 西安:西安电子科技大学,2009.

[46] 陈方. 浅析如何提高雷达维护技术[J]. 城市建设理论研究:电子版,2012,(27).

第 3 章

空间数据的应用技术

现代化的计算机技术、网络技术和测绘技术等的飞速发展,使得空间数据的采集和组织变得更为便捷,但是获取的数据是具有一定冗余度和一定误差的原始数据,还不能成为对人们有用的信息和知识。空间数据的应用技术能帮助 GIS 从业人员解决这些问题,它是对空间数据进行处理、挖掘和分析,将海量数据转化为对人们理解客观世界、做出决策有用的信息和知识,并对数据进行存储。

传统的空间数据应用过程只是分析人员将采集到的空间数据进行汇总、分类、分析,再从这些数据中提取有用的信息。然而,随着空间数据规模的不断扩大、复杂程度的不断增加,只用人工方式已经不能完全处理和分析这些数据。所以借助计算机的空间数据应用技术正在 GIS 领域中发挥着至关重要的作用。本章将围绕空间数据的处理、挖掘、分析和存储四项应用技术展开,分别介绍它们的目的、内容、方法以及应用案例。

3.1　空间数据处理

数据处理是从大量的、可能是杂乱无章的、难以理解的数据中抽取并推导出对于某些特定的人们来说是有价值、有意义的数据。数据处理是自动控制和系统工程等学科的基本环节,它贯穿于社会生产和生活的各个领域,其发展及应用的广度和深度极大地影响着人类社会发展的进程。

空间数据处理是 GIS 领域中特定的数据处理功能,它包括了地理空间数据从采集到输出过程中的大部分操作,如对空间数据的采集、检验、编辑、格式化、转换、存储和显示等。空间数据处理是对空间数据进行挖掘、分析和存储的基础和前提,也是保证后序工作效率和准确性的基础。

3.1.1　空间数据处理的目的

空间数据是对客观世界描述的抽象化和离散化,只是对真实世界的近似和概括,所以数据的不确定性和误差无时不在。空间数据的不确定性可以认为是数据的"真实值"不能被肯定的程度,它不但包含了误差的所有要素,还包含了非常复杂并难以观察的要素。空间数据的不确定性问题有以下六个方面[1]:

(1) 位置精度　数字化地图上各种要素的坐标与实际物体的坐标有一定的误差。

(2) 属性精度　由于人为或技术的原因,对数据属性的定义也往往会有误差。例如,利用遥感影像数据对城市土地利用类型进行识别,分类的结果往往会与实际情况有所出入。

（3）逻辑的一致性　数据因分类定义不严谨而产生逻辑上的矛盾。

（4）分辨率　遥感影像、数字高程模型等栅格型空间数据的最小单位是像元,代表空间信息的分辨率。但是在矢量化数字地图和位图等矢量型空间数据中,通常会忽视这个问题。

（5）完整性　各种信息可能存在遗漏或重复等问题。由于空间数据是利用不同方法、从不同角度获取的,所以分类后可能会在空间上出现重叠或空白区域。

（6）时间性　数据的收集时间会有所差异。

为了弱化或消除空间数据的不确定性,就需要对空间数据进行适当的处理。空间数据处理是 GIS 领域中的重要研究内容之一,它的目标是解决空间数据比例尺度不统一、数据格式不统一、数据冗余、数据表达不连续和图形接边等一系列操作层面上的问题,为空间数据入库和进一步的应用创造条件。

3.1.2　空间数据处理的内容

空间数据处理的内容可以分为狭义上的 GIS 数据处理和广义上的 GIS 数据处理两大类[2]。其中,狭义上的 GIS 数据处理可以分为 GIS 特色的数据处理和非 GIS 特色的数据处理两类。对非 GIS 特色的数据处理还可以再细分为普通数据处理、一般图形处理和其他非 GIS 特色的数据处理(表 3-1)。在地理信息系统的应用中,非 GIS 特色的数据处理功能也经常被用来处理空间数据,是空间数据处理中不可或缺的技术。

表 3-1　空间数据处理的概念框架

空间数据处理类别			数据处理功能	简　单　描　述
	普通数据处理		单纯属性数据变化及处理	GIS 在普通属性数据库中的查询、选择、增补、提取、关联和逻辑计算等
狭义上的GIS数据处理	非 GIS 特色的数据处理	一般图形处理(图形处理软件也具有的数据处理功能)	一般图形编辑	点、线和多边形等空间对象的增删、修改、移位、恢复和复制等,空间对象之间某些相互关系的修改,如两线端点咬合、端点与线咬合等
			线状对象操作	线相交、曲线光滑处理和平行线处理等
			多边形操作	线与多边形相交、多边形相交和区域填充等
			图形窗口裁剪与合并	使用规则窗口或不规则多边形模板的图形裁剪,多边形等图形或图形区域的合并
			图幅的几何接边	相邻图幅拼接时边界两侧线和多边形的几何衔接
			图层(几何)叠加	多重图层的叠加显示
			坐标变换	地图投影以外的坐标变换
			格式转换	不同格式数据之间的转换

（续表）

空间数据处理类别		数据处理功能	简　单　描　述
非 GIS 特色的数据处理	其他非 GIS 特色的数据处理	一般的图像处理	图像显示、编辑、增强和变换等
		多媒体技术处理	GIS 所用到的视频、音频等处理
狭义上的 GIS 数据处理	GIS 特色的数据处理	属性与图形交互编辑	基于空间对象唯一标识符，在图形编辑中进行相应属性数据的编辑，或属性数据的编辑涉及的相应图形编辑
		GIS 图幅接边	不仅进行几何接边，还要进行编辑接边，即同一地物在边界两侧的属性必须一致
		拓扑关系生成和编辑净化	找交点形成节点和线，组成多边形，清除假节点，判断点是否在多边形内等
		制图概括（制图综合）及有关编辑	根据地图比例尺、用途、地理特征等条件，进行地图内容取舍、符号化、地物移位和制图对象概括和归纳推理等，专为制图概括所进行的编辑，如曲线简化等
		空间数据质量与精度方面的处理	进行空间数据质量的控制、总结和评价等，以保证空间数据较好的准确性、一致性和完整性
		地理坐标转换和地图投影	其他坐标向地理坐标的转换、不同地理坐标之间的转换、地表曲面上的地理坐标向平面上投影、精度校正、坐标配准等
		三维立体处理	面向不规则地表的 GIS 特色的三维建模和显示等处理
		矢量、栅格数据转换	涉及地理属性数据关联的矢量、栅格数据的相互转换
广义上的 GIS 数据处理		数据采集和输入	从现实世界的采集、观测，从现存文件、地图中获取地理空间数据，并输入计算机中
		显示与输出	通过屏幕等多种途径，可视化地表达地理空间数据和信息
		数据存储、组织与管理	按 GIS 表达和运作的要求来组织和管理地理空间数据，涉及空间数据结构和 GIS 数据库系统技术
		空间查询和分析	位置和属性交互的空间查询，以及已形成某些 GIS 软件中的固有功能的程式化空间分析和其他空间模型分析等

3.1.3　空间数据处理的专业平台

PCI Geomatica 软件（图 3 - 1）是加拿大 PCI 公司的旗帜产品，该软件集成了遥感影像处理、专业雷达数据分析、GIS 空间分析、制图和桌面数字摄影测量系统等功能,是一个强大的生产工作平台。作为遥感影像处理软件系统的先驱,PCI Geomatica 以其丰富的软件模块、支持所有的数据格式、适用于各种硬件平台、灵活的编程能力和便利的数据可操作性代表了图像处理系统的发展趋势和技术先导。

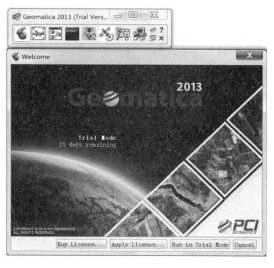

图 3-1 PCI Geomatica 2013 软件的主界面图

本节以 PCI Geomatica 2013 和 Photoshop CS5 软件为例,介绍遥感影像数据处理的方法。处理流程主要包括多通道数据融合、加近红外、正射校正和调色四个步骤。

1) 多通道数据融合

原始的遥感影像数据往往被分为多个通道,每个通道分别存储影像的 RGB 颜色信息,这样就可以减少单个数据的数据量。例如,alos 数据就有 4 个通道。处理遥感影像时,首先要对多通道数据进行融合,使其成为真彩色图。

在 PCI 软件中多通道数据融合的操作如下:① 启动"OrthoEngine"模块,并创建工程(图 3-2);② 选择"Utilities"菜单栏中的"Merge/Pansharp Multispectral Image . . ."功能(图 3-3);③ 在"Merge/Pansharp Multispectral Images"对话框中输入各个通道的路径,点击"Merge"按钮开始融合(图 3-4)。

图 3-2 启动"OrthoEngine"模块

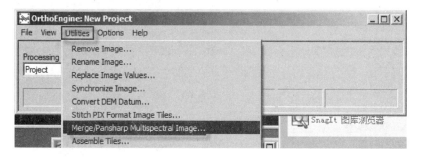

图 3-3 选择"Merge/Pansharp Multispectral Image . . ."功能

2) 加近红外

近红外光是波长介于中红外光和可见光之间的电磁波,是人们最早发现的非可见光区

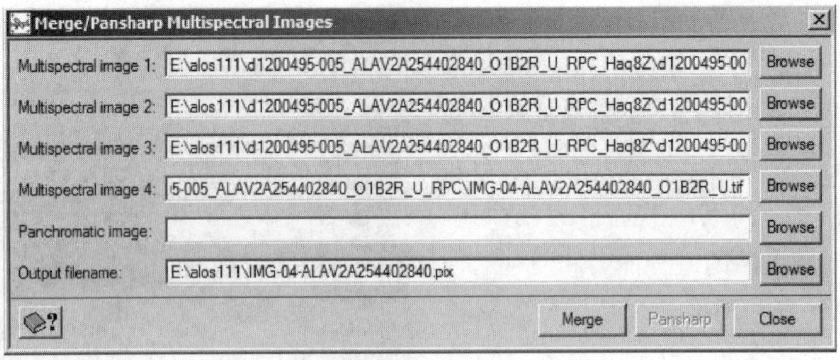

图3-4 输入各个通道的路径并开始融合

域。近红外光谱分析法是一种间接分析技术,是用统计的方法在样本待测属性值与近红外光谱数据之间建立一个关联模型,起到校正参数的作用。

在 PCI 软件中加近红外的操作如下:① 启动"Modeler"模块,并打开工程文件(图3-5);② 先点击"Import"模块,选择需要加近红外的文件,然后点击"Export"模块,选择导出文件的路径(图3-6);③ 在"Execute"菜单栏中选择"Run Batch"开始执行加近红外操作(图3-7)。

图3-5 启动"Modeler"模块

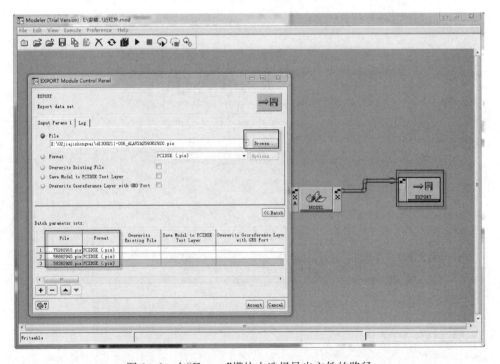

图3-6 在"Export"模块中选择导出文件的路径

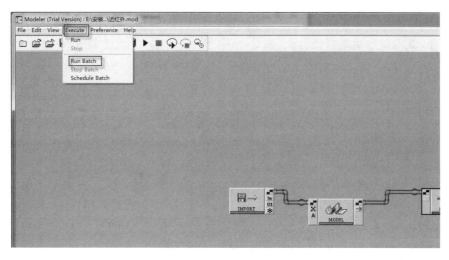

图 3-7 选择"Run Batch"开始执行加近红外操作

3) 正射校正

正射影像是指校正了因地形起伏或传感器误差而引起像点位移之后的影像。正射校正一般通过在影像数据上选取一些接合点,并利用该影像范围内的 DEM 数据,对影像进行倾斜改正以及投影差改正,最后将影像重采样成正射影像。正射影像不仅精度高、信息丰富、直观真实,而且数据结构简单,生产周期短,能很好地满足社会各行业的需要。正射影像同时具有影像特性和地形图特性,涵盖丰富的信息,可作为 GIS 的数据源,从而使地理信息系统的表现形式更加多样化。

在 PCI 软件中正射校正的操作如下:① 启动"OrthoEngine"模块,并打开工程文件;② 点击"Processing step",选择"Data Input"项,导入需要校正的数据文件(图 3-8);③ 点

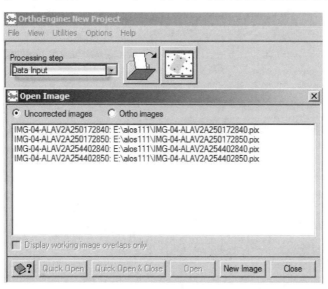

图 3-8 选择"Data Input"项并导入需要校正的数据文件

击"Processing step",选择"GCP/TP Collection"项,点击右侧的"Automatically collect tie point"按钮,就可以自动选择接合点(图 3-9 和图 3-10);④ 点击"Processing step",选择"Ortho Generation"项,添加 DEM 文件,点击"Generate Orthos"按钮输出正射影像(图 3-11)。正射校正的结果如图 3-12 所示。

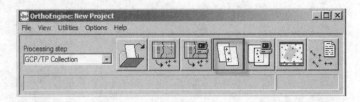

图 3-9 选择"GCP/TP Collection"项并点击"Automatically collect tie point"按钮

图 3-10 添加或删除接合点

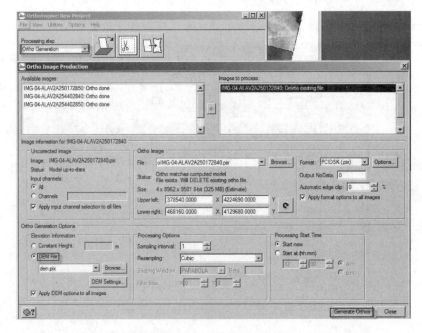

图 3-11 输出正射影像

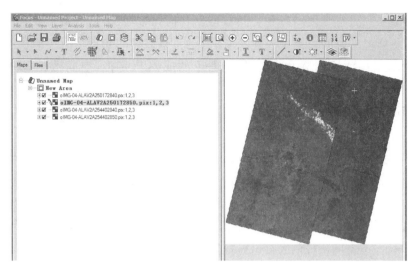

图 3-12 正射校正的结果

4) 调色

利用 Photoshop 软件对正射校正后的影像数据进行调色,调整影像的 RGB 曲线和色阶,使遥感影像视觉效果更加真实化。原始数据和处理后数据的比较如图 3-13 所示。

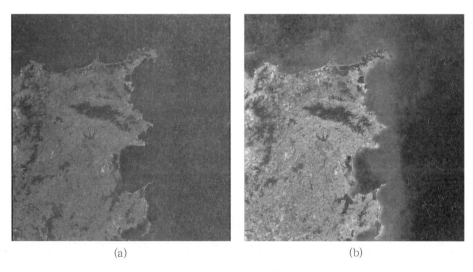

(a)　　　　　　　　　　　　　　　(b)

图 3-13 原始数据和处理后数据的比较

(a) 原始数据;(b) 处理后数据

3.2 空间数据挖掘

近年来,空间信息技术领域内的对地观测技术、数据库技术和网络技术的快速发展,有关资源、环境、灾害等在内的各种空间数据呈几何级数增长,空间数据更加受到人们的重视。如何从海量的空间数据中快速获取潜在的、感兴趣的知识信息一直困扰着 GIS 方面的专家。而随着数据挖掘和知识发现理论的成熟与完善,空间数据挖掘技术应运而生。

空间数据挖掘是数据挖掘的一个研究分支,是指从空间数据库中提取用户感兴趣的空间模式与特征,空间数据与非空间数据的普遍关系以及其他一些隐含在数据库中的普遍的数据特征[3]。空间数据与其他类型数据的一个重要区别就是它的空间特征,所以空间数据挖掘相对于一般的数据挖掘具有如下特点[4,5]:① 数据量大,空间数据来源丰富,且具有海量特征,存取复杂;② 挖掘算法多,除了一般数据挖掘外,还有云理论、探索性数据分析等;③ 表达方式多,数据的空间特性可以增加研究者对现实世界的理解和认知程度;④ 应用范围广,可对任何具有空间特征的数据进行挖掘。

3.2.1 空间数据挖掘的任务

空间数据挖掘的主要任务是对空间数据特征比较、空间聚类分析、空间分类、空间关联和空间模式分析等领域进行研究[6]。在空间数据挖掘之前,需要对空间数据进行以下四个方面的处理:① 将空间作为整体框架,同一空间区域范围内的数据不考虑空间特征要素,研究各种区域统计指标计算、系统相关模型等;② 利用变异函数、空间自相关指数等空间统计分析方法,研究数据的空间分布特征;③ 将空间要素转化为一维属性数据或作为属性数据的乘积因子进行分析操作;④ 将不同数据按图层分布进行空间配准后,对数据进行重采样,形成统一格式的数据,然后利用一般的分析方法进行分析操作。在对空间数据进行初步处理后,就可以通过数据挖掘的一些算法对深层次的模式和知识进行挖掘。

3.2.2 空间数据挖掘的方法

数据挖掘汇集了来自数据库、人工智能、模式识别、机器学习以及统计学等各学科的成果。空间数据挖掘作为数据挖掘的一个分支,不仅涵盖了数据挖掘常用的方法,如人工神经网络、遗传算法、专家系统、贝叶斯网络、决策树、粗糙集和统计方法等,也具有云理论、数字图像分析和模式识别等特有的挖掘算法[6]。

1) 人工神经网络

人工神经网络(artificial neural network)是一种通过训练来学习的非线性预测模型,可以完成分类、聚类和特征采掘等多种数据挖掘任务。它是由大量处理单元互联组成的非线性、自适应信息处理系统,这些神经元具有较强的适应能力,并且可以相互连接形成网络。通过调整各个神经元之间的连接权值,人工神经网络具有对经验知识进行学习的能力,还可以运用这些知识模拟生物神经系统,对真实世界做出交互反应。

人工神经网络的研究在许多领域已经取得了一定的进展和成果，提出了大量的神经网络模型和学习算法。常用的神经网络模型有前向型神经网络、反馈型神经网络、随机型神经网络和自组织映射神经网络等。当确定神经网络的模型结构后，关键是要设计一个学习速度快、收敛性好的学习算法，以便得到最好的输出结果。

2）遗传算法

遗传算法（genetic algorithm）是一种迭代式的优化方法，基于生物遗传和进化的概念来设计一系列的基因组合、交叉、变异和自然选择等过程达到优化的目的。它强调了自然演变的某些方面在优化选择研究中的应用。遗传算法将生存竞争、适者生存和遗传继承等自然规律进行建模，然后依靠这些模型来模拟实际问题，通过遗传优化搜索来获取研究问题的最优解。

由于遗传算法具有简单性和通用性等特点，所以在机器学习、人工生命、优化神经网络、模拟进化和元胞自动机等科学研究领域得到了广泛的应用。

3）专家系统

专家系统（expert system）是人工智能在信息系统领域的应用。通过研究和模拟有关领域专家的推理思维过程，它将专家的知识和经验以知识库的形式存储，并根据这些知识对输入的原始数据集进行复杂推理，做出判断和决策，从而起到领域专家的作用。专家系统的主要功能取决于大量的知识，所以设计专家系统的关键是知识的表达和运用。专家系统具有三个基本特征：① 知识的表达必须由该领域专家决定；② 推理过程使用通用的专家规则；③ 推理过程是稳定不变的。

随着专家系统理论的不断完善、应用领域的不断拓宽，专家系统逐渐成为数据挖掘领域最重要的方法之一，从而促进了计算机从求解数值问题向求解非数值问题方向的转变。

4）贝叶斯网络

贝叶斯网络（Bayesian network）是基于概率的不确定性推理，发现数据间潜在的、隐含的关系。它是一种概率网络，能够表示数据之间关联关系的概率和因果关系。贝叶斯网络由节点和连接节点的有向边组成，节点表示数据（集），有向边表示数据之间的因果关系、潜在关系或依赖关系，计算时用概率来表示有向边，用概率分布来实现规则学习和规则推理。

在数据挖掘的研究中，贝叶斯网络可以用于因果推理、分类分析和聚类分析。贝叶斯网络可以处理不完整和带有噪声的数据集，它用概率测度的权重来描述数据间的相关性，从而解决数据间的不一致性和独立性。

5）决策树

决策树（decision tree）是解决实际应用中有关分类问题的数据挖掘方法，它是从一组无规则、无次序的数据集中推导出以树形式表示的分类规则。决策树从树的根节点出发，在节点位置进行某项属性值的比较，根据比较结果的不同选择对应的分支，不断重复这个过程，直至到达叶节点处。每个叶节点代表的就是一个分类的类别，而从根节点到叶节点的一条路径,就是一条决策规则,通常也称为分类模型或分类器。经典的决策树方法有 CLS、ID3 以及 C5.0 等。

决策树方法具有很好的普遍性,只要待分类的数据集可以使用规则集进行分类,就可以使用决策树方法。

6) 粗糙集

粗糙集(rough set)理论是波兰的帕夫拉克(Pawlak)教授于 1982 年提出的一种智能数据决策分析工具,可以对不完整数据进行分析、推理、学习和发现。它由确定的数据公式描述,所以数据集中含糊元素的数目是可以计算的,即可以计算真假二值间的含糊度。粗糙集理论的主要特点在于其反映了人们用不完全信息或知识去处理一些不分明现象的能力,或依据观察、度量得到的某些不精确的结果进行数据分类的能力。

由于粗糙集理论创建的目的和研究的出发点是直接对数据进行分析和推理,从中发现隐含的知识,揭示潜在的规律,因此它是一种天然的发现知识的方法,在数据挖掘领域有很广泛的应用。

7) 统计方法

统计学是一门收集、整理和组织数据,并从这些数据集中得出结论的科学。统计方法是从事物外在数量上的表现来推断该事物可能存在的规律。重要的规律性一般隐藏在数据的深处,最初只能从其数量表现上找出线索,然后提出一定的假说或猜想,做进一步深入的理论研究加以验证,才能获取事物的规律。

统计分析是为数据挖掘制定的一套方法论。从一元到多元的数据分析,统计学为数据挖掘提供了大量的、不同类型的分析技术和算法,例如统计推断、统计预测、回归分析、方差分析和相关分析等。

8) 云理论

云理论由李德毅院士于 1995 年提出,是一种用于处理不确定性因素和定性概念中广泛存在的随机性和模糊性的一种新理论。云理论包括云模型、云发生器、虚拟云、云变换和云不确定性推理等主要内容,它将模糊性和随机性相结合,解决了模糊集理论中隶属函数概念的固有缺陷,为空间数据挖掘中定量与定性相结合的处理方法奠定了基础。

运用云理论进行空间数据挖掘,可以进行概念和知识的表达、定量和定性转化、概念的综合和分解、不确定性推理和预测等工作[7]。

9) 数字图像分析和模式识别方法

图形图像数据是空间数据库的一个重要组成部分,对图像数据库进行数据挖掘可以认为是一种数字图像处理的方法。它们之间也有一定的区别:数据挖掘的研究对象是海量数据,而图像处理通常只关注于单个或者几个图像的分析。GIS 数据库中含有大量的图形图像数据,一些图像分析和模式识别方法可直接用于挖掘数据和发现知识,或作为其他挖掘方法的预处理方法。

3.2.3 空间数据挖掘的步骤

数据挖掘是一个循环的、多步骤的机器学习过程,可以抽象为一个五元组$\{T,D,C,L,K\}$[4]。其中,T 表示某种学习任务,D 表示数据库中的大量数据,C 表示一组有助于发现特定知识的基本概念和背景知识,L 表示用来形成各种发现的语言,K 表示通过学习后发现的知识。如果把每个元素看作一个状态,数据挖掘就是五个状态之间不停转换的过程。

空间数据挖掘的过程与一般的数据挖掘和知识发现的过程相似,但数据挖掘算法的选择范围更大,且在数据预处理、数据转换等步骤需要考虑数据的空间特性。空间数据挖掘一般分为以下七个步骤[8]:

(1) 数据准备与问题理解　了解空间数据挖掘相关领域情况,熟悉有关研究问题的背景知识,明确空间数据挖掘的目标。

(2) 数据选取　根据用户的需求从空间数据库中提取与空间数据挖掘问题相关的数据,并将它们转化为空间数据挖掘算法能识别的格式。

(3) 数据处理与缩减　对步骤(2)获取的数据进行加工,确保数据的完整性和一致性,去除冗余数据,填补丢失数据,并对其中包含噪声的数据进行处理。

(4) 确定空间数据挖掘的算法　明确空间数据挖掘发现知识的类型,选择合适的空间数据挖掘算法,包括选取合理的模型及参数,使知识发现算法与空间数据挖掘的评判标准保持一致。

(5) 执行空间数据挖掘　运用选定的算法,从空间数据库中挖掘所需要的知识,这些知识可以用一种特定的方式表示。

(6) 模式解释与知识评价　对发现的模式和知识进行解释,在此过程中,为了取得更为有效的知识,可能会返回前面某些处理步骤以反复提取,从而取得更为有效的知识。

(7) 重新精炼数据和问题　如果挖掘出的模式或知识不是期望的结果,则需要重新进行一轮挖掘的过程。经过几次反复的挖掘和精炼后,如果挖掘出的模式和知识满足期望,就可以进入到使用结果的阶段。

3.2.4 空间数据挖掘与空间数据处理的比较

空间数据处理和空间数据挖掘是目前应用较多的两种技术。从内涵上看,空间数据处理的概念更大,广义的空间数据处理包含了空间数据挖掘;从外延上看,两者又有一些区别,其区别主要体现在以下三个方面[9]:

(1) 数据量不同　尽管空间数据处理和空间数据挖掘都是空间数据的应用技术,但它们所面向的数据量是不同的。空间数据处理是对一组空间数据进行处理,一般不会涉及该组数据之外的数据,所处理的数据是非常有限的。而空间数据挖掘需要对整个空间数据库进行操作,必要时还要对多个空间数据库进行连接查询操作,因此会涉及大量的空间数据,且数据量越大,挖掘的效果就越好。

(2) 层次不同　尽管广义的空间数据处理包含了空间数据挖掘,但它们的层次是有所区别的。空间数据处理一般解决的是表层的、显而易见的问题,而空间数据挖掘则是解决深层次的、从表面无法发现的问题。

(3) 目的不同　空间数据处理的目的是对空间数据进行一些简单的操作,以解决由于不可避免的空间数据不确定性所引起的一系列问题,为一般用户的常规应用提供服务。而空间数据挖掘的目的则是发现知识,寻找隐含在空间数据中的规则。

3.3　空间数据分析

空间数据分析是基于地理对象位置和形态特征数据的分析技术,是各类综合性地学分析模型的基础,为建立复杂的空间应用模型提供了基本工具。利用空间数据分析方法不仅可以提取空间数据中的各种信息,还能利用这些信息揭示事物间更深层的内在规律和属性特征。

关于空间数据分析,国内外不同的研究学者给出了不同的定义。Haining[10]认为空间数据分析是基于地理对象的空间布局的地理数据分析技术。Landis 则认为空间数据分析是指为了规划和决策,应用逻辑模型或数学模型来分析空间数据的技术。美国国家地理信息与分析中心(National Center for Geographic Information and Analysis,NCGIA)的Goodchild 教授曾给空间数据分析做出了较系统的定义:① 空间数据分析是一系列分析空间数据的技术;② 空间数据分析的目的是检验模型和获取知识;③ 空间数据分析既可以采用推理方法,也可以采用归纳方法;④ 空间数据分析可以采用简单的或直觉的方法。郭仁忠[11]将空间数据分析定义为基于地理对象的位置和形态特征的空间数据分析技术,其目的是提取和传输空间信息。张成才[12]认为空间数据分析就是利用计算机对数字地图进行分析,从而获取和传输空间信息。黎夏[13]将空间数据分析定义为以地理空间数据库为基础,运用逻辑运算、一般统计和地统计、图形与形态分析、数据挖掘等技术,提取隐含在空间数据内部的与空间信息有关的知识和规律,包括位置、形态、分布、格局以及过程等内容,以解决涉及地理空间的各种理论和实际问题。

与分析空间数据相关的技术都可以被称为空间数据分析技术,从宏观上看,这些技术可以分为三类:① 空间图形数据的分析运算;② 非空间属性数据的分析运算;③ 空间和非空间数据的联合运算。空间数据库是空间数据分析得以进行的基础,它具有完备的数据管理功能,运用的手段包括各种几何逻辑运算、代数运算和数理统计分析等,最终的目的是解决人们涉及地理空间的实际问题,提取和传输地理空间信息(特别是隐含信息),以辅助决策。空间数据分析包含丰富的功能，包括几何测量、多边形操作、地图分析、地形分析以及网络分析等。

空间数据分析的目的主要有以下四个方面[14]：① 认知——通过有效的手段获取空间数据，并对其进行科学的描述，利用数据来再现事物本身；② 解释——理解和解释生成空间数据的背景和过程，认识事件的本质；③ 预报——了解、掌握事件发生的现状，运用推测规律对未来的状况做出预测；④ 调控——对地理空间上发生的事件做出响应。

3.3.1 空间数据分析的作用

空间数据分析是 GIS 的核心功能之一。GIS 具有的强大空间数据分析功能，是区别计算机制图系统（具有图形输入、输出和编辑等功能）和数据库管理系统（具有查询、更新和存储数据等功能）的显著特征之一[13]。空间数据分析可以通过 GIS 的交互功能将地理空间数据转化为对用户有用的信息。同时，用户可以通过空间数据分析技术对原始数据模型进行实验，获取新的知识和经验，并以此作为空间行为的决策依据。空间数据分析对空间信息的提取和传输，使 GIS 成为区别于一般信息系统的主要功能特征，也是评价 GIS 功能强弱的重要指标之一。

空间数据分析最主要的功能有以下四个方面：① 发现空间数据中内在的、隐含的空间关系、空间模式和空间规律；② 为已有的问题查找解决方法和答案；③ 检验和证实已有的论点和假设；④ 从空间数据中找到满足某些应用的新理论、新观点或普遍性的方法。

空间数据分析是对空间数据进行的分析操作，这些空间数据除了包含地理现象的位置、形态、空间布局等有关的数据外，还包括数据间的空间关系、空间过程和空间规律。空间数据分析所涉及的应用主要有以下六个方面：① 查询操作——用一定的查询语言，为某些已知问题查找相应结果；② 量算操作——得到空间对象的长度、面积、高程等常用数据的操作；③ 描述和总结操作——对已有的一些规则、假设、结论等，使用 GIS 能识别的语言来解释和归纳；④ 推理操作——为某些假设或猜想寻找结论的一系列操作过程；⑤ 优化模拟操作——空间数据分析的一个特有操作，用大量空间数据，根据一定的模型，对复杂的地理现象进行模拟，或对已有模型，优化其模型参数，使该模型能够提高模拟地理现象的精度；⑥ 假设和验证操作——人类知识发展的过程就是不断验证已有的假设并提出新假设的过程，空间数据分析也可以针对空间数据提供假设和验证操作。

空间数据分析与传统的统计分析有着很大的区别。一般的统计方法所获得的分析结果往往无法反映地理现象与空间的关系，其分析的结果是与空间无关的。尽管空间数据分析有时需要采用常规的统计分析方法，但那也不能将空间数据分析与统计分析等同起来。空间数据分析不仅要分析实体的属性数据，更要分析它们的空间位置、分布特点和空间关系等与地理空间有关的信息，即空间数据分析的结果依赖于地理事件的空间分布特征，而且通过空间数据分析可以发现隐藏在空间数据之后的重要信息和一般规律，这是一般的统计方法所不能胜任的。例如,人口流动问题,即一定区域内的大量非城市人口向集中的城市地区流动,会造成该区域人口分布中心位置的移动,但总的人口数目、男女比例等统计数据是不会发生变化的。前者需要利用空间数据分析工具来分析人口分布的空间特征变化,而后者则只需要利用一般的统计分析方法就可以获取。

3.3.2　空间数据分析的方法

空间数据分析有多种可能的分析方案,在实际应用中,需要根据研究问题的具体要求和实际情况选用不同的分析方法,以有效地获取解决问题的答案,满足用户的各种具体要求,并提供直观的输出结果。空间数据分析方法可以分为两大类,即空间数据的基本分析方法和统计分析方法,每大类下面又有众多具体的空间数据分析方法[13]。

1) 基本分析方法

(1) 空间量算　通过一些简单的量测值来描述复杂的地理实体及地理现象,这些量测值主要包括点、线、面等空间实体对象的长度、面积、体积、形状和重心等指标。

(2) 空间插值　将离散的数据测量值以某种特定的数学关系转化为连续变化的曲线或曲面,以便于空间实体分布模式的拟合和比较,推求出未知点或未知区域的数据值。

(3) 叠置分析　GIS 通过分层方式来管理空间数据,叠置分析是将同一个研究区的多个数据层作为一个集合,对集合进行并、交、差等逻辑运算,从而得到不同数据层之间的空间关系。叠置分析又包括栅格数据的叠置分析和矢量数据的叠置分析两种方式。叠置分析是空间数据分析中最重要的方法之一。

(4) 缓冲区分析　将一组空间对象按某个缓冲距离建立起缓冲区多边形,再将缓冲区图层叠加到原始图层上,并分析两个图层上空间对象的关系。缓冲区实际上就是空间对象的邻域,邻域的大小由邻域的半径(即缓冲距离)来确定。缓冲区分析与叠置分析不同,前者包括了缓冲区图层的建立和叠加分析,而后者只是对现有的多个数据层进行叠加分析,并不会生成新的图层参与分析[15]。缓冲区分析是空间数据分析中使用较多的分析方法之一。

(5) 网络分析　网络模型是 GIS 中的一个重要数据模型,包括交通线路、排水网、煤气网和电网等在内的城市设施网络都属于网络模型的范畴。网络分析是研究一个网络的建立、运行、资源分配以及最优路径选择等操作的分析过程,其基本思想就是优化概念,即按照某种操作和相应的限制条件,得到满足当前条件的最佳结果。

(6) 数字高程分析　现实的地理世界是一个三维空间,地理实体除了平面坐标外,还包括空间坐标(即高程值)。数字高程模型是一组表示地形经度、纬度和海拔数据集的有序数值阵列,它通过有限的地形高程数据实现了对地表形态的数字化模拟和表示。数字高程分析包括数字高程模型的表示、插值、制图以及在地学分析中的应用等。

2) 空间统计分析方法

(1) 空间统计方法　是在复杂的现实地理世界中探索地理信息的最简单的方法之一,

透过空间数据的位置信息来建立数据间的统计关系。它是对 GIS 空间数据库中的空间数据进行统计分析,包括对空间数据的分类、统计和综合评价等。空间统计方法包括空间自相关分析、回归分析(一元线性回归、多元线性回归、非线性回归、空间回归)和趋势面分析等。

(2) 属性数据的统计方法 属性数据与空间数据都是 GIS 的基本数据类型,所以空间数据分析必须要有对属性数据的分析方法。属性数据的统计方法主要计算一些统计指标,如属性数据的集中特征数(平均数、中位数、频率和数学期望等)、离散特征数(方差、极差、离差和变差系数等)、图形表示分析、综合评价分析以及分等定级分析等。

(3) 景观格局分析 景观格局分析的原理和方法可以用来描述和解释地理现象变化的原因和过程。与此同时,借助 GIS 强大的图形处理和数据分析功能,可以模拟景观格局对生态过程的影响,分析不同景观格局对生态过程的敏感性。

3.3.3 空间数据分析的步骤

不同的 GIS 软件在进行空间数据分析的具体方法上可能会有所差异,但其总体分析步骤基本相似,主要分为以下九个步骤[13]:

(1) 明确分析目标和分析要求 首先要明确分析的目标,即待解决的问题以及所期望的输出结果。分析要求具体规定了如何利用分析功能来解决问题,以及在满足什么条件的前提下解决问题。明确了分析目标和要求后,需要考虑使用何种空间分析方法来解决问题。

(2) 准备空间分析的数据 数据准备对空间数据分析非常重要,好的数据可以缩短分析时间,减少分析误差,提高分析效率,并能得到好的分析结果。在进行分析操作前,对数据准备进行全面的考虑,有助于更高效地完成分析工作。通常,需要使用的数据已经存在于空间数据库中,而属性数据需要在应用中添加。数据准备就是除了收集空间数据外,还要将与研究相关的属性数据添加到数据库中,并进行一些适当的调整和修改,删除与研究无关的某些数据项。

(3) 执行空间数据分析操作 根据对研究问题要求的分析,可明确要解决问题所需要的空间数据分析方法,一般的问题都会使用到常用的空间数据分析方法,如空间量算、缓冲区分析、叠置分析等。

(4) 准备表格分析数据 有些空间数据分析问题涉及大量的属性数据,而 GIS 的每个数据层又有属性表。某些问题需要对数据层的属性表进行修改和逻辑运算,以产生新的数据项或中间结果,来参与进一步的分析操作。所以针对不同的研究问题,要做好表格分析数据的准备和收集。

(5) 属性表分析 对准备好的表格分析数据进行逻辑表达式运算和算数表达式运算,根据步骤(1)的分析要求来确定不同的表格分析运算方法。在 GIS 分析中,属性表分析的结果是对应于空间位置的。

(6) 获得分析结果 执行了步骤(3)和步骤(5)的分析操作后,得到分析结果。这个结果通常是研究者可以识别和认知的模型或数据。

(7) 评价和解释分析结果 对获取的分析结果进行评价和解释,以确定其有效性和可理解性。通过这一步骤可以验证结果是否提供了可靠且有实际应用意义的答案,并向用户解释结果产生的依据、过程和意义。

(8) 修改分析过程 如果分析结果不能被接受,则需要对分析结果进行修改或添加某些条件和要求,使得结果可以被接受。如果分析存在某些局限性或缺点,则应返回至前面的步骤,补充适当的条件和要求后,重新得到分析结果。

(9) 输出专题图和报表 对于最后的输出结果,空间数据分析一般都会以专题图或报表的形式给出,两种形式对应着不同的分析问题。专题图形式有利于表达空间关系,且直观易懂。而报表形式则可以显示有关问题的表格数据和计算结果。

3.3.4 空间数据分析的专业平台

ENVI(the environment for visualizing images)是由美国 Exelis Visual Information Solutions 公司采用交互式数据语言(interactive data language,IDL)开发的一套功能强大的遥感图像处理和分析软件。它能快速、便捷、准确地从遥感影像中提取信息。它的优势有:① 先进、可靠的影像分析工具——全套影像信息智能化提取工具,能全面提升影像的价值;② 专业的光谱分析——高光谱分析一直处于世界领先地位;③ 随心所欲扩展新功能——底层的 IDL 语言可以帮助用户轻松地添加、扩展 ENVI 的功能,甚至可以开发定制自己的专业遥感平台;④ 流程化图像处理工具——将众多主流的图像处理过程集成到流程化图像处理工具中,进一步提高了图像处理的效率。

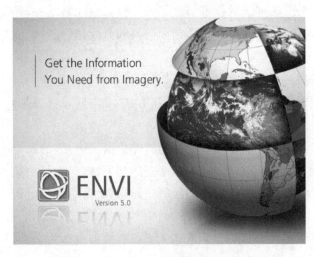

图 3-14 ENVI 5.0

本节以 ENVI 5.0 软件(图 3-14)为例,介绍根据遥感影像数据对土地利用类型进行分类的方法。分类的流程主要包括数据导入、参数设置、分类结果输出和分类结果评估四个步骤。

1) 数据导入

启动 ENVI 5.0 软件,打开待分类的遥感影像数据,选择界面右侧工具栏中的"K-Means 分类法"(图 3-15)。选择导入的数据,点击"OK"按钮(图 3-16)。

图 3 - 15　打开遥感影像数据并选择"K - Means 分类法"

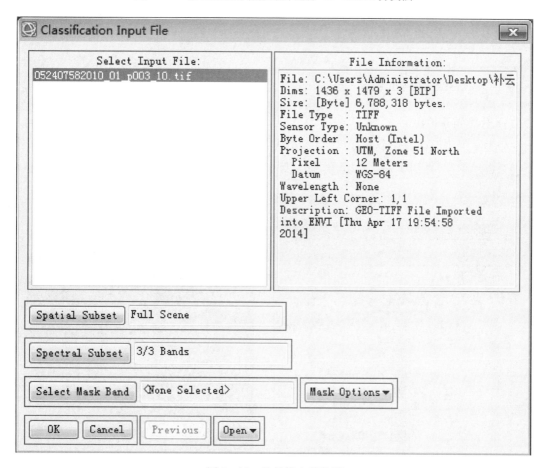

图 3 - 16　选择导入的数据

2) 参数设置

设置分类的类别数、最大迭代次数等参数，并选择分类结果文件的导出路径（图3-17），点击"OK"按钮，开始执行分类操作（图3-18）。

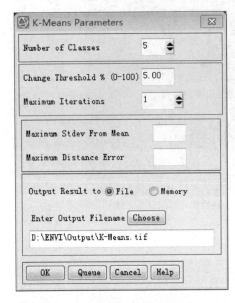

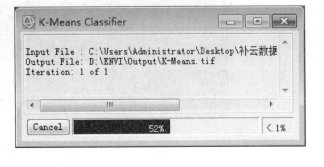

图3-17 设置分类参数并选择分类
结果文件的导出路径

图3-18 开始分类操作

3) 分类结果输出

分类结果将保存为一个 *.tif 文件。分类结果如图3-19所示，其中类别1表示山地，类别2表示植被，类别3表示农田，类别4表示水体，类别5表示建筑，类别0表示无法识别的区域。

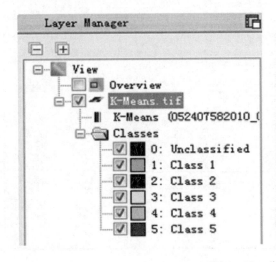

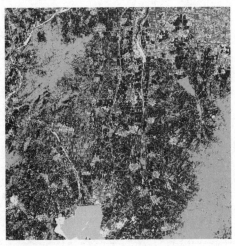

图3-19 分类结果

4) 分类结果评估

在图像精度评价中,混淆矩阵主要用于比较分类结果和实际测得值。混淆矩阵是通过将每个实测像元的位置和类别与分类图像中相应的位置和类别进行比较计算。混淆矩阵的每一列代表了实际测得信息,每一列中的数值等于实际测得像元在分类图像中对应于相应类别的数量;混淆矩阵的每一行代表了图像的分类信息,每一行中的数值等于图像分类像元在实测像元相应类别中的数量。

在 ENVI 5.0 软件中分类结果评估的操作如下:① 选择界面右侧工具栏中的"混淆矩阵"评估方法(图3-20);② 选择分类后的影像文件,点击"OK"按钮导入(图3-21);③ 选择实测图像文件,点击"OK"按钮导入(图3-22);④ 设置混淆矩阵的参数和文件的输出路径,点击"OK"按钮开始计算混淆矩阵(图3-23);混淆矩阵文件如图3-24所示。

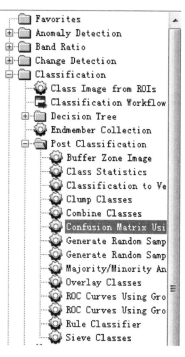

图3-20 选择"混淆矩阵"评估方法

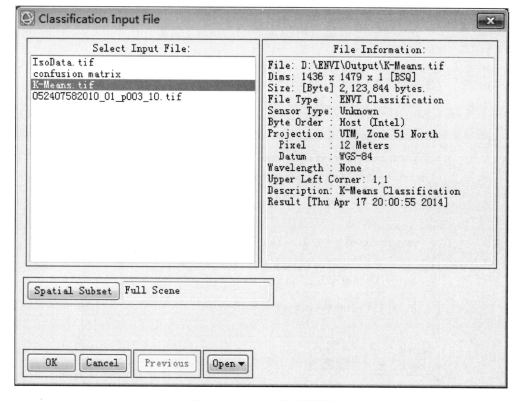

图3-21 导入分类结果图像

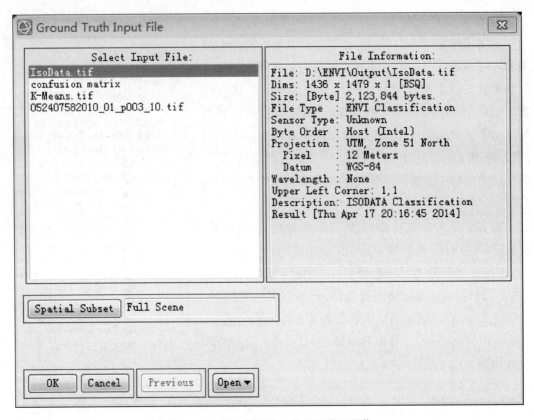

图 3 - 22 导入实测的土地利用类型图像

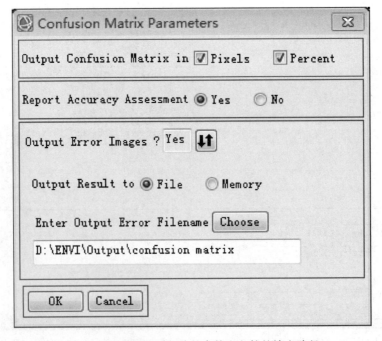

图 3 - 23 设置混淆矩阵的参数和文件的输出路径

```
Class Confusion Matrix                                                    [_][□][x]
File

Confusion Matrix: D:\ENVI\Output\K-Means.tif

Overall Accuracy = (1172967/1813519)  64.6791%
Kappa Coefficient = 0.5005

                Ground Truth (Pixels)
     Class     Unclassified      Class 1      Class 2      Class 3      Class 4
Unclassified              0            0            0            0            0
     Class 1              0       135409        11358            0            0
     Class 2              0            0       305477       279212            0
     Class 3              0            0            0       595401       194982
     Class 4              0            0            0            0       100959
     Class 5              0            0            0            0            0
     Class 6              0            0            0            0            0
       Total              0       135409       316835       874613       295941

                Ground Truth (Pixels)
     Class          Class 5      Class 6        Total
Unclassified              0            0            0
     Class 1              0            0       146767
     Class 2              0            0       584689
     Class 3              0            0       790383
     Class 4          85223            0       186182
     Class 5          28647        69777        98424
     Class 6              0         7074         7074
       Total         113870        76851      1813519

                Ground Truth (Percent)
     Class     Unclassified      Class 1      Class 2      Class 3      Class 4
Unclassified           0.00         0.00         0.00         0.00         0.00
     Class 1           0.00       100.00         3.58         0.00         0.00
     Class 2           0.00         0.00        96.42        31.92         0.00
     Class 3           0.00         0.00         0.00        68.08        65.89
     Class 4           0.00         0.00         0.00         0.00        34.11
     Class 5           0.00         0.00         0.00         0.00         0.00
     Class 6           0.00         0.00         0.00         0.00         0.00
       Total           0.00       100.00       100.00       100.00       100.00

                Ground Truth (Percent)
     Class          Class 5      Class 6        Total
Unclassified           0.00         0.00         0.00
     Class 1           0.00         0.00         8.09
     Class 2           0.00         0.00        32.24
     Class 3           0.00         0.00        43.58
     Class 4          74.84         0.00        10.27
     Class 5          25.16        90.80         5.43
     Class 6           0.00         9.20         0.39
       Total         100.00       100.00       100.00

     Class      Commission      Omission      Commission         Omission
                 (Percent)     (Percent)        (Pixels)         (Pixels)
Unclassified          0.00          0.00             0/0              0/0
     Class 1          7.74          0.00    11358/146767         0/135409
     Class 2         47.75          3.58   279212/584689     11358/316835
     Class 3         24.67         31.92   194982/790383    279212/874613
     Class 4         45.77         65.89    85223/186182    194982/295941
     Class 5         70.89         74.84     69777/98424     85223/113870
     Class 6        100.00         90.80          0/7074      69777/76851

     Class      Prod. Acc.     User Acc.      Prod. Acc.        User Acc.
                 (Percent)     (Percent)        (Pixels)         (Pixels)
Unclassified          0.00          0.00             0/0              0/0
     Class 1        100.00         92.26   135409/135409    135409/146767
     Class 2         96.42         52.25   305477/316835    305477/584689
     Class 3         68.08         75.33   595401/874613    595401/790383
     Class 4         34.11         54.23   100959/295941    100959/186182
     Class 5         25.16         29.11    28647/113870     28647/98424
     Class 6          9.20        100.00      7074/76851        7074/7074
```

图 3-24 混淆矩阵文件

3.4 空间数据存储

随着 GIS 在科研、商业以及公共管理中的广泛应用，空间数据的管理、表达和评估变得越来越重要，地理数据库系统正逐渐成为 GIS 的核心部分[16]。由于地理应用的特殊性以及

GIS 研究范围的不断增大,所要处理的数据量也随之剧增,对 GIS 数据管理能力提出了更高的要求。因此,海量空间数据管理也成为新一代 GIS 必须解决的重要技术问题之一。

空间数据包括点、线、多边形、域以及二维、三维或更高维的多面体,它一般具有数据量庞大、对象操作复杂、算法标准不统一以及计算代价高等特点[17]。空间数据的容量呈现高速增长的趋势,给海量空间数据分布式存储与管理、网络在线服务带来了巨大的挑战。为了能更好地管理空间数据、实时响应用户的数据请求,就需要设计能够进行快速空间操作的空间数据管理系统。

3.4.1　空间数据的存储方式

从空间数据存储介质的角度,空间数据的发展经历了几种不同的存储方式[18]。

1) 文件存储

早期的空间数据主要通过计算机制图获取,由于 CAD 软件在制图方面的优势,多数 GIS 的从业人员都选用 CAD 软件作为空间数据的制图系统。大量的空间数据是存储在 CAD 文件中的,如 Autodesk 公司的 DWG 文件格式。但一般情况下,CAD 系统能管理的数据文件都比较小,并不能满足 GIS 的大数据量要求。

早期的空间数据文件没有统一的标准,各个 GIS 软件厂商都使用自己定义的文件格式,所以无法实现数据共享。随着 GIS 的发展,出现了数据格式标准化组织,他们提出了空间数据统一编码的思想,以便于不同格式之间的数据交换。然而,各种格式间的转换仍然比较耗费时间和精力,导致了 GIS 的建设成本始终居高不下。与此同时,对于 GIS 软件厂商来说,由于文件格式需要经常升级,并保证版本的向下兼容,导致了开发负担的增加。

2) 文件-数据库混合存储

属性数据通常存储在关系数据库之中,而几何要素则按照某种特定的格式存储在矢量图形文件中。存储介质的差异主要受数据库技术发展的制约,由于传统的关系型数据库缺乏表达复杂数据结构的能力,无法构建空间对象的数据类型,矢量数据很难存储在关系型数据库中。GIS 系统的开发厂商采用了折中的办法,把空间数据的几何属性放在图形文件中,通过索引文件把空间对象的属性要素与之联系起来。如在 MicroStation 中,可以通过设立 MSLink 属性文件格式的空间数据信息与外部属性数据库连接[18]。

文件-数据库混合存储方式由于采用了异构的数据源,给空间数据的应用带来了诸多不便。

3) 完全数据库存储

面向对象技术、关系型数据和对象-关系数据库技术的发展,使得空间数据的数据库存储成为可能[18]。

(1) 关系型数据库管理系统　用关系数据库管理系统管理图形数据有两种模式。一种是基于关系模型的方式,图形数据按照关系数据模型组织。这种组织方式由于涉及一系列关系连接运算,相当费时。另一种方式是将图形数据的变长部分处理成二进制块字段。GIS 利用这种功能,通常把图形的坐标数据当作一个二进制块,交由关系数据库管理系统进行存储和管理。但二进制块的读写效率比定长的属性字段慢得多,特别是牵涉对象的嵌套,速度更慢[18,19]。

(2) 对象-关系数据库管理系统　在关系数据库管理系统中进行扩展,使之能直接存储和管理非结构化的空间数据,定义点、线、面、圆、长方形等空间对象的 API 函数,将各种空间对象的数据结构进行预先的定义,用户使用时必须满足它的数据结构要求,用户不能根据 GIS 要求再定义。这种方式主要解决了空间数据变长记录的管理,仍没解决对象嵌套问题,空间数据结构不能由用户任意定义,使用上仍然受到一定限制[18,19]。

(3) 面向对象空间数据库管理系统　面向对象模型最适应于空间数据的表达和管理,它不仅支持变长记录,而且支持对象的嵌套、信息的继承与聚集,也允许用户定义对象和对象的数据结构及其操作。但由于不太成熟且价格高,目前不太通用[18,20]。

空间数据存储的概念框架见表 3-2。

表 3-2　空间数据存储的概念框架

存 储 结 构	存 储 方 式	优 点	缺 点
文件系统存储	空间和属性数据用文件分开储存,两个文件中的空间数据和属性数据用唯一标识连接	数据模型简单;容易处理	数据安全性低;无法保证数据一致性;无法建立复杂的数据模型
混合数据存储	文件形式存储空间数据,关系数据库管理属性数据,以指针联系空间数据文件和属性数据库	属性数据管理和访问都很容易	无法保证数据一致性和数据安全
关系数据库存储	关系库中引入复杂的数据类型存储空间数据	数据完整性好、一致性较好	空间分析能力欠缺
面向对象数据库存储	面向对象方法建立数据存取和处理	能准确描述空间对象及行为;建模能力强	空间查询能力欠缺
对象关系型存储	关系数据库和面向对象技术的结合	准确描述空间对象,数据完整性、一致性好	技术尚不成熟;成本较高

3.4.2　空间数据库平台简介

空间数据库 GeoDatabase,即管理空间数据的数据库,是为了管理大量地理实体的空间数据,按一定的规则和数据模型建立起来的具有一定空间特征的地理空间数据集合。除了具有一般数据库的主要特征外,空间数据库还具有以下特点[21]:① 数据存储量大,GIS 研究的地理信息和地理环境是十分复杂的,描述和表达复杂地理环境中的实体要素需要使用大量的空间数据,而且描述地理实体的精度与数据量成正比,因此空间数据库具有管理和组织海量数据的能力;② 数据应用范围广,空间数据库可以使用在 GIS 的各种应用中,如城市规划、资源调查、灾害检测、环境管理等;③ 可以管理和组织空间数据,空间数据库既能管理一般数据库中的属性数据,又可以管理大量描述地理实体要素空间分布特征的空间数据。

目前比较常用的空间数据库平台有 Oracle 公司的 Oracle Spatial、Microsoft 公司的 SQL Server、IBM 公司的 DB2 Spatial Extender 以及开源数据库 PostgreSQL。

1) Oracle Spatial

Oracle Spatial 是 Oracle 公司推出的空间数据库组件,主要通过元数据表、空间数据字段和空间数据索引来管理空间数据,并在此基础上提供一系列空间数据查询和分析的函数,用来检索、更新和删除数据库中的空间要素集合,方便用户进行更深层次的 GIS 应用开发。

Oracle Spatial 主要用于存储矢量、栅格、网格、影像、网络、拓扑等地理空间数据类型,也可以用数组、结构体或者带有构造函数、功能函数的类来自定义数据类型。它将这些数据类型存储在一个单一、开放、基于标准的数据管理环境中,减少了管理单独、分离的专用系统的复杂性和成本开销。同时,Oracle Spatial 能够在一个多用户环境中部署地理信息系统,这样就能把数据库系统中的数据与其他企业数据有机结合、统一部署,方便用户以标准的 SQL 查询管理 GIS 中的空间数据。

由于传统的 GIS 技术已达到其本身可伸缩性的极限,越来越多的用户将重点转向以数据库为中心的空间计算。Oracle Spatial 将空间过程和操作直接转移到数据库的内核中,从而提高了性能和安全性。Oracle Spatial 从 1995 年 Oracle 7.1.6 版本开始,发展到 2007 年的 Oracle 11G 版本,空间数据处理能力越来越强大。

2) SQL Server

SQL Server 是由 Microsoft 公司推出的关系数据库管理系统。它分别为大地测量空间数据和平面空间数据提供了 Geography 和 Geometry 两种数据类型,可用来存储不同类型的地理元素,如点、线、面等。这两种数据类型都提供了空间操作的属性和方法。Geography 数据类型为空间数据提供了一个由经纬度定义的存储结构。使用 Geography 的典型用法包括:定义建筑、道路,或是光栅图上考虑了地球弯曲性的向量数据,或是计算真实的圆弧距离和空中运输的轨道等。Geometry 数据类型为空间数据提供了一个由平面上任意坐标点定义的存储结构。Geometry 可以适用于区域匹配系统之中,例如美国政府制定的州平面系统,以及不考虑地球弯曲性的地图系统等。

在 SQL Server 2008 中,空间数据类型作为 Microsoft.NET Framework 的通用语言运行时(common language runtime,CLR)系统类型来执行。通过在关系表中存储空间数据,SQL Server 2008 可以将空间数据和其他数据类型相结合,消除了单独用于空间数据存储的维护要求,使得查询更加多元化。此外,SQL Server 2008 对空间索引的支持进一步增强了对空间数据的查询操作。用户可以将多级网格索引集成到 SQL Server 的数据库引擎中来检索空间数据。

3）DB2 Spatial Extender

DB2 Spatial Extender 是 IBM 公司出品的空间数据库扩展组件,它可以生成和分析关于地理特征的空间信息,并对这些空间信息相关的数据进行存储和管理。地理特征可以是:① 一个对象(即任何形式的具体实体),例如河流、森林或山脉等;② 一个空间,例如一个提供特定业务的商业区,或是一个围绕危险场所建立的安全区等;③ 一个发生在可定位区域的事件,例如在一个交叉路口发生的交通事故,或是一笔发生在特定商店里的交易。地理特征往往存在于多个环境中。例如,河流、森林和山脉等特征,属于自然环境;城市、道路和建筑物等特征,属于文化环境;而农田、公园和动物园等特征,代表着自然和文化相结合的环境。

地理特征的空间信息可以与传统的关系数据相结合,为用户提供各种数据服务。为了获取空间信息,需要利用模型对地理特征的坐标数据(也就是空间数据)进行处理。在 DB2 Spatial Extender 中,模型的作用主要体现在两个方面:① 地理特征的坐标可以通过模型进行计算和表达,例如一个特征相对于固定参考点的坐标位置;② 模型可用于产生信息,例如模型中的 ST_Overlaps 函数可以取两个邻近区域的坐标作为输入参数,并返回这两个区域是否重叠的信息。

4）PostgreSQL

PostgreSQL 是开源数据库中功能最强大、特性最丰富的数据库产品,提供了多种客户端接口库来满足不同的开发需求。同其他开源数据库相比,PostgreSQL 对地理空间数据的支持十分广泛。PostgreSQL 通过其扩展模块 PostGIS,支持开放地理信息系统协会(Open GIS Consortium,OGC)地理要素规范中的所有类型。PostgreSQL 将地理空间要素作为对象来管理,能够对地理空间对象进行属性查询和空间数据分析,并且在支持二维坐标的基础上,支持三维以及四维坐标[22]。

PostgreSQL 是一种自由的数据库管理系统软件,它具有以下五个特点:① 面向对象,包含部分面向对象的技术特性,包括类及其继承机制,例如在创建表时,不必从头开始,只需从已有的表中继承一些属性,然后再加入一些新属性即可;② 数据类型丰富,不仅支持数字、字符和日期等传统的数据类型,还支持一些空间数据特有的数据类型,如点、线、面等几何数据类型,此外,还允许用户自定义数据类型;③ 全面支持 SQL,在自由数据库管理系统中,PostgreSQL 是对 SQL 支持最全面的,不仅支持 SQL89 的全部特性,而且支持 SQL92 的大部分特性;④ 与 Web 集成,通过 PHP 语言或 Perl 等脚本语言,能与 Web 服务器紧密集成在一起,为用户提供免费、高性能的 Web 解决方案,另外,通过结合 ODBC 和 JDBC,PostgreSQL 还能支持传统的 C/S 应用;⑤ 大数据库,当数据库的规模达到一定量时,有些数据库产品的性能将急剧下降,而 PostgreSQL 在数据库规模达到 100 GB 时依然能够保持高效率的运行。

3.4.3　空间数据索引与查询

空间数据查询技术在地理信息系统和计算机辅助设计领域中有着极其广泛的应用。人们不但希望能准确地检索到数据,而且希望检索的速度越快越好。目前,空间数据检索的一个关键问题就是速度,而空间索引则是解决这个问题的核心技术。空间索引是一种辅助性的空间数据结构,反映了空间位置到空间对象的映射关系,其中包含了空间对象的标识、外接矩形及指向其实体的指针等概要信息。检索目标数据时,空间索引可以通过筛选,排除与空间操作无关的空间对象,从而提高检索的速度和效率。

1) 空间数据索引

GIS 中包含了海量的地理信息数据。要从这些地理信息数据中检索到目标数据,若不采取任何操作,可能会消耗相当长的时间。相反,如果为这些数据创建合理的索引,利用索引检索目标数据,那么检索速度将会得到明显的提升。可见在空间数据中实现高效索引算法的必要性。随着人们对地理信息数据表示和处理的需求量越来越大,GIS 技术正迅速扩展到其他应用领域。与此同时,传统 GIS 本身的结构和功能也发生了巨大的变化,开始逐步向 Web 应用领域扩展[16]。

空间数据是基于对象的空间位置和属性的值进行存取、查询和更新,通常要执行高效的几何搜索运算,例如点查询、域查询等。如果要支持这些几何搜索操作,就必须引入索引机制。但是空间对象往往都是无序的,所以无法保证空间接近。换言之,如果不存在从二维或高维空间到一维空间的映射,也就无法保证任何两个在高维空间相互接近的对象在一维空间中也接近。这使得空间域的高效索引比传统索引更难实现,例如可扩展哈希表二叉空间分割树等一些常用的一维索引方法无法被很好地利用[17]。目前,通用的多维搜索查询方法是连续使用一维索引方法,一维一维地进行检索。但是这种方法的效率较低,因为每个索引的遍历都独立于其他索引,不能利用某一维度的高选择性去缩小其余维度的查找空间。综上所述,一个高效率的空间索引需要满足以下七个特殊要求[16]:① 时间和空间的有效性,空间索引的检索速度应尽可能快,所占的空间应尽可能小;② 独立性,空间索引的效率不应依赖于输入数据的类型及其输入时的顺序;③ 简单性,复杂的空间索引算法有时会引起错误,不适合大规模应用,所以,应使用较简单的索引方法来保证空间查询的鲁棒性;④ 动态性,由于空间数据呈海量化趋势,空间数据的存储通常以关系数据库为基础,若要满足在数据库中以任意顺序添加或删除数据对象,空间索引就应当适应关系数据库的不断变化;⑤ 最小影响性,空间索引算法与数据库系统的融合应对应用系统产生最小的影响;⑥ 支持多空间算子,空间索引不应只关注某一种空间操作的效率(例如搜索),而应兼顾各种空间操作的效率;⑦ 二级和三级存储管理,空间索引应有效整合二级和三级存储机制。

目前,空间数据索引算法模型主要有网格索引(grid index)、K 维空间树(K - dimension tree,KD 树)、二叉空间分割树(binary space partition tree,BSP 树)、参考树(reference tree，R 树)和四叉树(quad-tree，Q 树)等。

(1) 网格索引　网格索引的基本思想是将待研究的空间区域均分为 $M \times N$ 的网格，网格中的每个小块都包含一个存储容器，将落在该小块内的空间对象放入其对应的容器中。进行空间查询时，首先计算出查询对象所在的小块，然后在其容器中快速检索所要查询的空间对象。从精度上考虑，小块还可再细分，直至不可再分为止。网格索引的优点主要有[16]：① 结构简单，网格的容器数量固定，且每个容器都用于表示对象的空间位置及分布；② 查询方式多样，可以通过任意一个点、一条线或一种形状的区域进行检索；③ 查询结果精确，因为网格索引支持空间对象特征的存储；④ 多精度等级查询，对一些非精确查询，例如查询某点附近的地物，就可以使用网格索引的多级分块策略，特征信息匹配计算无须进行，或只要进入第二级即可，这样就节省了更多的查询时间[23]。

然而，网格索引文件会造成目录松散的情况，因而会浪费主存缓冲区和二级存储空间。

(2) BSP 树　BSP 树的结构是一种二叉树。对于一组要处理的空间对象，先将这组空间对象作为一个根节点，再选择一个平面，将该组对象分割成两组，作为该节点的两个子节点。然后分别对两组对象用相同的方法进行分割，直到满足一个节点只有一个对象为止。如果某个对象与该平面相交，则用这个平面将这个对象分成两个对象。一般来说，选择的平面应尽量不要把同一个对象分成两个[24]。

BSP 树能很好地适应空间数据库中空间对象的分布情况，且算法运行时具有较低的时间复杂性。但当 BSP 树的深度较大时，各种空间操作就需较多的磁盘 I/O 次数。

(3) R 树　R 树是目前应用最广泛的一种空间索引结构，其实际是对 BSP 树的扩充，因而它不仅具有 BSP 树特有的动态平衡性(所有叶节点都在同一层上)，而且能进行多维索引。R 树从根节点开始，对空间对象进行分组，每一组作为根节点的子节点。然后对每组的空间对象再细分，直到出现叶节点为止。分组过程中，每组对象的数量视其空间分布情况而定[24]。

R 树具有和 BSP 树相似的结构和特性，能很好地与传统的关系型数据库相融合，是用于空间数据的最佳索引机制[25]。R 树索引按照数据来组织索引结构，无须知道整个空间对象所在的空间范围就可建立空间索引，应用非常灵活。此外，R 树具有动态平衡的特性，在处理空间对象时具有较高的效率。但也正是因为动态平衡性，R 树的插入、删除和更新等空间操作较为复杂，在操作频繁时可能产生振荡现象。所以当空间数据集需要经常更新而且对更新性能有比较高的要求时，R 树索引的效率并不高。

2) 空间数据查询

由于空间对象的数据量大、表达形式复杂，导致各种空间操作涉及复杂且高代价的几何操作。通常对点查询这类普通查询操作，顺序搜索并检查对象集合中的每个对象是否包含目标点需要大量的磁盘存取过程[17]。如果能在各种空间操作之前对操作对象做初步的筛选，则可大大减少参加空间操作的空间对象数量，从而缩短计算时间，提高查询效率，空间索引就是为此而设计的，因此空间数据的查询一般都基于某种空间索引机制。

　　空间数据不具有标准的查询语言,也没有标准的关系代数,所有目前的空间查询操作通常采用扩展的 SQL 语句。扩展的 SQL 语句允许使用抽象的数据类型来表达空间数据对象及对象间的联合运算,查询的结果是满足查询要求的空间对象集合。以待查询的空间数据对象 O 为例,以下是六种常用的空间数据查询操作[17]:① 精确匹配查询,查找所有和 O 具有完全相同空间内容(空间属性)的空间对象;② 包含查询,找出所有包含 O 的数据库对象;③ 被包含查询,查找所有被 O 包含的数据库对象;④ 相交查询,区域查询或重叠查询找出所有和 O 至少有一个公共点的数据库对象;⑤ 相邻查询,查找所有和 O 相邻的数据库对象(如果两个空间数据库对象具有共同边界且没有互相包含,那么称这两个对象相邻);⑥ 最邻近查询,查找和 O 具有最小距离的数据库对象,通常以两者最近点间的距离作为空间对象之间的距离,常用的点距离函数是欧氏距离和马氏距离。

◇ 参 ◇ 考 ◇ 文 ◇ 献 ◇

［1］　张燕燕,张家庆. GIS 分析中的空间数据不确定性问题[J]. 测绘与空间地理信息,2005,28(1):16-19.

［2］　刘南,刘仁义. 地理信息系统[M]. 北京:高等教育出版社,2002.

［3］　Lu W, Han J, Ooi B C. Discovery of general knowledge in large spatial databases[C]. Proc. Far East Workshop on Geographic Information Systems, Singapore, 1993:275-289.

［4］　李德仁,史文中. 论空间数据挖掘和知识发现[J]. 武汉大学学报:信息科学版,2001,26(6):491-499.

［5］　张伟. 基于有限混合模型改进算法的西北太平洋热带气旋路径空间聚类研究[D]. 上海:华东师范大学,2008.

［6］　史忠植. 知识发现[M]. 北京:清华大学出版社,2002.

［7］　李德毅,孟海军. 隶属云和隶属云发生器[J]. 计算机研究与发展,1995,32(6):15-20.

［8］　Fayyad U, Piatetsky-Shapiro G, Smyth P. The KDD process for extracting useful knowledge from volumes of data[J]. Communications of the ACM, 1996, 39(11):27-34.

［9］　王新洲. 论空间数据处理与空间数据挖掘[J]. 武汉大学学报:信息科学版,2006,31(1):1-4.

［10］　Haining R. Designing spatial data analysis modules for geographical information systems[J]. Spatial Analysis in GIS, 1994:45-63.

［11］　郭仁忠. 空间分析[M]. 北京:高等教育出版社,2001.

［12］　张成才,秦昆,卢艳. GIS 空间分析理论与方法[M]. 武汉:武汉大学出版社,2004.

［13］　黎夏,刘凯. GIS 与空间分析——原理与方法[M]. 北京:科学出版社,2006.

［14］ 姜亚莉,张延辉.GIS空间分析的应用领域[J].四川测绘,2004,27(3)：99-102.

［15］ 黄涛.呼包鄂城市群城市化遥感监测及其模拟预测[D].呼和浩特：内蒙古师范大学,2010.

［16］ 朴英花.空间数据的访问方法与查询技术研究[J].电脑知识与技术：学术交流,2010,(01X)：522-523.

［17］ 过志峰,王宇翔.空间数据索引与查询技术研究及其应用[J].计算机工程与应用,2002,38(23)：176-178.

［18］ 孔春玉,刘魁.关于空间数据库存储方式的探讨[J].福建电脑,2007,(3)：72.

［19］ 陈嵩.应用于空间数据库的服务器集群技术研究[D].福州：福建师范大学,2007.

［20］ 李骁,范冲,邹峥嵘.空间数据存储模式的比较研究[J].工程地质计算机应用,2009,(2)：8-10.

［21］ 汤国安,赵牡丹.地理信息系统[M].北京：科学出版社,2000.

［22］ 曾侃.基于开源数据库PostgreSQL的地理空间数据管理方法研究[D].杭州：浙江大学,2007.

［23］ 赵楠.基于Web的空间数据库查询技术研究[D].哈尔滨：哈尔滨理工大学,2009.

［24］ 葛静,刘波.浅谈几种空间数据的索引原理[J].现代测绘,2002,(1)：183-185.

［25］ 洪志全,叶琳,辛俊,等.GIS空间数据索引技术研究与实现[J].物探化探计算技术,2005,27(1)：62-66.

第<big>4</big>章

大数据时代下的城市发展研究

随着全球城市化的迅猛发展,越来越多的人口将向城市转移。有数据显示,在未来的几十年里,全世界的城市人口将达到 26 亿,较目前翻一番[1]。除了空前增长的人口密度和规模,城市还将面临交通拥堵、资源短缺和环境污染等一系列问题的挑战。

近年来,大数据技术与理论的蓬勃发展,不断冲击着人们的传统思维理念,尤其是数据处理理念上的三大转变:"不要随机样本,而是全体数据;不是精确性,而是混杂性;不是因果关系,而是相关关系",让人们对数据的应用需求有了新的认识。首先,抽样分析是信息收集手段不完善时代的产物,采用小样本抽样调查的方式,统计结果往往具有偏向性,不能反映出总体的真实情况。而大数据的采集技术为大比例的抽样调查创造了可能性,使抽样结果与总体的统计学特征趋向一致。其次,要效率而非绝对准确,发挥不同数据各自的优势,允许存在少量的错误或是不完美之处。如视频、红外监控等技术,能够较好地识别设备范围内的个体,但较难持续跟踪个体,不利于分析群体的空间分布和活动特征。而手机定位技术可以实时获取个体的数据,在宏观层面上得到相对准确的群体空间分布与活动特征。但是当空间单元特别微观时,可能会存在单元内的详细信息无法分辨等问题,只要这些问题在研究的允许范围内即可。第三,注重对不同类型数据进行统计性分析归纳,进行相关性及关联性分析,挖掘事物相互之间的耦合关系。这样就弱化了基于因果关系和各种假设条件的模型推算过程,减少了模型和参数带来的误差,能够更好地掌握现状,并为未来工作提供决策建议。

由于具有体量巨大、类型繁多、价值密度低和处理速度快等特点,大数据在城市发展研究中的应用越来越广泛,尤其是在智慧城市建设、城市规划管理和城市生长预测三个领域中发挥着重要的作用。

4.1　大数据对城市发展的推动作用

历史经验表明,全球性经济危机往往能够催生科技革命[2]。在 2008 年全球性金融危机的影响下,IBM 首先提出了"智慧地球"的新理念,并作为一个智能项目,使其成为应对国际金融危机、振兴经济的重要方式。城市作为地球未来发展的重点,智慧地球的实现离不开智慧城市的支撑。通过智慧城市建设不仅可以提供未来城市发展新模式,而且可以带动新兴技术产业的发展。

智慧城市是利用物联网、大数据和云计算等为代表的新一代信息技术,以系统的方式管理城市的运行,让城市中各个功能彼此协调运作,为城市中的企业提供优质的发展空间,为市民提供更高的生活品质[3]。如果将智慧城市比作一个智慧的人体,那么一个智慧城市的建设需要有感知层、网络层、平台层和应用层四个关键组成部分。感知层如同人体的五官与四肢,它的作用是收集信息,主要由遍布在城市各个角落的终端设备组成,包括摄像头、传感器等。网络层如同人体的神经网络,它的作用是传递和储存信息,主要由城市的通信网、互联网和物联网等基础网络组成。平台层如同人体的大脑,它的作用是分析与处理信息,主要由云计算数据中心平台与云计算应用开发平台等组成。应用层如同人体的行为,它的作用是实现智慧城市对于促进经济增长、维持社会稳定、保障民生的目标[4]。

近年来,伴随着物联网技术的快速发展,加速了数据在数量、速度和多样性等方面的不断增长,在各行业和业务职能领域累积了大量的数据。智慧城市建设不仅依赖于大数据的价值挖掘和知识创新,而且通过对海量数据的采集、传输、处理、分析以及管理,能有效地推动经济社会发展,实现城市发展的"智慧"跨越[5]。

4.1.1　IBM 公司 "Smarter City" 项目

在 2008 年首先提出"智慧地球"的新理念后,IBM 公司开始致力于以云计算和大数据分析为中心的"Smarter City"(智慧城市)项目的研究。"Smarter City"项目主要运用大数据技术来处理当前城市面临的一些难题,以提高城市居民的生活质量,发展城市经济,促进城市的可持续发展[6]。如图 4-1 所示,"Smarter City"项目主要实现的内容有:① 绿色的能源和水资源管理;② 智能的城市交通运输系统;③ 健全的智慧城市医疗网络;④ 完善的基础设置和安防系统;⑤ 高效、高质量的社会服务;⑥ 创新性的城市招商引资战略,吸引业界高科技领域的尖端企业入驻。

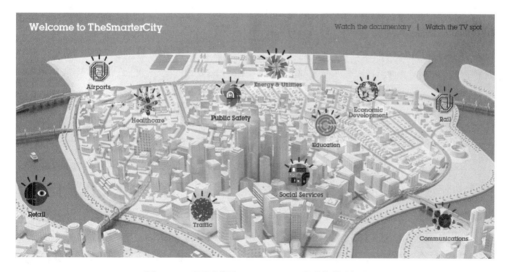

图 4-1　IBM "TheSmarterCity"系统的首页

在每个行业中,大数据都有多种用途。与传统的数据分析方法相比,大数据分析技术具有更敏锐的洞察力,能获得更准确的信息,并从海量的动态数据中把握未来的机遇。

"Smarter City"项目中的大数据平台能够帮助客户解决一系列以往无法解决的复杂问题，包括：① 快速地整合和管理不同类型的原始数据；② 为数据提供可视化的分析方式；③ 为构建新的分析应用程序提供了开发环境；④ 负荷工作的优化和调度等。

IBM 提出了"大数据等于高投资回报"的口号，旨在利用大数据解决方案帮助客户获取可观的投资回报。医疗卫生业方面，通过分析患者的流动数据，使患者的死亡率降低了20%；电信业方面，通过分析呼叫数据和网络数据，将服务器的处理时间减少了92%；公用事业方面，通过分析未被利用的电力数据，将安排发电资源的准确性提高了99%。

4.1.2　日本"i‐Japan"战略

日本于 2009 年推出"i‐Japan strategy 2015"（智慧日本战略 2015），旨在把大数据技术融入人们生产和生活的每个角落，并由此改革社会经济，实现自主创新，并催生新产业[7]。"i‐Japan"战略聚焦于智能化交通运输、基础设施和民生服务三大公共事业上。

交通运输方面，丰田汽车公司提出了"智能化公路"计划，对公路以及在其上行驶的车辆进行管理。在该计划中，汽车实现了高度的信息化，车载终端可以利用车辆的位置信息选择最佳的行驶方案，同时也可以选择安全运行状态，避免追尾、碰撞和违规行驶等问题。公路均由信息技术控制，可以从交通大数据中挖掘出旅客想要的信息，为过往旅客提供充足的信息服务，避免各种事故和灾难的发生。

日本政府强调智慧城市建设要让城市居民看到实实在在的利益。目前，日本政府正在起草智慧城市发展的整体规划，规划的重点是利用最新的信息技术和节能技术，对家庭、建筑物和社区实施智能化能源和资源管理。如建立"智能家庭"试点，通过物联网技术对家庭内能源使用数据的采集和分析，为居民提供节能方案。在上海世博会上，日本馆以"连接"为主题，让世人看到了未来 20～30 年城市"智慧生活"的美好场景[8]。展会上所亮相的"未来邮局"（图 4‐2），融合了互联网、物联网以及大数据技术，在邮局中体验者可以看到世界各地的商品，听到虚拟营业员的商品推荐，并能与商品进行智能交互。

4.1.3　中国台湾"i236"战略

中国台湾地区正在推行的"i236"战略（图 4‐3），主要是结合了通信营运服务平台和完整的管理作业流程，实现智慧技术在交通运输、节能环保、医疗照护、安全防灾和农业休闲五个方面的应用[9]。智慧城市的建设过程中会产生大量的数据。台湾在这些年的智慧城市探索中，提出挖掘大数据理念：通过一些检测元件以及多方面资料的收集、整合，从海量的数据、信息和资料中挖掘出它们的价值，并将它们应用到智慧城市的建设中。为了做好大数据的挖掘，台湾正在逐步开放气候、环境等多方面的数据和资料，以供相关企业和科研机构进行数据分析之用。另外，企业和科研机构也把数据分析的信息提供给地方政府，并帮助政府开发自动化、智慧型的应用。

图 4-2 上海世博会日本馆的"未来邮局"

图 4-3 "i236"战略下的智慧行动服务平台"Show Taiwan"

大数据挖掘在"i236"战略中的应用主要体现在两大方面。首先是在小城镇推行"智慧小镇"的建设。例如,科研机构会通过数据分析,掌握一个 10 万人口小镇居民的生活、休闲和购物的习惯,并将之反馈到网络通信平台或是居家节能智慧的应用上,使得小镇的建设更具科学性和实用性。其次是在大城市推行"i-park"(智慧经贸园区)的建设。通过各种动态运输对话系统、节能和安全监控设备,掌握经济贸易的详细资料,从而帮助城市实现智慧技术产业化。

4.1.4　中国"智慧宁波"计划

随着全球智慧城市风潮的影响以及国家政策的支持,北京、上海、南京、宁波等城市已经把智慧城市的发展列为重点研究课题。北京市携手中国科学院、IBM 等单位,于 2009 年启动了"感知北京"示范工程建设;上海市借助 2010 年世博会的契机,率先将全球最新的智慧城市科技应用于世博园的管理、服务、交通和安防等各个方面,使世博园成为全国智慧城市的模板;南京市通过"智慧南京"工程的建设,为交通、医疗、电力等领域提供了智慧化的解决方案。在众多国内智慧城市的建设工程中,以宁波市的"智慧宁波"计划最具有代表性。

图 4-4　"宁波通"手机应用软件

智慧城市的红利最终指向民生[10]。"智慧宁波"计划以交通、教育、医疗等领域为突破口,推进全市重点智慧应用体系的建设,并鼓励各县(市)区开展特色试点。目前,宁波市的"智慧交通"和"智慧教育"已经活跃在百姓的指尖。"宁波通"("智慧交通"移动终端应用,图 4-4)累计下载量超 10.8 万次;"人人通空中课堂"("智慧教育"网络平台)的高峰日页面浏览量达 2.5 万次。与此同时,"智慧物流""智慧健康"等"智慧浙江"首批试点项目进展顺利。"1+7"智慧物流协同平台已经启动建设。宁波 11 个县(市)区的医疗卫生专网正式开通。此外,宁波的城市公共设施物联网将在 2014 年内启动建设。该项目将引入"搭积木式"的发展模式,让物联网应用按照一体化架构在统一的平台上构建,把感知能力作为智慧应用的基础,强化城市公用设施物联网感、传、知环节的一体化部署。

此外,"智慧宁波"计划还将大力推进"政务云计算中心"的建设,为政府部门提供高效的服务器、高速的宽带网络、海量的存储空间等资源。"政务云计算中心"建立和部署在以人口、交通、自然资源和空间地理环境等大数据为支撑的处理架构上,对基础数据和政务数据进行统一集聚和部署,对业务数据和应用数据进行深度融合和挖掘,从而形成全市范围内跨地区、跨部门、跨层级共享的政务数据服务平台。

4.2　大数据对城市规划的促进作用

如今,一些大城市正致力于采集和发布数据量庞大、种类多元化的城市数据,并运用先进的技术对这些城市数据进行分析，优化城市的服务和职能，从而改变政府、公民和城市环境三者间的交互方式。此外，还借助计算模型和建模工具来探索未来城市设计、规划和扩展的潜能，使被动的政策制定方式转为主动[11]。

大数据对城市的建设和规划设计有帮助吗？很多科学家和学者给出了肯定的答案。根据信息科学的新理论，大数据的获取、整合和分析能有效地提升城市规划的合理性和城市居民的生活质量。大数据对城市规划的促进作用主要体现在三个方面[12]：① 城市管理方面，通过对城市的环境、气象等自然信息和人口、经济、文化等人文社会信息进行挖掘，可以强化城市管理服务的科学性和前瞻性，为城市规划提供强大的决策支持；② 交通管理方面，通过对城市的交通信息进行挖掘，实时了解道路通行的情况，可以有效缓解交通拥堵，快速响应道路上的突发状况，为城市交通的良性运转提供科学的决策依据；③ 城市安防方面，通过对视频监控、预警系统等设备的数据挖掘，可以及时发现自然或人为的灾难事故以及破坏城市秩序的违法犯罪事件，提高城市安防的应急处理能力和防范能力。

另外，对城市规划学科来说，也有必要采用现代化的科学技术与分析手段，关注城市交通、人口、环境等特征的变化情况[13]。这样就有助于深层次揭示城市发展、人口迁移和产业升级转移之间的内在联系，创新城市规划模型，评估城市规划成效，提高城市规划的科学化水平。

4.2.1 欧盟"EUNOIA"计划

EUNOIA（Evolutive User-centric Networks for Intraurban Accessibility）是欧盟于2012年开启的一项研究计划，它的目标是利用城市大数据（包括手机追踪、在线社交网站、智能卡以及信用卡等产生的数据）来辅助城市规划的工作[14]。这些新型的数据来源不仅丰富了数据的收集方式，还可以使城市规划的决策者方便、快捷地了解到城市居民的居住和出行情况。例如，手机追踪可以用来获取居民出行的起讫点信息。相较于传统的居民出行调查，手机追踪不仅能节约调查成本，还提供了更加多样性的数据。而信用卡使用数据能提供整座城市的消费流动情况，并能精确地定位和校正商店的位置信息。

此外，城市大数据还带来了新的城市建模方法。EUNOIA 根据交通大数据的分析结果，对经典的城市模型——LUTI（land use transport interaction）模型进行了改进，并将改进后的模型集成到最先进的大范围城市仿真工具（如 MATSim、SIMULACRA）之中，形成新的城市仿真工具。这个工具不仅能对城市的道路交通进行建模，还能根据实时数据分析交通状况。目前，巴塞罗那（图4-5）、伦敦和苏黎世的移动运营商参与了该项计划，旨在评估这个新工具的潜力，为城市规划相关政策的制定提供建议。

4.2.2 美国"UrbanCCD"研究中心

美国阿尔贡国家实验室于2012年联合芝加哥大学，建立了一个从事城市大数据计算的

图4-5 巴塞罗那的公共自行车站点分布及站点中剩余车数的情况

研究中心——UrbanCCD(Urban Center for Computation and Data)。UrbanCCD由众多的科学家、教授以及城市规划决策者组成。他们以研究城市科学为使命,利用先进的计算模型来分析城市高速发展的原因,提高大众对城市化的理解[11]。

UrbanCCD研究使用的大数据主要有以下六类:① GPS追踪、安检、违法和犯罪数据;② 执法部门、企业、教育、卫生和福利机构的数据;③ 消费者调查、产品购买以及广告数据;④ 芝加哥的48万座建筑的详细数据与电气的使用情况;⑤ 芝加哥南部社区的资产和服务数据;⑥ 城市建筑和交通系统数据。

UrbanCCD倡导"让生活更轻松"的理念,将城市大数据应用在城市规划中。UrbanCCD的研究者正致力于开发一款供城市规划决策者使用的数据分析原型系统——LakeSim。LakeSim将城市规划、城市建模和计算模型三者有机结合,可以对城市规划设计做出科学的模拟和分析。系统用户能自行选择一个地理区域,选择与该区域相关的数据,并提取这些数据进行深层次的分析。通过对多源数据的整合和计算模型的分析,该系统可以帮助用户了解城市在特定时间、特定地点的详细情况。例如,可以将环境、气候等数据集成到城市模型中,利用该系统进行计算和仿真,分析数据对城市的影响,为城市规划的决策提供建议。图4-6所示为芝加哥的建筑物分布情况。

4.2.3 上海手机定位数据

上海市在手机定位数据的分析上进行了具体探索与实践,将基于手机定位的数据采集技术作为现有人口、客流调查的一项重要组成部分[13]。通过对比手机定位技术得到的数据

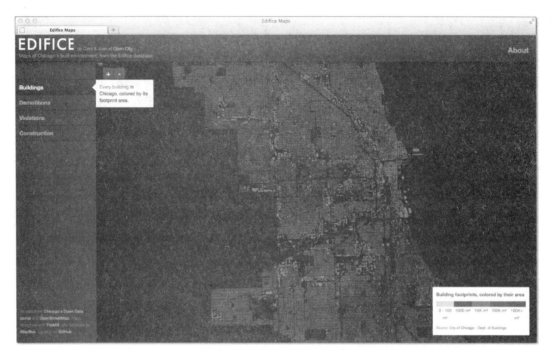

图4-6 芝加哥的建筑物分布情况

成果与人口普查、综合交通调查等其他方式获取的数据成果,发现前者的数据趋势和分布规律与城市的现状保持一致,保证了该技术的可靠性和准确性。

1) 居住人口与工作人口的空间分布

城市人口的空间分布数据是科学开展城市规划的基础,是影响城市经济发展、基础设施建设、公共资源配置和生态环境保护等方面的基本要素。

通过调查一段时期内手机用户的出现频率,挑选出经常使用手机的用户群体,识别其夜间与白天活动频繁的区域,分别近似作为其居住地和工作地,从而采集到各个区域对应的居住人口与工作人口的规模。

以上海市中心城区为例,2012年7月居住人口与工作人口空间分布如图4-7所示。工作人口高度集中在中心城区的中心区域,而居住人口在中心城区范围内较为分散[13]。

2) 居住人口的工作地分布和工作人口的居住地分布

城市日常出行活动的主体人群是具有典型上班、下班的通勤出行群体,他们是判断城市内部区域间常规联系紧密程度的主要依据。对某些特定区域,利用手机定位数据可以识别在该区域居住人口的工作地分布情况,以及在该区域工作人口的居住地分布情况[13]。

以上海市陆家嘴中央商务区(Central Business District,CBD)为例,2012年7月区域内居住人口的工作地分布与工作人口的居住地分布如图4-8所示。

居住在小陆家嘴CBD的人口中,工作地在该区域内的占74%,在中心城区的为24%,

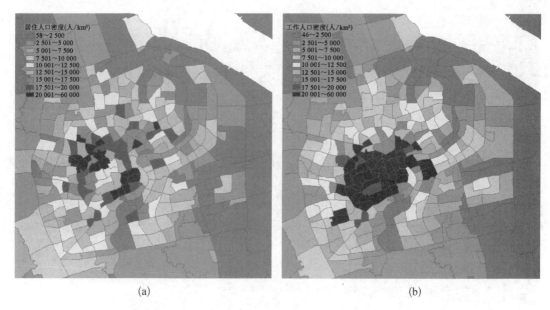

图 4-7 上海市中心城区居住人口与工作人口空间分布

(a) 居住人口；(b) 工作人口

图 4-8 陆家嘴 CBD 区域居住人口的工作地分布与工作人口的居住地分布

(a) 居住人口的工作地分布；(b) 工作人口的居住地分布

近郊与远郊分别约 1%，可见工作地空间相对集中。而工作在小陆家嘴 CBD 的人口中，居住地在该区域内的仅占 8%，有 82% 分散在中心城区，另外的 6% 与 4% 则分布在近郊与远郊，可见居住地空间相对发散。对于通勤出行群体，可结合各个区域之间的总体客流情况，对通勤出行所占比重与出行特征等数据做进一步分析，为城市分区规划提供重要的参考依据。

4.3 大数据对城市生长的预测作用

　　城市模型是对城市区域空间现象和动态过程的定量数学描述和表达,是理解和预测城市空间现象的变化规律,进行城市科学规划和管理的重要工具[15]。城市模型一般要经过现实系统、逻辑系统、数学系统和仿真系统等一系列的抽象过程,最终实现对城市系统的模拟验证及规划方案的效应评估,为城市政策及城市规划方案提供决策支持[16]。按照城市模型的研究内容,可将其划分为城市土地利用模型、城市规划模型、城市环境模拟模型、城市人口增长和迁移模型、城市体系规模分布模型和城市生长模型等。

　　对于城市生长模型的研究起源于 20 世纪 70 年代,Tobler、Phipps 和 Batty 等学者将元胞自动机、分形理论等数学模型结合到城市模型中,用于城市生长的预测[16-19]。城市生长实质上是在一定的地理空间范围内,各类地物由非城市用地状态向城市用地状态转移的过程和结果[20]。这种状态转移是一种非线性动力学的过程,具有比较复杂的自组织现象。就遥感影像而言,影像中的一个"像元"对应着城市的某个区域,而大量排列有序的像元就构成了城市,即"像元化城市"[20,21]。城市空间扩展的过程可以体现在特定地理空间范围内各个像元类型的变更,即用地类型的变更。局部像元的状态是有限的、离散的,它随着时间的变化而变化。当局部像元被城市化的数量达到一定程度时,就实现了整个城市区域的空间转换。

　　城市生长模型的建立离不开大数据的支持。只有通过对多时段的遥感影像数据、地图数据、矢量数据和实地测量数据等地理空间数据进行处理和分析,提取空间变量,并将这些变量作为参数,才能建立城市生长模型。图 4-9 所示为珠江地区的城市生长图。本书将在第 6 章详细介绍几种经典的城市生长模型的原理、特征以及应用。

(a)　　　　　　　　　　　　　　　　(b)

图 4-9　珠江地区的城市生长图

(a) 1980 年珠江地区的城市化情况;(b) 2005 年珠江地区的城市化情况

◇ 参 ◇ 考 ◇ 文 ◇ 献 ◇

［1］ Computation and Data Science to Address Rapid Urban Growth and Change［EB/OL］. http：//urbanccd. org/our-center.

［2］ 巫细波,杨再高. 智慧城市理念与未来城市发展［J］. 城市发展研究,2010,17(11)：56－60.

［3］ 秦洪花,李汉清,赵霞. "智慧城市"的国内外发展现状［J］. 环球采风,2010,(9)：50－52.

［4］ 林青. 安防云平台在智慧城市中的应用［J］. 中国公共安全,2013,(17)：107－109.

［5］ 陈博. 大数据助推城市发展"智慧"跨越［J］. 信息化建设,2013,(4)：34－36.

［6］ 智慧的城市：理解 IBM 智慧城市的基础［EB/OL］. http：//www. ibm. com/smarterplanet/global/files/2011_2. pdf.

［7］ 智慧日本："i－Japan 战略"［EB/OL］. http：//www. cnscn. com. cn/news/show-htm-itemid－1041. html.

［8］ 王国军,姜仲秋. 物联网"智慧社区"传感安防预警系统平台［J］. 中国科技博览,2012,(22)：595.

［9］ 大数据：智慧城市的信息引擎［EB/OL］, http：//tech. xinmin. cn/2013/09/07/21816924. html.

［10］ 屠炯. 织大数据政务云布公共设施物联网［N］. 宁波日报,2014－02－11(A4).

［11］ Big Data and Urban Planning［EB/OL］. http：//brr. berkeley. edu/2013/01/big-data-and-urban-planning/.

［12］ 邹国伟,成建波. 大数据技术在智慧城市中的应用［J］. 电信网技术,2013,4(4)：25－28.

［13］ 冉斌,邱志军,裘炜毅,等. 大数据环境下手机定位数据在城市规划中实践［J］. 城市时代,协同规划——2013 中国城市规划年会论文集(13－规划信息化与新技术),2013.

［14］ Urban Planning and Big Data — Taking LUTi Models to the Next Level［EB/OL］. http：//www. nordregio. se/en/Metameny/Nordregio-News/2014/Planning-Tools-for-Urban-Sustainability/Reflection/.

［15］ 赵强. 城市模型研究的发展趋势及展望［J］. 地域研究与开发,2007,25(5)：29－31.

［16］ 董益书. 基于 GIS 的城市动力学研究［D］. 上海：华东师范大学,1999.

［17］ Tobler W R. A computer movie simulating urban growth in the Detroit region［J］. Economic Geography, 1970，46 (1)：234－240.

［18］ Phipps M. Dynamical behavior of cellular automata under the constraint of neighborhood coherence［J］. Geographical analysis, 1989，21(3)：197－215.

［19］ Batty M, Xie Y. From cells to cities［J］. Environment and planning B, 1994，21(sup)：48.

［20］ 翟慧敏,吴郭泉. 基于 CA 的城市模型研究进展［J］. 山西建筑,2009,35(10)：20－21.

［21］ 马爱功. 基于元胞自动机的河谷型城市扩展研究［D］. 兰州：兰州大学,2009.

第5章

交通与城市发展

在信息化城市交通建设下,海量多源异构的交通数据能提供的信息内容更加丰富,如何利用大数据的理论来指导交通数据分析对人们研究城市发展至关重要。

交通是城市的重要组成部分,有效的交通设计对城市发展起着至关重要的作用。随着大数据技术的发展,研究人员和设计人员通过改变传统的方法,对城市交通进行深入的研究和规划。最新资料表明,国内外都有学者开始了这方面的研究,例如加拿大滑铁卢大学 2014 年 1 月 17 日报道[1],该校日前启动了一项新研究,旨在利用大数据分析加拿大的轻轨建设对于周边城市的影响。研究者采集包括个人住房选择、交通选择、地区经济发展情况、市政政策与投资情况等方面的大数据,利用计算机模型对数据进行比较,分析这些因素是如何在城市发展过程中相互影响,进而分析出交通运输体系发展对城市土地利用、住房市场发展及城市再开发过程的影响。然后以可视化图形、网络界面等直观形式向政府、商业机构和普通公众展示研究结果[1]。

5.1　城市交通理论研究

德国人文地理学家拉采尔曾经说过:"交通是城市形成的力",可见,交通运输对城市发展有着重要的意义。在城市发展的动因中,几乎每一种理论都提及了交通的作用。下面将对已有的城市交通研究成果进行梳理,对城市发展和交通的关系展开系统的阐述。

目前,国外学者的研究成果可简单总结为区位学说、增长极学说和城市经济学三个方面;国内学者的研究更偏重于应用层面,同时也有一定的理论探索,简单归纳为交通经济带、城市交通论、城市发展的交通需求、交通对城市空间结构的作用四个方面。

5.1.1　国外的相关研究

1) 区位学说

1909 年,德国经济学家韦伯(Webber)[2]对德国 1861 年以来的工业区位和人口集聚等进行了研究,出版了《工业区位论》一书,韦伯指出区位因子决定生产区位,由区位因子把生产吸引到成本最低的地方。该书第一次系统论述了工业区位理论,对西方工业布局产生了较大的影响。

区位主体是指和人类有关的社会和经济活动,如个人行为、团体活动、企业运营等。区域关联度是指主体在空间区位中的相互运行关系,它对使用者和投资人的区位选择产生很大的影响。通常来讲,使用者和投资人都更加青睐于地租和运输总成本之和最低的区域。区位学说主要研究人类社会活动的空间区位选择和空间区内经济活动的优化组合。

2) 增长极学说

1950 年,法国学者佩鲁(Perroux)第一次提出增长极学说,该学说为西方区域经济学的经济区域观念奠定了基础[3]。增长极学说认为:在现实中,一个国家不可能实现均衡发展,而是从多个"增长核心"逐渐向其他区域或部门传导[4]。所以,应该选择特定的实体空间作为增长极,从而带动国家整体的经济发展。

由于资本、贸易、生产、人口、技术等高度集聚促进了增长极的形成,并产生城市化的倾向,从而形成了经济区域。交通运输使得各类社会活动在空间上的高度集聚成为可能,并且能够充分利用周边资源,加强与市场的紧密联系。这类增长极系统的发展离不开内外交通运输之间的联系,而且受运输条件和交通区位的影响[5]。交通运输的发展和增长极之间的关系如图 5-1 所示。

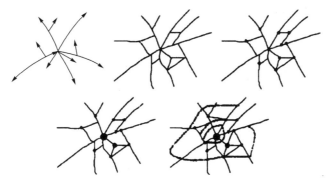

图 5-1 交通运输的发展和增长极的关系

3) 城市经济学

城市经济学是一门研究城市在形成、发展、城乡融合整个进程中的经济关系和经济规律的经济学科。城市经济学的研究对象是城市发展的所有历史阶段、经济规律和城市内外经济活动中的种种生产关系[6]。

阿瑟·奥沙利文在《城市经济学》一书中指出了城市产生和发展的三个原因:比较优势、内部规模经济和聚集经济[7]。地区的比较优势使地区间的贸易变得有利可图,因此地区间的贸易促进了城市市场的发展。生产上的内部规模经济使得工厂生产商品的效率比个人生产商品的效率更高,所以工厂生产商品促进了工业城市的发展[8]。在贸易和生产上的集聚经济促使企业群聚在城市中,这种群聚性推动了大城市的发展。在不同的时代和社会阶段,上述因素的作用也不相同,从而影响了一个城市的形成、发展、繁荣与衰落。

根据奥沙利文的研究,地区比较优势的主要来源是运输规模经济和交通成本。城市的规模由工厂工人的总数决定,而工厂工人的总数依赖于工厂的总产出。这就意味着,当规模经济增加(工厂生产价格下降)和交通费用下降时,工厂产出也随之增加。

5.1.2 国内的相关研究

1) 交通经济带

交通经济带是一个以综合运输道路或交通干线为发展的主轴线,以轴线上或其引力范围内的大中型城市为依托,以第二、第三产业为主体的带状经济区[9]。这个带状经济区域是一个由人口、产业、城镇、资源、信息、客货流量等聚集而形成的带状经济组织系统,围绕各个经济部门,在各沿线、各区段之间建立起紧密的生产合作和科技经济联系[10]。

交通经济带的组成是复杂的,它包含许多构成要素,如基本交通设施、经济带沿线分布的大中型城市或经济中心、第三产业、区位等,这些构成要素对交通经济带的更新演进产生了重要的影响[11]。其中,基本交通设施是交通经济带产生的前提;大中型城市和经济中心是交通经济带发展的凭借;第三产业是交通经济带的实质;区位是交通经济带及交通经济核心形成的关键因子。

2) 城市交通论

我国学者曹钟勇在《城市交通论》一书中详细地总结了城市交通与城市发展之间的联系,探讨了不同阶段和时期的城市交通发展的基本特点和规则。按照该理论,城市交通的发展历史可以划分为初始阶段、中间阶段和高级阶段三个阶段或原始平衡期、基本生长期、成长期、成熟期和成熟平衡期五个时期[12]。城市交通发展的前一个阶段是后一阶段的条件,而后一阶段则是前一个阶段发展的结果,不同阶段的城市交通的外部特征也有所不同。

城市交通论着眼于某一城市交通运输网络的形成与演进,它以城市化和交通运输发展的双向互动作用为基础,通过城市化过程中不同阶段的人和物的流动,推演出城市交通在不同发展阶段的变化,虽然该理论描述了城市交通总体发展情况,却不能使人们深入地了解城市交通发展实际发生的情况以及实际起作用的因素,并且无法对运输技术的进步因素展开深入探讨。

3) 城市发展的交通需求

伴随着城市化的高速发展,城市交通拥堵、事故频发、秩序紊乱、停车场地缺乏等问题也显露出来,为了解决城市的交通问题,许多大城市建立多个城市核心来缓解城市交通的压力。但是为了实现这种对城市交通缓解和疏散的作用,首先应对城市交通建设做出完备的规划。

城市形态与交通需求之间的相互作用关系主要体现在以下几个方面:① 一定的城市形态决定了不同类型用地在城市空间上的分离,引导了交通量的空间分布,从而产生了交通出行,反过来也影响城市居民交通方式的选择[13];② 交通基础设施作为城市形态的支撑,对城市形态起着重要的作用,城市居民交通方式的选择也促进了相应的交通运输基础设施建设,从而推动了城市形态的演进;③ 城市形态与交通需求共同对社会经济活动产生影响,既是两者存在的原因,也是两者联系的纽带。

综上所述,城市空间结构、城市形态、城市布局以及交通系统的演进是社会经济发展到一定阶段的结果,反过来又对社会经济的发展产生直接影响。过去的研究工作往往侧重某一方面的研究。有的侧重于物质形态的理论研究;有的侧重于综合形态的理论研究;有的侧重于规划设计方面的研究。这些研究都没有很好地利用土地协调交通规划和城市规划的联系,最终导致城市规划实施失控,交通规划难以匹配。即过去的研究仍然局限于单学科的范畴,缺乏城市土地利用与城市交通的互动关系以及与仿真实验平台相结合的综合性研究。城市土地布局混乱、土地利用结构不合理、土地集约化利用程度低以及土地利用规模和强度失控等因素是城市交通问题的根源,因此对其研究应给以高度重视。

4)交通对城市空间结构的作用

交通与城市的形成和发展关系密切,交通技术的每一次革新都对城市发展和演进起着极其重要、无法取代的作用。

城市交通和空间可达性是彼此依存的关系。在某一特定时间,城市交通网络的结构和能力影响了城区内部交通的便捷程度,即交通系统的本质决定了市区的空间可达性。空间可达性表现在出行时间和出行费用两个方面。而交通技术不断革新削弱了空间可达性的影响,空间可达性随着交通技术革新,又直接影响着土地价格和利用方式,进而导致城市地域功能结构的改变,最终引起了城市空间结构的变化,但城市空间结构的变化又往往进一步弱化或强化交通技术的作用强度和应用范围,这就是交通技术革新与城市空间结构变化相互作用的机制。

5.2 交通系统在城市发展中的作用

在城市化的过程中,交通起着至关重要的作用,本节主要介绍交通系统的发展对城市更新演进的推动作用。城市交通主要从交通方式、交通可达性和交通成本三个方面影响城市的发展。

城市交通方式有多种,不同交通方式的运输特点不同,其对不同出行距离的分担也有所不同,就会对城市更新演进规模带来不同的影响。交通可达性的提高将会降低居民和企业的出行成本和运输成本,为居民和企业的选址带来更多选择,从而对城市的空间布局产生一定的影响。城市交通成本在一定程度上决定着城市发展的最优规模,因此对城市次核心的形成也产生深远的影响。

5.2.1 交通方式与城市更新演进规模

1)交通方式的类型及特点

城市的主要交通方式可以划分为五种类型:步行方式、自行车(包括自行车和电动自行车)方式、公共汽车(包括常规公交和快速公交)方式、轨道交通方式和小汽车方式[14]。步行方式自主、方便,非常灵活,但速度太慢,只适于短距离出行;自行车方式具有环保、方便灵活、短距离(5～6 km)、可达性好等特点,能对公共交通起到较好的补充作用,比小汽车更适合于高密度的用地模式;公交汽车和轨道交通方式具有运量大、经济、单位能耗低、适合长距离(6 km以上)出行等特点,其运行距离较远,可以促进城市中心向外围发展,还可以引导城市沿主要交通线路呈线状或指状向外演进;小汽车方式方便、快捷,交通可达性好,可以满足人们的自由需求,但运量有限,能耗高,适合于低密度、分散化的城市发展模式。总之,不同的交通方式对应不同的运行速度和适用范围。陆化普在《城轨:未来城市交通的主干线》一文中对不同交通方式的运输特性进行了较为详细的分析,内容见表5-1。

表5-1　不同交通方式的运输特性比较

交通方式		运量(人/h)	运输速度(km/h)	道路面积占用(m²/人)	使用范围	特　　点
自行车		2 000	10～15	6～10	短途	成本低,污染少,灵活方便
小汽车		3 000	20～50	10～20	较广	投入大,成本高,能耗多,污染严重
公共汽车		6 000～9 000	20～50	1～2	中等距离	投入少,成本低,人均资源能耗和环境污染较小
轨道交通	轻轨	10 000～30 000	40～60	高架:0.25 专用道:0.5	长距离	建设、运营成本较高,运输成本较低,能耗、污染较小,效率很高
	地铁	30 000 以上	40～60	地下(不占用高架):0.25	长距离	建设、运营成本较高,运输成本较低,能耗、污染较小,效率很高

2) 交通方式与出行距离的关系

　　不同交通方式在运输能力和适用出行距离上存在差异,虽然不同的交通方式有时可以替代使用,但为了提高运输的效率和质量,应根据各种交通方式的不同特点进行选择。出行方式分担率随出行距离的变化如图5-2所示。

　　由图5-2可以看出,步行和自行车较适合短途出行,并随着出行距离的增加,分担率逐渐下降。常规公交随着出行距离的增长,其分担率先上升后下降,这主要是由于地面常规公交在进行长距离运输时存在运输时间长的缺点,所以通常在这种情况下,人们普遍会选择轨道交通或小汽车取代公交出行。地铁的分担率始终随着出行距离的增长而上升,由此可见轨道交通在长距离运输中的优势。通过统计可以得出各种交通方式的平均出行距离:步行为0.84 km,自行车为3.08 km,出租车为7.96 km,地面常规公交为8.42 km,地铁为13.15 km,小汽车为11.49 km[15]。

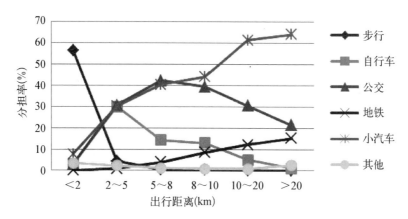

图 5-2　出行方式分担率随出行距离变化统计图

3）交通方式对城市更新演进方式及规模的影响

社会的发展和科技的进步，使交通方式发生了明显的变化，也对城市的更新演进产生了深远的影响。

在以步行和马车等交通方式为主的古代，城市居民的出行受交通工具速度的限制，活动范围比较狭小，城市空间规模相对较小，用地紧凑，人口密集，城市难以向外扩展。

随着铁路和有轨电车的出现，交通的运行速度和运载能力都大为提高，极大地促进了城市化和工业化的发展，对城市更新演进产生了空前的影响。城市开始沿铁路、电车轨道逐步向外演进。与步行和马车时代相比，这种更新演进的速度和尺度都有了飞速提升。

轨道交通对城市更新演进的作用更为明显，因为轨道交通具有准时、快速、超大运量等显著特点，除了满足居民对出行速度和出行距离的要求外，还能满足居民对运量的需求，从而吸引了大量的居民在车站附近或轨道沿线居住和工作，促进了城市沿轨道线方向的大规模更新演进。

小汽车的广泛使用使城市更新演进的方式和规模又发生了巨大改变。这时城市的更新演进不再局限于"单中心"形式的扩展，而是出现了多中心、带状以及低密度、复合型等空间更新演进方式，空间的演进规模也明显增大。和其他交通方式相比，小汽车交通方式受轨道、线路及环境状况等的影响较小，具有舒适、快速、自由度大等特点，极大地促进了城市朝着低密度、大范围的方向演进。

在影响城市发展规模的因素中，不同交通工具的运行速度尤为重要。居民出行的可容忍时间一般在半小时以内，如果单程出行的时间超过半小时，人们一般会减少或放弃这类出行。所以在通常情况下，使用主要交通工具在半小时内所能到达的距离，决定了城市更新演进的规模。因此，从市中心出发，选择使用适宜的交通方式，在半小时内能达到的距离长度，就是居民愿意居住的距市中心的最远距离[16]。假设城市面积 S 与活动半径 R 的关系 $S=\pi R^2$，就可以求出半小时行程影响的城市规模，并且城市规模大小随主要交通工具的运行速度的变化而变化，某种交通工具的运行速度越快，和其对应的城市的规模就会越大。不同交通方式所对应的城市规模不同，见表 5-2。

表 5-2 不同交通方式与城市规模的关系

项　目	步　行	自行车	公交车	轻　轨	地　铁	小汽车
速度范围(km/h)	4～5	8～15	10～25	20～35	30～40	35～45
速度取值(km/h)	5	12	20	30	35	40
半小时行程(km)	2.5	6	10	15	17.5	20
半小时行程影响的城市规模(km²)	20	113	314	707	962	1 256

正是由于交通方式的改进,交通工具不断打破运载能力、运输速度等方面的限制,才能逐步满足城市居民长距离、大规模的出行需求,这对城市更新演进具有决定性的意义。它使城市居民的居住地点不局限于工作地点周边,使紧凑型城市变得更加分散。交通方式的改进,给城市的快速更新演进创造了条件,引导着城市更新演进,促进了城市规模的不断扩大。

5.2.2　交通可达性与空间布局

1) 交通可达性与空间布局基本概念

1959 年,美国学者汉森首次提出"可达性"这一概念。后来,交通可达性被归纳为利用一种特定的交通系统从某一给定区位到达目标地点的方便程度。可达性说明了区域与其他有关区位相接触从而进行社会经济和技术交流的潜力与机会,包含了时间、空间和区位经济价值三个方面,其中:交通所消耗的时间反映了不同区位之间可通达的便利程度;空间的可达性反映了空间节点或区位之间的空间尺度和疏密关系;区位可达性水平越高,区位的经济价值就越明显。

城市空间是城市的社会、经济、历史、文化以及各种活动的载体,一般包括建筑体的内外空间,也包括地上、地下、地面空间等。城市空间具有多种属性,如社会属性、生态属性、物质属性、认知与感知属性等,而空间布局反映的是一种分布状态。通常提到的空间布局主要是指不同性质的城市土地使用在城市空间上的分布状况。

2) 局部区域相对可达性的提高对居民和企业的影响

对企业和城市居民来说,城市交通与其日常的经营、生活密切相关,显著影响着他们的选址行为[17]。这是因为,不同的城市地点其区位优势也不同,其中包括交通优势和聚集优势等。当聚集优势相同时,城市中交通设施完备、区域可达性好的区域往往能够吸引更多的企业和居民。除了地理上的约束外,城市中不同区域相对可达性的改变,也将导致城市空间结构的改变,除非用规划管理来防止这种改变的发生。在完全信息化和市场竞争的条件下,人们都是追求自身效用的最大化,而企业往往追求利益的最大化。交通运行方式的改进,使得企业运输成本和居民出行成本降低,就给他们带来了更多的利益,因此,对企业和居民会产生较强的吸引和影响作用,王春才在《城市交通与城市空间演化相互作用机制研究》一文中给出了图5-3所示的交通对居民和企业的影响作用示意图。

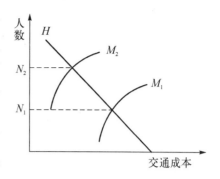

图5-3　交通对居民和企业的影响作用示意图[17]

在图5-3中,M_1表示某一区域在交通条件没有改善之前,该区域的企业或居民的运输成本或出行成本;M_2表示该区域交通条件改善之后,该区域的企业或居民的运输成本或出行成本;H表示交通需求曲线;N_1、N_2分别表示交通条件改善前后对交通的需求人数。显然 $N_2 > N_1$,由该图可以看出,交通条件的改善,会吸引更多的居民或企业到该区域来,从而改变城市的空间布局。

3) 城市整体可达性的提高对城市更新演进的影响[17]

交通条件的改善提高了相应区域的可达性,对企业和居民产生一定的吸引作用的同时,也会导致该区域的地价上升。当被吸引来的企业和居民因交通可达性的改善所能获得的收益被地价的上涨所抵消时,这种吸引作用也就不复存在,企业或居民向该区域的迁移也会停止。同样,当城市的整体可达性变高时,企业居民将会在更大的范围内经营、工作、居住和生活,城市规模也会随之向外扩展(图5-4)。

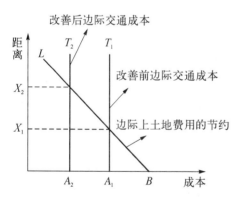

图5-4　交通的改善对居民选址的影响

从图5-4中可以看出,在城市更新演进的过程中,交通的改善对城市居民的选址行为有较大影响,在图中,L表示远离市中心每单位距离时,边际土地费用的节约;T_1表示交通改善前的边际交通成本;T_2表示交通改善后的边际交通成本。对城市居民来讲,越靠近市中心,住房成本越高,交通成本越低;距市中心越远,住房成本越低,交通成本越高。城市居民为了追求效用的最大化,在交通成本降低时,为了享受更大的居住空间,往往会选择远离市中心居住,直到远离市中心带来的边际土地成本的节约等于边际交通成本的增加为止。即城市整体可达性的提高,降低了居民的交通成本,促使城市居民从平衡位置 X_1 迁移到平衡位置 X_2,致使城市空间规模的扩大。在城市人口总数为定值的情况下,这种城市空间规模的扩大就意味着城市的空间布局更加分散。

企业选址和居民选址相似,不过企业更加追求利益的最大化。受交通可达性影响的家庭和企业的选址决策改变了城市空间的规模、密度和结构,促进城市的不断更新演进。事实上,交通与城市发展之间正是通过可达性的不断变化来实现两者之间的相互促进和协调发展。

5.2.3　交通与城市次核心形成

1）交通成本与聚集利益

城市居民的交通成本主要有两个来源：一是货币成本，这类成本是对消耗交通资源和使用交通工具或享受交通服务的支付；二是时间成本，出行时间越长，所花费的时间成本就越高。

集聚利益是指由于人口、资源等因素在空间上的相对集中而给企业或居民带来的利益增加或成本节约。人口的集聚不仅扩大了市场需求，而且促进了文化交流和人力资本的提高，并且为企业提供了可以自由雇佣的劳动力市场。企业的大量集中，不仅可以共享集聚利益，还为居民提供了丰富多彩的产品供给，创造了大量集中的就业机会。从某种意义上说，集聚利益的存在是城市产生的根本原因。但是，集聚的存在也会带来很多不便，如交通拥堵、环境污染、居民生活质量下降等。随着集聚规模的增大，集聚产生的负面影响也呈上升的趋势。

2）交通成本对城市更新演进最优规模的影响

城市的更新演进规模随着人口和要素向城市集中而不断扩大。当城市规模扩大时，通勤距离就会变长，交通成本也随之增加。若只考虑交通成本和聚集利益，那么在一定空间范围内，人口和要素向城市集中带来的聚集利益先增加后减少，而交通成本则随着城市空间规模的扩大不断增加。因此，当集聚利益的边际减少等于交通成本的边际增加时，城市的吸引作用不再增长，这时城市的更新演进规模达到最优。

以上是从理论研究中得出的结论，即在理论上，城市发展存在一个最优的规模，这一规模的大小受城市交通成本的影响，且决定城市最优规模的原则同样适用于城市次中心规模的确定。事实上，除了交通成本，城市更新演进规模还受很多其他因素的影响。因此，现实中城市更新演进的最优规模很难确定。

3）交通成本对城市次核心形成的影响

在城市发展的过程中，随着城市空间规模的不断扩大，城市中离市中心越来越远的区域的通勤距离会不断增加，通勤的货币成本和时间成本也随之增加。距市中心较远的居民，就倾向于选择离自己住地较近的地方就业、购物等，以便减少交通成本，提升居住品质。

这些提供就业或购物的企业和单位，可能位于远离市中心的交通节点处，但最初并不一定是城市的次核心。距市中心较远的居民出于节约交通成本等目的，大量向这些节点聚集，会促进这类地区不断更新演进，逐步发展为城市的次核心。发生这种更新演进结果的前提是城市居民除了在中心商务区工作和购物外，还可以在市内其他可能存在机会的地方工作或购物。不过，这种可能存在工作或购物机会的地方并不是均匀分布或随意出现的，而与交通因素直接相关，它们通常出现在交通节点或其他具有交通优势的地方，如大型交通枢纽、城市快速交通走廊等就为此类区域的形成提供了条件。但这些区域最后能否真正更新演进成城市次核心,与该区域的吸引力、交通条件、消费意愿、居民的选址偏好、政府决策等密切相关。城市次核心的形成,使得城市人口密度分布不单单是以市中心为圆心、向外逐步递减,而是在次核心处又出现小幅增加。

综上可知,除了聚集利益等其他因素外,城市交通成本对影响城市次核心的形成也起着不可忽视的作用。城市居民出于节约交通成本和提高自身效用的目的,选择到相对较近的地方就业、购物,在客观上促进了城市次核心的形成。

5.3 大数据在城市交通中的重要作用

众所周知,交通对于城市犹如血管之于人的身体,道路交通成为贯穿城市全身的血管,血细胞就是承载人类的公交和各种车辆。随着城市人口的增多,血细胞和血管的负担也越来越重。不畅通的流量积累,渐渐产生了城市的血栓——交通拥堵。

依赖传统的方法解决当下的交通问题已不现实,限行、限流,只是治标不治本。随着城市的不断扩大,人口的不断增加,交通拥堵问题只会越来越严重。如何利用信息技术,尤其是大数据技术引导交通、达到交通顺畅,是政府渴求的目标,也是很多研究者重点研究的课题。

交通网络的形成并不是只凭借人类的想象,而是通过数据精准测算出来的。在信息化时代,交通在运转过程中产生了大量数据。现代化的城市智能交通系统,可以方便地采集路网摄像头/传感器、地面公交、轨道交通、出租车以及省际客运、旅游、危险化学品运输、停车、租车等运输行业的大量数据。交通卡刷卡记录每天达到几千万条;手机定位数据每天也是几千万条;出租车运营数据每天几百万条;高速 ETC 数据每天也达到几十万条。对如此大规模的数据进行收集,分析数据的趋势得出未来的判断,最后计算验证,这个过程就是大数据分析。大数据在实际应用中有多种形式,根据数据收集的不同衍生出各种各样的大数据交通。如何在这些海量数据中挖掘出有用的信息和知识,并将这些内容应用到日常交通引导、政府交通决策以及交通规划,这些都是大数据分析的真正意义所在。

5.3.1 智能交通与大数据管理

1) 大数据——公共交通管理的新途径

随着科学技术的发展、人类生活水平的提高,城市机动车辆的数量较以往有了大幅增加。城镇化的加速打破了城市道路系统的平衡状态,交通拥堵已成为困扰广大市民日常出行的主要问题,仅仅依靠传统的交通信息系统已经很难满足目前复杂的交通需求。这时,人们尝试利用新的途径来满足居民的交通需求,这个新的途径就是大数据管理下的智能交

通。大数据之所以能够突破普通交通信息管理系统的瓶颈,变革整个公共交通信息管理的内涵,其原因有以下几点:

(1) 大数据可以跨越行政区域的限制 为了方便国家的有效治理,一个国家通常划分为若干不同的行政区域。这个划分有效促进了各个行政区域的自治,但也使每个行政区域政府只追求自己辖区利益的最大化,忽略了行政区域之间边界区的公共交通基础设施建设。智能交通数据的虚拟性,可以使各个相邻行政区域之间,共同遵照资源、信息共享的原则,实现跨区域的交通管理。

(2) 大数据可以实现有效信息的集成和组合 就我国而言,大部分城市的交通运输管理主体呈现条块分割的现象,通常是不同的主管部门分散管理。这类分散将增加公共交通信息管理的困难,无法获得更全面的交通信息。智能交通大数据可以帮助建立综合、立体的公共交通信息管理体系,为用户提供综合的交通数据信息,可以更好地发挥公共交通的整体性功能,有利于用户对交通信息的检索、分析和提取等。

(3) 大数据可以妥善配置公共交通资源 管理者可以根据从交通大数据中分析提取的信息,制定出协调完备的交通运营方案,使各个交通管理部门之间合理分配交通职能,避免工作重叠,有效地利用信息资源,实现合理有效的交通运行维护管理。

(4) 大数据可以促进公共交通全面均衡的发展 传统的改善交通拥挤、提高通行能力的办法,通常是改善交通基础设施,如增加道路里程、加宽修缮道路等。但是传统的做法需要占用更多的土地资源,不利于城市发展、交通发展和土地利用发展三者之间的协调整合。智能交通可以从制度角度提升信息资本的利用效率,减少对土地资源的依赖。

2) 智能交通的基本原理

利用大数据解决公共交通问题的流程如下:首先输入交通数据,包括静态数据(车辆信息、道路环境等基本固定不变的数据)和动态数据(交通运行中产生的实时数据,如车辆行驶的速度等)[18];然后数据中心对动态数据进行提取,将所有的数据统一格式,方便数据之间的交换和数据处理;接下来,将集成所有的数据,存储在云中;最后监控中心进行数据挖掘,实现数据查询、检索和可视化功能。大数据解决交通问题的流程如图5-5所示。

图5-5 大数据解决交通问题的流程

5.3.2 国外交通大数据的应用实践

国外在智能交通方面发展得比较早,如欧洲的智能交通,在大数据技术的支持下能够做到精确采集车辆CAN(controller area network)总线的数据,获得公交车的位置、速度、转弯角度、发动机状态、实时油耗等，这为优化驾驶行为和节能减排等绿色智能公交提供了全新的应用。英、美两国是较早利用大数据来管理公共交通的国家，他们的研究成果有一定的借鉴意义。

1) 美国智能交通的实践案例

美国的许多州都运用大数据来管理公共交通，实现智能交通的目标，其主要应用如下：

（1）利用大数据减少交通拥堵　美国新泽西州位于纽约和费城之间，安装了 INRIX 计算机信息管理系统。该系统通过对手机和 GPS 信号的分析提取，将新泽西州的所有交通状况转化成一张道路交通地图，在该地图上用不同的颜色标注各个路段的交通运行状况，对交通拥堵的地点进行标注。虽然每年利用超级计算机处理这些交通数据会花费一定资金，对该系统进行运营维护也耗费了一定财力，但是从长远角度来看，INRIX 系统仍具有巨大的经济效益。在过去，新泽西州每年至少要投入百万美元来提升公共交通基础设施，比如拓宽道路、兴建停车位等，而且还浪费了大量的时间和人力成本，交通拥堵问题依然严峻。现在，使用了 INRIX 系统可以很好地管理新泽西州的公共交通，妥善协调解决了交通堵塞等问题，提高了当地居民的生活质量，降低了政府的管理成本，使城市道路交通更加规范化，图 5-6 显示了新泽西 DOT 控制中心利用 INRIX 实时数据来监控交通拥堵和统筹资源调配，以达到管理交通流并及时通知旅客的目的。

图 5-6　新泽西 DOT 控制中心

（2）利用大数据处理恶劣天气的道路状况　美国俄亥俄州位于美国中东部，其交通运输业非常发达，在俄亥俄州大学设有规模宏大的交通运输研究中心。俄亥俄州运输部门（ODOT）也安装了 INRIX 系统，当暴风雪淹没俄亥俄州 400 多条重要路线之后，ODOT 使用气象信息站的交通数据信息，通过 INRIX 的云计算分析功能，对交通信息进行处理，仅仅 3 h 就实现了清理道路状况的目标，使道路交通恢复正常水平。该应用降低了冬季连环撞车事故发生的概率，提高了公共交通设施的安全性，维护了商业活动的正常运行，保证了人们日常生活的井然有序。

（3）智能定位拥堵路段　美国波士顿市计划推出一个名为"Street Bump"的手机应用软件。该软件可以应用重力系统的基本原理来查询道路交通中的拥堵路段。重力系统的基本原理是指当智能手机的屏幕倾斜时，能够通过重力来改变智能手机的方向。"Street Bump"的原理与重力系统有细微差别，"Street Bump"可以通过检测手机加速度记录的细微变化来区分不同道路路段的堵塞程度（图5-7）。该手机应用为波士顿市的路段改善提供了很大帮助，而在过去，波士顿每年除了花费8万美元来开发设计减速带外，还要投入20万美元来测量市内所有道路系统的状况。

图5-7　波士顿"Street Bump"软件使用截图

2）英国"连接城市"项目

英国每年投入大量资金致力于改善城市互联交通网络，开展"连接城市"项目，最终达到利用智能交通减少交通拥堵的目的。简单来讲，就是不断地对大数据进行分析挖掘，利用高速的数据连接和高效的数据管理分析系统，连接英国各个城市，从而实现控制英国市区城市的目标。"连接城市"可以实现各个城市及其部门之间对公共交通基础设施的资源共享，便捷地实现跨部门的交流与合作，从而完善道路和交通系统。

除此之外，在2012年伦敦奥运会期间，英国政府开发了一些免费的INRIX应用程序和线上服务，确保城市交通顺畅。INRIX的大数据道路实况中心为用户提供了几款应用软件，让用户知道交通拥挤的地点，以便选择出行的最佳路线。这些软件有：

（1）INRIX交通　该软件涵盖了几乎所有的手机操作系统，如iPhone、Android、Windows Phone、BlackBerry等。由于INRIX交通功能强大而且免费，使其在同类软件中排名第一。INRIX交通可以根据驾驶车辆的实时数据，帮助驾驶员确定最优行驶路线，避免遇到交通拥堵（图5-8）。使用iPhone版本的用户还可以使用短信或者Email的方式将自己的行驶信息告诉同伴，以免产生延误，准时会合。

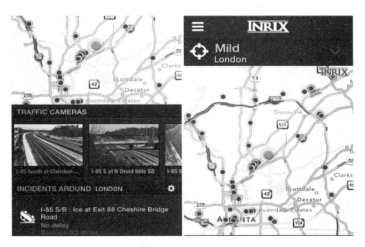

图 5-8　INRIX 交通软件使用截图

（2）INRIX 媒体　INRIX 媒体包括 INRIX Radio 和 INRIX Television。在英国,驾驶员大多是通过城市广播电台新闻获取最新的交通路况。但是,这些新闻过于单一,不能满足每位车主的实时信息需求。INRIX Radio 可以为用户提供全天候的服务模式。根据用户的需要,汇报实时城市路况,甚至还包括多种不同方式的交通信息,如公路、铁路、空运、海运等。INRIX Television 则提供创新的电视交通信息,将最新的交通事故或交通拥堵状况通过现场摄像头展示在应用屏幕上,给人以直观的视觉感受(图 5-9)。

图 5-9　INRIX Television 交通实时报道

5.3.3　国内交通大数据的应用实践

　　国内接触大数据的时间虽然不长,但是已经渗透到一些城市管理的交通系统当中。目前国内先进的交通管理部门基本上都能应用新的信息技术进行交通管理,如利用高速公路上司乘人员的手机定位系统,将大数据分析引入交通管理。通过手机定位系统的数据采集,所有车辆的行驶状况都能信息汇总,进行智能管理,从而使驾驶员获得实时路况信息,也便于交通管理部门及时处理事故,实现交通信息管理现代化。例如,当检测到某车辆在高速公路上停止行驶,而同一条路上大部分车辆速度下降,那么就可以推测这一段路上可能出现事故或拥堵,而及时发现异常路况,就可以及时处理事故,并通知后续车辆提前分流。我国一些学者对此展开了积极的探索。

1) 智能交通指挥中心

作为我国较早建设智能交通中心的城市之一,深圳市专门针对交通运输等问题进行了信息化建设。在国家智能交通系统体系框架的指导下,深圳市针对城市和区域相结合的智能交通一体化发展模式问题,制定了具有深圳市地方特点的体系总体结构,如图5-10所示,其中交通信息基础设施是基础,保障体系的形成是前提,交通决策支持是手段,智能交通信息平台是核心,面向应用服务是导向。

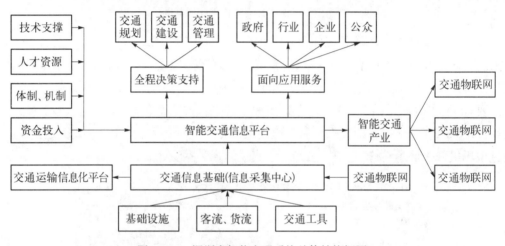

图5-10 深圳市智能交通系统总体结构框图

早在2000年,深圳市就设立了智能交通指挥中心,该中心集信息、监控、控制于一身,对交通信号的控制、闭路电视的监控、交通违章的管制等进行统筹管理。智能交通指挥中心的信息来源有两类:一类利用现有的交通基础设施,比如监控交通路况的闭路电视和各类车辆检测器等;另一类是人为补充,比如110交通报警信息、路面民警和市民反映的交通信息[18]。为了实现交通信息的整合与共享,深圳市于2010年投资10亿元开始运行"智能交通1+6"项目,所谓"1"是指构建一个资源共享平台,来整合交警、交通、规划等各部门各方面交通运输信息;而"6"则指依靠这个平台为交通的如下信息服务提供支撑:交通监测信息、交通管理信息、交通调控信息、交通指挥应急信息、公共出行信息、交通管理决策信息等。

另外,为了更好地让大数据为智能交通服务,近年来,深圳市也开始加快交通综合指挥运行中心的分中心建设,力求能聚集更多海量的公共交通数据,实现公共交通信息的组合与共享,为深圳"智慧交通城市"提供支持。

2) 城市交通智能路网的关键技术及应用

同济大学蒋昌俊教授团队联合上海电科智能系统股份有限公司、华平信息技术股份有限公司等多家企业完成的"城市交通智能路网的关键技术及应用"项目[19]，在现有路网资源条件下，通过突破融合信息感知、并发处理决策、协同智能控制和实时信息服务等技术瓶颈，实现城市交通智能路网的可测、可管、可控、可用，最终达到路网整体控制效益的协调优化。该项目在上海进行了综合性能测试，测试结果见表5-3。

表5-3 "城市交通智能路网的关键技术及应用"项目测试结果

综合性能测试	和国内普遍引进的 SCATS 系统相比
路网通行能力	增加 5%
平均车速	提高 3%
道路通畅时间	增加 7%

该项目突破了城市交通协同控制和实时信息服务等关键技术，提出了一系列控制和仿真模型及算法，并在此基础上成功研发出了具有完全自主知识产权的道路交通自适应控制信号机、协同监测视频系统以及一体化的交通协同监控与实时服务平台，可以实现单路口多摄像头"同步协同"，多路口多摄像头"异步协同"，红绿灯自动调控时长等一系列功能。该技术成果服务于北京奥运会、上海世博会、深圳大运会以及公共交通、市民出行和交通管理等方面，已在全国20个省100余座大中型城市的2 000余项工程项目中开展应用，有效缓解了道路交通拥挤，提高了城市路网交通运行效率。

3）智慧城市交通监测、管理与服务系统

同济大学杨晓光教授团队研发的"智慧城市交通监测、管理与服务系统"[20]，面向出行者提供"主动引导型"服务，可根据出行者基本意向主动引导出行方式，推荐最优出行区域、时间和路线，节省时间、费用等成本。比如，你想外出购物、就餐，确定一定时间、空间和计划花销范围，系统会立即提示：几点几分出门最快捷，最适合前往市区哪片区域，最适合乘坐哪种交通工具，多久可以到达等（图5-11）。该系统不仅适用于一般市民，也可用于物流

图5-11 使用等时线查看交通运行状况

公司、货运配送公司,帮助选择合理的运输路径。

　　传统的交通监测系统,大多基于零散的、分割的数据系统,用途有限,准确性也受到限制。这款智能出行系统,集合的交通大数据包括:通过城市车载 GPS、固定检测器、监视视频等采集的实时路况信息,事故、施工、交通管制等实时上报信息,当地气候、大型活动、公众上下班时间、学生寒暑假日期等信息。这一平台是基于"大数据"的思路,除了上述信息源,分散在全市各处的出租车、公交车包括私家车都有车载 GPS,还有人们手中的智能手机,这些移动体的实时数据将来也可以接入平台,为人们的出行服务。该系统还可以显示交通拥挤分布情况,颜色越深表示越拥挤,提醒人们避免交通拥塞地点,选择合理出行路线,减少交通时间(图 5 - 12)。

图 5 - 12　路网实时拥挤分布情况

　　该系统还能在事故突发、亟待救援的关头一显身手,让消防车、救护车、救援车、工程抢险车、警车等在最短时间内抵达救援现场(图 5 - 13 和图 5 - 14)。今后还可通过车路联网协同,对救援车辆途经路段交通信号灯进行切换,提醒非紧急车辆避让以争取时间。

图 5 - 13　获取救护车最优救援方案

目前,这一系统在南京、杭州等多个长三角城市试用,对城市交通状态判别的准确率在90%以上。

图 5-14 获取消防车最优救援方案

5.3.4 智能交通的展望

随着交通信息化与交通规划的融合程度越来越高,大数据所能发挥的功能和信息获取渠道都将更加广泛。公交刷卡数据挖掘、出租车轨迹挖掘、手机数据挖掘、社会化网络数据挖掘将成为未来大数据的主要方向。例如,出租车轨迹记录了每个出租车个体的精确的时空信息,可利用城市出租车轨迹数据和兴趣数据评价交通分析小区尺度的城市功能,并计划将公交刷卡数据与出租车轨迹数据整合,实现更为完整的城市功能的评价。预期的评价结果是,每个交通分析小区能够识别出各项城市功能的比例,如居住、就业、购物等,进而评价每个小区的混合使用程度,从而成为对传统的基于土地使用数据评价土地混合使用程度的一种方法补充[21]。

此外,互联网的模型也能在大数据的指引下应用在车联网上,从理论上讲,一个城市,如果把车和车、车和道路充分链接到位的话,这个城市的道路通行能力可提高270%[22]。比如上海这座城市的交通,如果把车联网发展到位了,那么车子数量翻一番,不增加道路面积,路况都会有所好转。

在当今的技术支持下,大数据的表现成功地将人类的想象转化为现实,并逐渐渗透进人们的生活。其意义已不仅仅只是预测结果、改善交通状况,更重要的是带给决策者一种新鲜的思维方式:利用已知的现在去预测未知的未来。随着智能交通的普及,大数据也在各个方面影响着人们的生活、出行方式,人们通过上传数据、共享数据,共同完成数据收集的过程,分享数据处理结果,形成良性循环,彻底解决交通拥堵问题。

◇ 参 ◇ 考 ◇ 文 ◇ 献 ◇

［1］ 张尼. 加学者利用大数据分析城市交通［J］. 中国社会科学报,2014,(552).

［2］ 韦伯. 工业区位论［M］. 李刚剑,陈志人,张英保,译. 商务印书馆,2009.

［3］ 安虎森. 增长极理论评述［J］. 南开经济研究,1997,1：31-37.

［4］ 邓讲美. 郑州市城乡协调发展研究［D］. 郑州：河南大学,2011.

［5］ 刘芳. 交通与城市发展关系研究综述［J］. 经济问题探索,2008,(3)：57-62.

［6］ 吴红叶. 石油资源城市经济转型评价研究［D］. 东营：中国石油大学,2009.

［7］ 阿瑟·奥沙利文. 城市经济学［M］. 北京：中信出版社,2003.

［8］ 晏维龙,韩耀,杨益民. 城市化与商品流通的关系研究：理论与实证［J］. 经济研究,2004,2(4)：2.

［9］ 韩增林,杨荫凯,张文尝,等. 交通经济带的基础理论及其生命周期模式研究［J］. 地理科学,2000,20(4)：295-300.

［10］ 邱奇,刘延平. 西部民族地区交通经济带研究［J］. 可持续发展的中国交通——2005 全国博士生学术论坛(交通运输工程学科)论文集(上册),2005.

［11］ 杨明华,洪卫,高燕梅. 论交通经济带的一些基本问题［J］. 重庆交通学院学报：社会科学版,2005,4(4)：15-18.

［12］ 曹钟勇. 城市交通论［M］. 北京：中国铁道出版社,1996.

［13］ 吕孟兴. 大城市组团间交通运输通道规划研究［D］. 南京：南京林业大学,2007.

［14］ 王晓原. 多核网络城市生长与交通系统协调发展：以组群城市淄博为例［M］. 济南：山东大学出版社,2010.

［15］ 智能交通网. 不同交通方式选择影响因素的研究［EB/OL］. http：//www. 21its. com/Common/NewsDetail. aspx? ID=2013041913584710967,2013-4-19/2014-05-09.

［16］ 李平. 通勤距离与城市空间扩展的关系研究［D］. 北京：北京交通大学,2010.

［17］ 王春才,赵坚. 城市交通与城市空间演化相互作用机制研究［J］. 城市问题,2007,(6)：15-19.

［18］ 陈美. 大数据在公共交通中的应用［J］. 图书与情报,2013,(6)：22-28.

［19］ 同济大学新闻网. 同济主持三项目荣获国家科学技术奖［EB/OL］. http：//news. tongji. edu. cn/classid-8-newsid-41814-t-show. html,2014-01-14/2014-04-23.

［20］ 同济大学新闻网. 同济教授推出智慧城市交通监测管理服务平台［EB/OL］. http：//news. tongji. edu. cn/classid-8-newsid-40639-t-show. html,2013-10-23/2014-04-23.

［21］ 弦子. 大数据在城市交通发挥重要作用［EB/OL］. http：//lohas. china. com. cn/2013-07/26/content_6158722. htm,2013-7-26/2014-04-25.

［22］ 魏英杰. 运用大数据治疗北京最堵月［EB/OL］. http：//gzdaily. dayoo. com/html/2013-08/29/content_2370863. htm,2013-8-29/2014-6-11.

第 6 章

城市生长模型

城市是人口集聚形成的较大居民点,是人口集中、工商业发达的地区,通常也是周围地区的政治、经济、文化交流中心。城市的出现,是人类走向成熟和文明的标志,也是人类群居生活的高级形式[1]。

随着大城市和特大城市的不断出现,现在已经形成了一股城市化的时代潮流,城市化进程日益受到社会和政府的瞩目。城市化的进程极大地促进了人类科技文化发展。随着城市的生长,城市与郊区的交通方式呈现出多样化的特点,城市建筑物不断向外扩张,同时城市周边的林地、农田在消失。

城市就像一个生命体,在不断地生长,这个生长过程有规律吗? 如果有,那又是遵循什么样的规律呢? 城市在生长的过程中已经出现了一些问题,有些问题还是非常严重的,比如:大量农田转化为工业或者商业基地会导致周围环境的退化;大量高污染的工业会导致局部气候环境的变化,大量出现的雾霾就是一个典型的例子;交通在不断地变得拥堵等。这些问题能不能得到有效解决,在以后的城市发展中需要关注哪些问题呢? 这一系列的问题吸引了越来越多的相关学科学者的关注。

6.1　城市生长模型概述

针对目前普遍存在的城市化问题,需要建立一个统一的模型来形象化描述城市的发展。这种模型称为城市生长模型,它可以用来动态描述和模拟城市生长的过程,同时,这种模型还可以用来预测城市未来的发展。城市生长模型的研究具有重大的理论意义,同时也有很大的使用价值。

城市是人与地相互作用、动态生长的复杂系统。城市的生长变化受到很多因素的影响,如经济、政治、文化、法律、地形、气候等。因此,想要综合城市生长的所有影响因子,并妥善处理这些影响因子之间的相互关系的难度可想而知。目前,城市生长模型的研究虽然已经有了一定的进展,但仍处于初级阶段,城市生长模型既是研究热点,也是研究难点。

6.1.1　城市模型的发展历史

19 世纪初,城市化的浪潮已经出现,但是城市模型的研究直到 20 世纪初才引起相关学者的注意。城市模型的输入数据繁多,而这些数据往往需要进行统一的处理。研究初期数据的处理基本上是依靠人工方式,所以进展缓慢。第一台现代意义上的计算机产生于 1945

年,计算机的产生使数据的处理速度得到了极大的提高,这也促进了城市模型研究的发展。威尔逊(Wilson)认为真正实质性地将模型应用于城市复杂系统则是在 20 世纪 60 年代以后。综合国内外研究,城市模型发展可以划分为表 6-1 中的四个阶段[2]。

表 6-1 城市模型发展的四个阶段

发 展 历 程	模 型
第一阶段	以中心地为代表的城市形态和结构模型
第二阶段	以空间相互作用模型为代表的静态城市模型
第三阶段	以系统动力学和劳利模型为代表的动态城市模型
第四阶段	以元胞自动机和多智能体系统为代表的动态城市模型

以中心地为代表的城市形态和结构模型研究的主要内容集中在对城市土地利用的空间分布以及城市空间结构和形态的模式研究。德国城市地理学家克里斯塔勒(W. Christaller)和经济学家勒什(A. Losch)分别于 1930 年和 1940 年提出了著名的中心地理论(central place theory),描述了中心地的空间分布模式,奠定了城市地理学研究的基础。"向心力-离心力""断裂点""同心圆城市土地利用模式"等理论都是这个阶段研究城市模型的产物。

20 世纪 50 年代,空间相互作用模型成为研究热点,其包括空间扩散模型、距离衰减规律、引力模式和潜力模式等。这些模型基本上还是属于静态城市模型,是基于机械的牛顿力学的"物理"模型,描述和反映了空间实体的分布、实体间的相互作用等特征和机制,而不能反映城市组织结构的形成过程和动态发展变化。

20 世纪 60 年代开始,学者们将研究重点放在了构建动态城市模型上。这一阶段主要存在两种代表方向:一种是基于微分方程的动力学模型;另一种则是基于元胞自动机(cellular automaton,CA)和智能体等概念的离散动力学模型。第一种方向处于主流的地位,直到现在各种基于微分方程的城市模型仍然在城市模型中占据重要位置。基于微分方程的动态模型在一定程度上可以反映城市发展的动态特征,但也普遍存在不足:① 模型的空间尺度多从宏观出发,研究对象往往是对城市居住区、工作区、商业区等机械划分,无法反映城市的微观结构特征和个体行为;② 模型反映的只是城市中社会经济指标的动态变化,而不是真正的城市空间结构变化和空间增长。

针对上述模型存在的各种不足,学者们提出了以元胞自动机和多智能体系统为代表的动态城市模型。自上而下的宏观城市模型已经不适应当今复杂城市模型的发展要求,基于局部个体相互作用来模拟城市自组织宏观行为的模型是目前的研究重点[3]。以元胞自动机和多智能体系统为代表的动态城市模型虽然在总体上还处于起步阶段,但它代表着当前城市动态模型的最新发展方向,也是今后 GIS 智能化计算发展的一个重要方向,已日益受到地理学家的关注。

6.1.2 元胞自动机的产生

元胞自动机是一种时间和空间都离散的动力系统。每一个元胞都取有限的离散状态，遵循同样的演化规则。元胞自动机模型与动力学模型不同，它由模型构造规则构成。元胞自动机是一类模型的总称，或者说是一个方法框架，满足这些规则的模型都可以当作元胞自动机模型。其特点是时间、空间状态都是离散的，每个变量只取有限多个状态，且其状态改变的规则在时间和空间上都是局部的。

数学家Conway对CA进行了发展，开发出了典型的"生命游戏"[4]。"生命游戏"被认为是CA的典型代表，尽管模拟中只用简单的局部规则，但能形成复杂的行为和全局的结构。

该游戏通过分布在二维空间上的细胞来发挥作用。每个细胞只以一种状态存在(0或者1)，并且在下个时刻的状态由当前状态以及与它最近的8个邻居的状态共同决定。定义了如下转换规则：

(1) 当前细胞为死亡状态时，若周围有3个存活细胞时，细胞变成存活状态(模拟繁殖)。

(2) 当前细胞为存活状态时，若周围有低于2个(不包含2个)存活细胞时，该细胞变成死亡状态(模拟生命数量稀少)。

(3) 当前细胞为存活状态时，若周围有2个或3个存活细胞时，该细胞保持原样。

(4) 当前细胞为存活状态时，若周围有3个以上存活细胞时，该细胞变成死亡状态(模拟生命数量过多)。

把最初的细胞结构定义为种子，当所有在种子中的细胞同时被以上规则处理后，得到第一代细胞图。按规则继续处理当前的细胞图，可以得到下一代的细胞图，周而复始。

尽管它的规则看上去很简单，但是能够产生丰富的、有趣的动态图案和动态结构的元胞自动机模型。在游戏中，以上规则将被应用到元胞空间中的每个细胞。在每个细胞更新之后，结果将以图形显示在屏幕上。生命游戏规则引人注目的一面是它的行为从四条简单规则演化的巨大可变性与复杂性。计算机执行游戏的速度足够快，细胞随时间和空间演化的模式将产生迷人的动画效果。克隆的细胞或许以规则的或混乱的方式成长，或许会灭亡，或许会像冯·诺依曼(von Neumann)思考的原始结构一样自我复制。

生命游戏模型(图6-1)已经在很多方面得到应用。该演化规则近似地描述了生物群体的生存繁殖规律：生命密度太小(相邻元胞数小于2)时，由于孤独、缺少繁殖机会、缺少相互之间的联系，也会导致生命危机，元胞状态值由1变0；生命密度太大(相邻元胞数大于3)时，由于环境退化、资源稀缺以及竞争激烈，也会出现生存危急，元胞状态值由1变为0；只有处于个体数目适中(相邻元胞数为2或3)的位置，生物才能生存(保持元胞的状态值为

1)和繁衍后代(元胞状态值由 0 变为 1)。由于这种模型能完整地模拟生命演变中的生存、灭绝、竞争等现象,因此该模型被命名为"生命游戏"。Conway 还证明,生命游戏模型具有与图灵机同等级的计算能力,该模型在一定条件下能够匹配任何一种计算机,这为计算机的设计提供了理论支持。

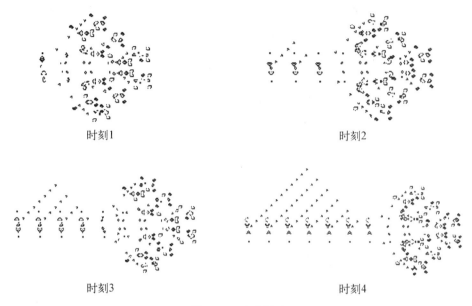

时刻1 时刻2

时刻3 时刻4

图 6-1 生命游戏

　Wolfram 的研究对 CA 的发展起到了极大的推动作用,他提出 CA 模型具有以下几个基本特征[5]:① 所有元胞分布在规则划分的离散的元胞空间上;② 系统的演化按照等间隔时间分步进行,时间变量取等步长的时刻点;③ 每个元胞都有明确的状态,并且元胞的状态只能取有限个离散值;④ 元胞下一时刻演化的状态值是由确定的转换规则所决定的;⑤ 每个元胞的转换规则只由局部领域内的元胞状态所决定。

　Wolfram 通过对 CA 详细而深入的研究,发现 CA 在自然系统建模方面有以下优点:① 在 CA 中,物理模拟和计算过程之间的联系非常清晰;② CA 能用比数学方程更为简单的局部规则产生更为复杂的结果;③ 能用计算机对其进行建模,而无精度损失;④ 它能模拟任何可能的自然系统行为;⑤ CA 不能再约简。

　人们将 CA 模型应用在许多领域,它可以应用于所有具有大量离散因素和交互的系统。所有微分方程的离散近似解都可以用 CA 模型求出,因此模型可以应用到模式识别、人工智能、流体力学、理论物理学、经济发展研究、并行计算、人口增长研究等领域,CA 模型还可以应用到生物模型之中,具体可用于研究神经元网络、心脏纤维和细胞组的功能等领域。近十年,学者们才逐渐将 CA 模型应用到城市生长的研究中。

　在理论上,从事城市研究的相关人员认为城市生长形态的不规则是由城市功能的多样化导致的,城市规划工作人员应该负责解决这类问题。然而城市规划工作人员长期以来只追求视觉上的有序。Jacobs 在 1961 年提出不同的看法,她认为"表面上无序只是物理深层次和复杂的表征。与那些受到规划影响的城市相比,自然生长的城市为人们提供了更多的研究素材和更好的研究环境"。Lionel March 与 Leslie Martin 随后就提出"结构决定作用"的观点,但他们没有找到一个合适的模型来揭示和模拟中间过程。之后,学者们分别提出了分形几何和自组织理论,它们极大地促进了人们对社会科学和自然科学的了解,城市生长的研究是其中典型的例子。此后,对城市分形理论的研究进入了一个高潮期,最具有代表性的是 Michael Batty 和 Paul Longley 于 1994 年出版的《分形城市》(Fractal Cities)一书,书中列举了大量的真实案例来说明城市生长过程中的确存在分形规律。CA 模型的演变就是局部与整体之间相互作用的过程,自然而然地,人们就开始将 CA 模型应用到城市空间扩展的模拟中[6]。

遥感(RS)和地理信息系统(GIS)的技术进步也促进了 CA 模型的发展。RS 和 GIS 技术是获取研究 CA 模型过程中所需要的基础数据的主要方法。CA 模型所使用的网格结构与 RS/GIS 采集的数据结构具有天然的相似性,这样实现三者的有机结合就简单得多了。因此,从技术的角度来考虑,将 CA 模型和 GIS 结合来研究城市空间扩展是切实可行的。

6.1.3　CA 模型在国外城市生长研究中的应用发展

Ulam 在 20 世纪 40 年代第一次提出了元胞自动机的概念,但是直到 60 年代元胞自动机才开始被应用于地理学研究之中。之后的一段时间,学者们进行了大量的研究,但是由于当时条件的限制,研究一般也只是停留在理论阶段。但是从 90 年代开始,随着计算机及相关技术的发展,处理海量大数据对于研究人员来说并非遥不可及。因此,CA 模型与地理学结合的可操作性也大大上升[7],学者们对元胞自动机模型与城市空间扩展的研究进入了一个全新的阶段。国内外学者提出了城市 CA 模型,其中具有代表性的有以下几个:

(1) Batty 和 Xie 在 1994 年提出了一个在元胞自动机基础上设计的 DUEM 模型[8]。该模型模拟了布法罗市不同年份的土地利用变化。DUEM 模型基本思想是基于 CA 模型,将城市分割成单个的细胞,这些细胞具有生老病死的特征,城市生长就是这些细胞生命演变的过程。该模型能够形象地模拟城市增长点附近空间的产生、消亡与其他演变过程,但是当元胞附近没有增长点时就会出现长时间无变化等现象,这样就无法有效进行模拟。

(2) Clarke 和 Gaydos 在 1997 年提出了 SLEUTH 模型[9]。该模型利用了不同年份和不同分辨率的遥感影像数据,模拟和预测了旧金山湾区和巴尔的摩等城市在 10～150 年之后的城市形态(图 6-2)。该模型使用方便,约束条件少,至今仍然在一些领域有所应用。其基本原理是:以交通、地形和其他因素作为约束条件计算元胞演变的可能性,选取已城市化的元胞单元作为种子点,种子点附近的元胞城市化的概率更高。经过实验,该模型模拟和预测的结果具有较高的精度,而且使用起来相对方便,但是 SLEUTH 模型不能较好地模拟城市的衰败和死亡,这是需要改进的地方。

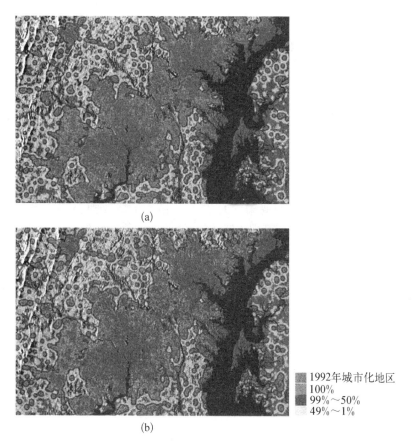

图 6-2 2050 年和 2100 年华盛顿-巴尔的摩地区城市化概率预测结果

(a) 2050 年；(b) 2100 年

（3）Waddell 在 2002 年将元胞自动机和多智能体系统结合起来，在综合考虑了土地利用、交通运输、居住就业和城市政策等因素后提出了 UrbanSim 模型[10]。该模型以城市生长中的主要参与者为研究对象，进行了短期到长期的准动态仿真。该模型采用一种特别的离散方法，对每个研究对象进行个体仿真。UrbanSim 模型需要在专门的软件和要求下执行，可以用 Arcinfo/ArcView 进行跨平台操作。该模型最初使用 java 语言开发，后来使用更为方便的 Python 平台取代 java。该模型为城市生长模型研究提供了一种全新思路，是未来研究的重要方向之一。

（4）Deal 等在 2005 年应用城市生态学方法，结合元胞自动机模型、生态学模型和环境影响评价模型提出了 LEAM 模型[11]。它是一个分布式模型，是一个很好的城市规划辅助工具。该模型以元胞自动机模型为基础，其内部集成方式与 UrbanSim 模型相似，已成功应用于很多个城市或者地区的城市辅助规划中。LEAM 模型还处于发展之中，具有较好的可移植性和可操作性，但是无法根据城市的发展动态改变参数，这是未来需要着力解决的。

从上文描述中可以归纳出，CA 模型在国外城市生长中的应用研究可以分为以下三个阶段[12]：

（1）以元胞自动机模型为基础的虚拟城市研究　虚拟城市研究的意思就是不涉及任何具体的城市，属于纯理论研究。这类研究没有任何外在的约束条件，只要在模拟城市生长之前制定不同的"游戏规则"即可，这是城市生长研究的早期阶段。

（2）以元胞自动机模型为基础的真实城市生长研究　这个阶段的研究目标主要是通过历史数据来推导出转换规则，模拟真实城市可能的演化过程，从而得到未来城市可能的发展趋势。目前大部分学者的研究还集中在这一阶段。

（3）以元胞自动机模型为基础的城市辅助规划设计　前两个阶段主要是研究理论方法，其研究内容并不能直接体现出实用价值，而这一阶段的研究则不同，研究内容需要运用到城市辅助规划设计中，这是城市生长模型研究的最终目的和实践价值所在。城市规划设计者们可以通过制定不同的规则输入模型之中，得到不同的规划方案，然后从这些方案之中选择最优、最适合城市政治、经济、文化发展的方案，根据选择的方案实施城市资源的分配。

6.1.4　CA 模型在国内城市生长研究中的应用发展

直到 20 世纪 90 年代，国内学者才开始对城市 CA 的研究，大部分集中于基于 CA 模型的真实城市生长模拟和预测，对于 CA 的理论研究基本没有涉及，以 CA 为基础的辅助规划设计虽然有所涉及，但数量甚少。以下对国内学者的主要研究内容进行介绍。

1）基于 CA 模型的真实城市生长模拟和预测

周成虎等以 DUEM 模型为基础，结合地理系统的复杂性特征，提出了城市动态演化模型（GeoCA - Urban），并成功用该模型模拟预测了美国底特律市的卫星城 Ann Arbor 的动态生长[2]。在相应软件系统支持下，模型不仅可以对假想的虚拟城市的复杂动态进行仿真模拟，揭示城市动态扩展的规律，还可以在地理信息系统的配合下，对实际的城市发展过程进行有效的模拟和预测，为城市规划和管理提供有益的参考。

黎夏和叶嘉安在 2002 年分析了将智能方法与 CA 结合应用的可能性，提出了一个智能模型——ANN - CA 模型[13]（ANN 即神经网络），并且用该模型模拟和预测了广东省东莞市城市生长。模型利用智能方法来寻找 CA 模型最佳参数，CA 模型参数的正确性在一定程度上可以决定模拟和预测结果的质量，因此线性无关的参数变量对模型的重要性不言而喻。CA 模型的核心是定义转换规则，该模型以不同年份的遥感影像数据为输入，从影像数据中提取参数信息，并将其离散化表示，最后利用智能方法迭代获取转换规则。之后，黎夏还提出了其他多种智能方法（遗传算法、蚁群优化算法、Fisher 判别、层次分析法、核学习机等）与元胞自动机结合建立的城市生长模型。图 6 - 3 是黎夏将遗传算法与 CA 相结合，建立智能模型，并以东莞市为例模拟和预测了城市的发展变化[14]。

张显峰等提出元胞自动机模型的扩展可以分为元胞空间、元胞状态、元胞状态转换规

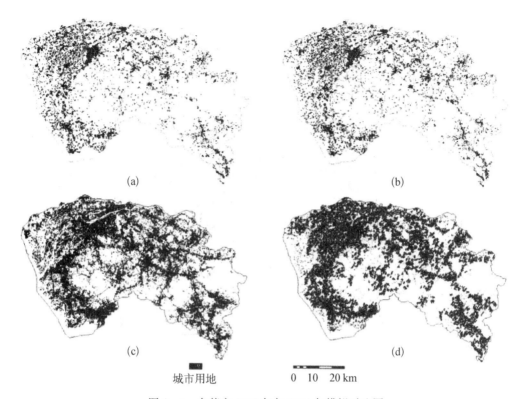

图 6 - 3 东莞市 1988 年与 2004 年模拟对比图

(a) 1988 年实际城市用地；(b) 1988 年(初始)模拟城市用地；(c) 2004 年实际城市用地；(d) 2004 年模拟城市用地

则和时间概念四个方面。基于此元胞自动机模型的扩展思路，通过将标准 CA 模型的四元组进行扩展，张显峰等建立了动态的 LESP 模型，并使用模型有效模拟了包头市的动态生长[15]。针对 CA 模型对于地理特征的描述存在一定的局限性，罗平将地理特征引入 CA 模型，以一种更加清晰的方式来阐述空间相互作用对象和局部演化规则，提出了 GeoFeature - CA 模型[16]，并有效地模拟了深圳的城市演化过程。

何春阳从外部约束性因素和城市单元自身扩展能力变化共同作用影响城市发展变化的角度，结合经济学 Titenberg 模型和元胞自动机模型提出了大尺度 CEM 模型，模拟和预测了北京地区城市生长过程[17]；并于 2005 年将 CA 与系统动力学模型结合起来，发展了土地利用情景变化动力学模型(land use scenarios dynamics model，LUSD 模型)，对中国北方 13 个省未来 20 年土地利用变化进行了情景模拟。

冯永玖等在自主开发的基于 GIS 的地理模拟框架下，以上海市嘉定区为例，利用元胞自动机模型模拟和重现了嘉定区 1989—2006 年城市生长过程，并预测了其 2010 年城市生长(图 6 - 4)的可能情形[18]。该 CA 模型基于 Logistic 方法，包括数据提取、模型建立、模拟执行三个部分。

2) 基于 CA 模型的城市辅助规划设计

黎夏和叶嘉安将约束性 CA 模型应用到广东省东莞市城市土地可持续发展规划中，其

图 6-4 利用扩展的 CA 模型预测 2010 年上海市嘉定区城市生长

后应用 CA 模型对东莞市的城市规划做了进一步模拟,提出了单中心/多中心、低密度/高密度等组合方案[19]。徐建刚从多方面、多层次构建了城镇空间发展元胞自动机模型,并成功运用到吴江市的城市规划中[20]。龙瀛使用约束性 CA 模型辅助城市规划空间形态的制定,给出相应的发展政策,并以北京城市规划空间形态为例进行了模型应用[21],具体结果如图6-5所示。

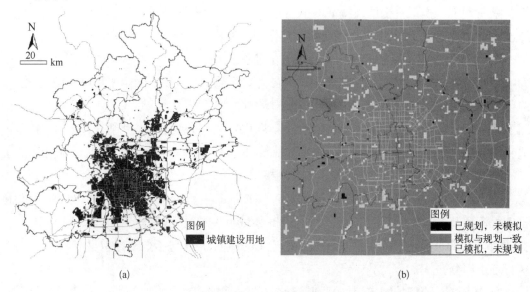

图 6-5 模拟结果与北京中心城区规划对比图

(a)模拟结果;(b)规划

另外,薛领、杨青生、柯长青、刘妙龙和刘小平等也在这方面做了一定的研究。

CA 模型在国内城市生长应用中的研究极少涉及基础理论的研究,一般集中于改善元胞自动机转换规则和调整最优参数,研究使用的数据大部分都是免费的低精度数据,虽然在一定程度上降低了研究成本、提高了运算速度,但是也降低了结果的精确度。总之,目前我国对于城市 CA 的研究尚处于初级阶段,同国外仍有一定的差距,应该逐步将研究重点从当前阶段转移至辅助城市规划设计中。

6.2 城市 CA 的原理

6.2.1 CA 的内部构造

元胞自动机主要由五个部分组成:元胞(cell)、元胞空间(lattice)、邻居(neighbor)、规则(rule)和时间(time),如图 6-6 所示。简单地讲,元胞自动机可以视为由一个元胞空间和定义于该空间的转换函数所组成,可以将其相应地归纳为结构部分和运算部分[7]。

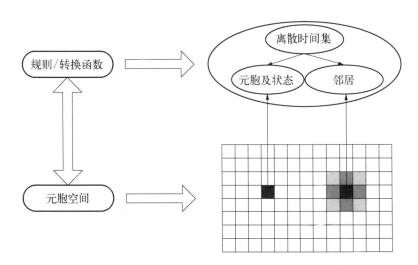

图 6-6 元胞自动机的内部构造

1) 元胞

元胞又可称为单元或基元,是元胞自动机的最基本的组成部分。元胞分布在离散的一维、二维或多维欧几里得空间的晶格点上,具有离散、有限的状态(state)。状态可以是 {0,1} 的二进制形式,或是整数形式的离散集。严格意义上,元胞自动机的元胞只能有一个状态变量,但在实际应用中,往往将其进行了扩展,例如每个元胞可以拥有多个状态变量,即"多元随机元胞自动机"模型。

2) 元胞空间

元胞空间所分布的空间网点集合就是这里的元胞空间。

（1）元胞空间的几何划分　元胞空间的划分在理论上可以是任意维数的欧几里得空间规则划分。目前研究主要集中在一维和二维元胞自动机上。对于一维元胞自动机，元胞空间的划分只有一种，而高维的元胞自动机，元胞空间的划分可有多种形式。最为常见的二维元胞自动机，其元胞空间通常可按三角、四方或六边形三种网格排列[22]，如图 6-7 所示。

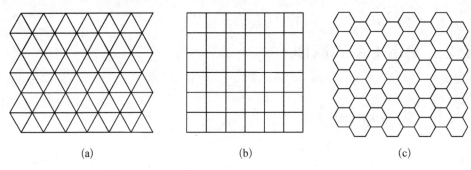

图 6-7　二维元胞自动机的三种网格划分

（a）三角网格；（b）四方网格；（c）六边形网格

这三种规则的元胞空间划分在建模时各有优缺点。三角网格的优点是拥有相对较少的邻居数目，这在某些时候很有用；其缺点是计算机的表达与显示不方便，需要转换为四方网格。四方网格可以形象地通过当前的计算机环境进行表达；其缺点是不能较好地模拟各向同性的现象。六边形网格的优点是能较好地模拟各向同性的现象，因此，模型能更加自然而真实，如格气模型中的 FHP 模型；其缺点与三角网格一样，在表达显示上较为困难和复杂。

（2）边界条件　理论上，元胞空间通常在各维向上是无限延展的，这有利于在理论上的推理和研究。但是在实际应用过程中，无法在计算机上实现这一理想条件，因此，需要定义不同的边界条件。归纳起来，边界条件主要有三种类型：周期型、反射型和定值型。有时，为了在应用中更加客观、自然地模拟实际现象，还有可能采用随机型，即在边界实时产生随机值。

① 周期型（periodic boundary）是指相对边界连接起来的元胞空间。对于一维空间，元胞空间表现为一个首尾相连的"圈"。对于二维空间，上下相接，左右相接，而形成一个拓扑圆环面（torus），形似车胎。周期型空间与无限空间最为接近，因而在理论探讨时，常以此类型作为实验空间。

② 反射型（reflective boundary）指在边界外邻居的元胞状态是以边界为轴的镜面反射。

③ 定值型（constant boundary）指所有边界外元胞均取某一固定常量，如 0、1 等。

需要注意的是，这三种边界类型在实际应用中，尤其是二维或更高维数的结构模式，可以相互结合。如在二维空间中，上下边界采用反射型，左右边界可采用周期型（相对边界中,不能一方单方面采用周期型)。

(3) 构型　在元胞、状态和元胞空间的概念基础上,引入另外一个非常重要的概念——构型(configuration)。构型是在某个时刻,在元胞空间上所有元胞状态的空间分布组合。通常,在数学上,它可以表示为一个多维的整数矩阵。

3) 邻居

元胞及元胞空间只能表示系统的静态成分,因此必须加入动态演化规则[7]。在元胞自动机中,这些规则是定义在空间局部范围内的,即一个元胞下一时刻的状态决定于本身状态和它的邻居元胞状态。因而,在指定规则之前,必须定义一定的邻居规则,确定哪些元胞属于该元胞的邻居。在一维元胞自动机中,通常以半径来确定邻居。距离一个元胞 r 半径范围内的所有元胞都被认为是该元胞的邻居。二维元胞自动机的邻居定义较为复杂,但通常有如图 6-8 所示的几种形式(以最常用的规则四方网格划分为例)。图中,黑色元胞为中心元胞,灰色元胞为其邻居,它们的状态一起来确定中心元胞在下一时刻的状态[23]。

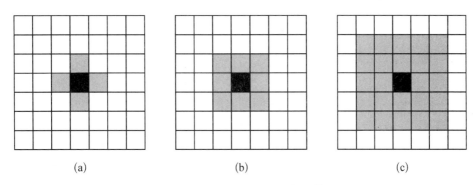

(a)　　　　　　　　(b)　　　　　　　　(c)

图 6-8　二维元胞自动机的邻居模型

(1) 冯·诺依曼型　一个元胞的上、下、左、右相邻四个元胞为该元胞的邻居。这里,邻居半径为1,相当于图像处理中的四邻域或四方向。其邻居定义为

$$N_{\text{neumann}} = \{v_i = (v_{ix}, v_{iy}) \mid \mid v_{ix} - v_{ox} \mid + \mid v_{iy} - v_{oy} \mid \leqslant 1, (v_{ix}, v_{iy}) \in \mathbf{Z}^2\}$$

$$(6-1)$$

式中,v_{ix}、v_{iy} 表示邻居元胞的行列坐标值;v_{ox}、v_{oy} 表示中心元胞的行列坐标值。此时,对于四方网格,在维数为 d 时,一个元胞的邻居个数为 2^d。

(2) 摩尔(Moore)型　一个元胞的上、下、左、右、左上、右上、右下、左下相邻八个元胞为该元胞的邻居。邻居半径为1时,相当于图像处理中的八邻域或八方向。其邻居定义为

$$N_{\text{moore}} = \{v_i = (v_{ix}, v_{iy}) \mid \mid v_{ix} - v_{ox} \mid \leqslant 1, \mid v_{iy} - v_{oy} \mid \leqslant 1, (v_{ix}, v_{iy}) \in \mathbf{Z}^2\}$$

$$(6-2)$$

式中,v_{ix}、v_{iy}、v_{ox} 和 v_{oy} 意义同前。此时,对于四方网格,在维数为 d 时,一个元胞的邻居个数为 $3^d - 1$。

（3）扩展的摩尔型　将以上的邻居半径扩展为 2 或者更大，即得到所谓扩展的摩尔型邻居。其数学定义可表示为

$$N_{\text{moore}} = \{v_i = (v_{ix}, v_{iy}) \mid\mid v_{ix} - v_{ox} \mid + \mid v_{iy} - v_{oy} \mid \leqslant r, (v_{ix}, v_{iy}) \in \mathbf{Z}^2\} \quad (6-3)$$

此时，对于四方网格，在维数为 d 时，一个元胞的邻居个数为 $(2r+1)^d - 1$。

（4）马哥勒斯(Margolus)型　这是一种与以上邻居模型迥然不同的邻居类型，它是每次将一个 2×2 的元胞块做统一处理，而上述前三种邻居模型中，每个元胞是分别处理的。这种元胞自动机邻居是由于格子气的成功应用而受到人们关注的。

4）规则

根据元胞当前状态及其邻居状况确定下一时刻该元胞状态的动力学函数，即状态转移函数。将一个元胞的所有可能状态连同负责该元胞的状态变换的规则一起称为一个转换函数。这个函数构造了一种简单的、离散的空间/时间范围的局部物理成分。要修改的范围内采用这个局部物理成分对其结构的"元胞"重复修改。这样，尽管物理结构的本身每次都不发展，但是状态在变化。记为 $f: S_i^{t+1} = f(S_i^t, S_N^t)$，$S_N^t$ 为 t 时刻的邻居状态组合，f 为元胞自动机的局部映射或局部规则。

5）时间

元胞自动机是一个动态系统，它在时间维上的变化是离散的，即时间 t 是一个整数值，而且连续等间距。假设时间间距 $d_t = 1$，若 $t = 0$ 为初始时刻，那么 $t = 1$ 为其下一时刻。在上述转换函数中，一个元胞在 $t+1$ 时刻的状态直接决定于 t 时刻该元胞及其邻居元胞的状态，虽然 $t-1$ 时刻的元胞及其邻居元胞的状态间接（时间上的滞后）影响了元胞在 $t+1$ 时刻的状态。

6.2.2　CA 模型的基本特征

从元胞自动机的构成及其规则上分析，标准的元胞自动机应具有以下几个特征[24]：

（1）开放性和灵活性　CA 没有一个既定的数学方程，只是采用"自下而上"建模原则的模型框架，可以根据不同应用领域构筑相应的专业模型。这和运用微分方程或物理模型从宏观上描述空间现象的传统方法是对立的，前者更符合人们认识复杂事物的思维方式。而且，CA 模型具有不依比例尺的概念，元胞只是提供了一个行为空间，时空测度的影响可由转换规则来体现，因此，CA 模型可以用于模拟局部的、区域的或大陆级的演化过程。

（2）离散性和并行性　即空间的离散性、时间的离散性和状态的有限离散性。这适合于建立计算机模型和并行计算特征，将元胞自动机的状态变化看成对数据或信息的计算或处理，而且这种处理具有同步性。

（3）空间性　以栅格单元空间来定义元胞自动机，能很好地和许多空间数据集相互兼容。

（4）局部性　即时间和空间的局部性，每一个元胞的状态，只对其邻居元胞下一时刻的状态有影响。从信息传输的角度来看，CA 中信息的传递速度是有限的。

（5）高维性　在动力系统中一般将变量的个数称为维数，从这个角度看，元胞自动机的维数是无穷的。

目前，许多 CA 模型已经对其中的某些特征进行了扩展。上述特征中，开放性、并行性、局部性是元胞自动机的核心特征，在对 CA 的扩展中应该保持这些核心特征。

6.2.3　CA 与地理复杂系统的结合应用

1）CA 与 GIS 的相互关系

地理信息系统是在计算机硬、软件系统支持下，对整个或部分地球表层（包括大气层）空间中的有关地理分布数据进行采集、储存、管理、运算、分析、显示和描述的技术系统。空间分析能力是 GIS 的主要功能，也是 GIS 与计算机制图软件相区别的主要特征[25]。空间分析是从空间物体的空间位置、联系等方面去研究空间事物，以及对空间事物做出定量的描述。一般来讲，它只回答 What(是什么？)、Where(在哪里？)、How(怎么样？)等问题，但并不(能)回答 Why(为什么？)。空间分析需要复杂的数学工具，其中最主要的是空间统计学、图论、拓扑学、计算几何等，其主要任务是对空间构成进行描述和分析，以达到获取、描述和认知空间数据；理解和解释地理图案的背景过程；空间过程的模拟和预测。

地理信息系统的出现极大地推动了地理学的空间分析，但在现阶段，空间分析与地理信息系统之间仍缺乏相互沟通。研究和发展空间分析理论与技术及其地理信息系统的相互联系，是目前地理学研究的一项重要任务。

CA 是一个有效的、典型的动态时空分析模型，将 CA 模型与 GIS 有机集成，对提高 GIS 的分析功能和扩大应用范围具有重要意义。同时，与 GIS 的集成也是 CA 实际应用的需求和必要条件，是 CA 建模和应用的重要构成部分。

（1）GIS 的空间数据输入、转换、管理等功能可以为地理元胞自动机模型提供所需要的特定格式的地理数据。

（2）借助地理信息的强大的可视化功能，可以实现模型计算的可视化和运算结果的输出。

（3）在统一的 GIS 平台上，可以实现 CA 模型与其他应用模型的接口。

（4）与 GIS 集成可以加强模型的可运行性和可操作性，增强模型的实用化性能。

因此，GIS 和 CA 时空动态模型的集成，既可以增强 GIS 的空间分析与应用的能力，又可以协助模型的构建，提高模型的实用性和运行性能，两者相得益彰。

然而，如何将 CA 与 GIS 有机地结合起来是目前地理学研究的一个难题。CA 是一个动态模型，它不仅要处理空间信息，更重要的是要反映空间现象随时间的动态变化，而这恰恰是目前 GIS 数据模型所缺乏的。CA 模型通常是独立于 GIS 在各自的领域发展起来的，

GIS 的数据模型仍然缺乏环境模拟所需要的时空结构。GIS 软件无法同时处理空间和时间数据结构的可变性。

2) CA 与 GIS 常用的集成方式

CA 与 GIS 常用的集成方式有耦合(coupling)和嵌入(embedding)两大类,四种形式[2]。如图 6-9 所示。

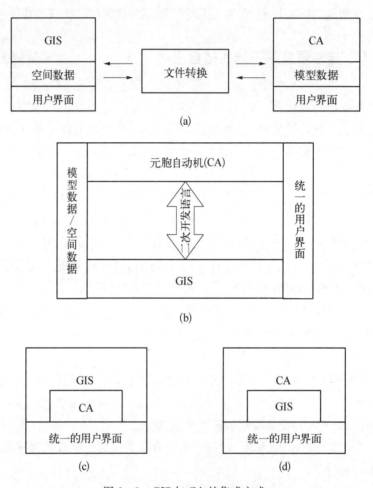

图 6-9　GIS 与 CA 的集成方式

(a) 松散耦合型;(b) 紧密耦合型;(c) GIS 核心型;(d) CA 核心型

(1) 松散耦合型　模型系统与地理信息系统相互并行、独立,两者之间的通信依靠中间文件。这种结合形式有利于同时发挥出两者的优势,具有较强的灵活性,同时它对编程没有很高的要求。但是由于各自有独立的数据信息,必然导致模型存在数据冗余,数据处理的效率低,大量烦琐的数据操作也导致了可操作性差,难以满足实时计算。Clarke 和 Gaydos 的 SLEUTH 采用的就是这种方式,模拟和预测了美国旧金山湾区和华盛顿巴尔的摩地区城市的发展。

(2) 紧密耦合型　以 GIS 为平台,用 Mapbasic、Avenue、AML 等二次开发语言或脚本语言开发城市 CA 模型。对于城市 CA 模型而言,由于 GIS 数据的栅格结构与元胞空间具有结构上的天然相似性,这减少了很多的工作量。但是使用二次开发语言开发的集成系统的效率往往较低,由于要执行大量的读取磁盘操作,也难以实现数据处理的实时性。Xie 在他的博士论文中以 ArcView 为平台,用 Avenue 开发了 DUEM 模型,并用模型对布法罗的城市发展进行了模拟和预测。

(3) GIS 核心型　这也是一种紧密集成方式,以 GIS 为核心,所有的计算和模拟操作都是在 GIS 平台上完成的,需要在 GIS 内嵌入合适的元胞自动机模型,这种集成方式可以在真正意义上实现无缝连接。既可以充分利用 GIS 灵活性,又能保证有不错的运行速度和精度。但是,目前的 GIS 开发商只提供了一些简单的功能,而具有高级功能的 GIS 软件是要收费的,而且,这种集成方式需要 GIS 专家和元胞自动机模型专家相互协作。现在只有极少数的 GIS 软件内嵌有 CA 处理模块,IDRISI 在 16.0 以及之后的版本中都集成了马尔可夫链-元胞自动机模型,这也提供了一个空间复杂系统构模的新方法。

(4) CA 核心型　这也是一种紧密集成方式,以元胞自动机模型为核心,借助高级程序设计语言设计相应的城市 CA 模型,并开发一些模型必要的地理信息系统功能。这种可以自由独立编程的方式使得 CA 模型的设计具有很高的自由度,同时,与以 GIS 为核心的集成方式不同,摆脱了 GIS 软件的束缚,运行模型的效率相对较高。然而,这种集成方式不仅对于程序设计有较高的要求,也要求设计者对 GIS 相关功能的原理有深入的了解,同时掌握这两种技术有一定难度,而且学者们设计模型时往往没有精力去考虑界面的可操作性、界面美观、系统鲁棒性等,与大公司的商用系统存在不小的差距。

上面四种集成方式,前两种属于耦合型,后两种则属于嵌入型,可以在不同情形下选择不同的集合方式。在目前的科学研究中,一般选取第四种,即以 CA 为核心,在模型中嵌入 GIS 功能的方式[26],如图 6-10 所示。

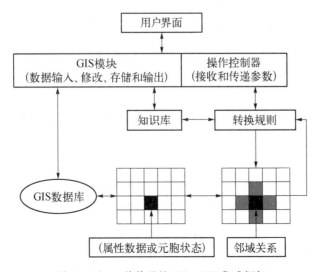

图 6-10　一种普通的 CA-GIS 集成框架

6.2.4　城市生长模拟的原则与方案

利用城市生长模型模拟城市的动态变化是一项艰巨的任务。国内外很多学者都对城市生长模型进行了细致的研究,构造了相应的城市动态模拟模型。科学研究表明,研究城市的生长必须从空间个体行为的微观尺度入手,在较高的时空分辨率下理解城市的动态特征。根据前文所述,可以使用CA模型自下而上地模拟城市的动态生长与城市空间结构和形态的变化。这对于城市规划部门、政府管理部门等城市发展政策的决策者制定合理的城市发展计划和区域持续发展政策具有重要的指导意义。

总结前人经验,结合城市动态变化的特点,利用城市生长模型模拟和预测实际城市的增长,需要遵循以下原则[2]:

(1) 从定性到定量综合集成方法　"数据＋模型＝结果"的研究模式长期存在于城市生长的研究中,但是这种研究模式不顾城市发展的复杂性和特殊性,是不可取和危险的。从定性到定量综合集成研究是空间复杂系统研究的基本原则,利用城市生长模型进行城市动态模拟时,也要遵循这一原则。也就是说,利用模型研究一个城市的发展变化时,首先必须对城市发展的特征进行各种定量、定性的分析,从而获取城市生长最重要的几个影响因子。在这基础上,才能够选取合理的模型参数、研究范围、模型的初始状态和主要控制因素,从而利用城市生长模型进行城市发展的模拟和预测。因此,对城市的定性分析是非常必要的,也是非常重要的。

(2) 宏观社会、经济动态模型的耦合　由于社会经济因素的变化,城市生长过程的影响因子是不断变化的。在利用城市生长模型进行城市生长模拟和预测时,需要根据不同时期的社会经济条件随时调整输入参数。而宏观社会经济指标的发展变化模拟,恰是城市系统动力学、人口预测模型、经济增长模型等区域动态模型的优势。所以在预测和模拟城市的生长变化时,需要将宏观社会经济动态模型与城市生长模型动态耦合起来,全面而合理地反映城市发展的动态特征。

(3) 控制层因素的引入　在实际城市的模拟中,政府制定的发展政策和地形因素往往会决定城市生长的方向。因此,必须将这些因素引入到模型中。综合社会、经济与自然等各方面因素,经过空间叠合等操作模拟城市生长的结果具有更高的准确性。

(4) GIS的支持　GIS的支持是城市生长模型运行的基本保证。不同于虚拟城市的模拟,实际城市的动态模拟和预测有以下特点:

① 数据量大。有两个方面的含义:一是数据层面多,城市生长的模拟和预测需要城市发展的不同年份数据的支持。实际城市的生长模拟往往还需要引入交通、地形、气象环境等空间因素,因此,需要系列的、多层次的空间数据支持;二是每一层表示实际城市地理特征的空间数据量非常大。

② 数据处理和分析任务重。数据量越大,分析数据的工作必然越烦琐。空间数据的数

据格式往往是矢量格式,而城市生长模型需要的是栅格格式,因此,需要大量的矢量到栅格的转换工作。另外,产生模型所需的种子点以及模型模拟结果分析等过程,需要大量的空间叠置等数据计算和操作。

③ 输出要求较高。模型模拟的结果需要以直观的方式呈现出来,这就要求对结果进行进一步处理,叠合一定的地理要素,增加图例、图名、标记和其他地图要素,以供最终用户参考。

根据上述原则,进行城市生长动态模拟的基本方案如图 6-11 所示[27]。

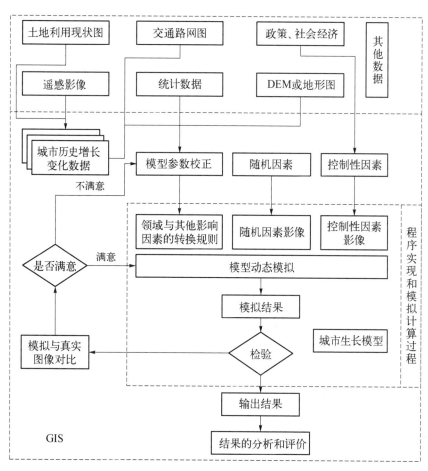

图 6-11　利用城市生长模型预测动态模拟和预测城市增长的方法框架

在这个方法框架中,包含有四个组成部分:数据、GIS、社会经济模型和城市生长模型。其中,城市生长模型处于核心地位,主要用来模拟城市的空间增长变化;土地利用现状图、交通路网图、遥感影像、DEM 或地形数据是 GIS 的基本数据;把社会经济模型引入系统中,将政策、社会经济设定为控制层校正参数。GIS 则提供了分析和处理数据所必需的一些空间功能。系统的四个部分紧密结合,缺一不可。

6.2.5 CA 模型在城市生长研究中应用的局限性

元胞自动机在地理学应用中有一定的优越性,然而,它的一些优越性在有些时候会转变为缺点,在一定程度上限制了城市生长的研究。具体如下:

(1) 时间对应问题 在元胞自动机模型中,时间并没有明确的定义,是一个抽象的概念,模型的一次迭代对应的时间对于真实城市来说到底是一年、一个月还是一天并不十分明确,研究者往往只能根据经验判断。

(2) 元胞空间划分问题[28] 元胞自动机是面向抽象的空间划分的,划分空间具有离散、规则的特点。不同城市的空间具有不同的大小,同一城市也有很多种不同分辨率的遥感影像数据;城市单元中不同的土地利用类型的空间尺度也不统一,如居住用地单元相对于工业用地单元的空间尺度要小。如何根据真实城市的具体情况确定一个合适大小的细胞,是城市 CA 模型在应用中必须解决的一个难题。

(3) 转换规则定义问题 转换规则的定义是城市 CA 模型的核心,制定规范完整的规则有利于模型取得更好的效果。现有的研究中的局部规则往往是根据前期实践的经验或直觉产生的,这种规则具有很大的不确定性,对一个特定的城市这个规则可能适用,但是推广到其他城市时则无法满足要求,严重影响了城市 CA 模型的实用性。

(4) 简单性与真实性矛盾问题 元胞自动机能够简洁地描述空间复杂系统的动态变化,但是人们不禁怀疑真实的复杂系统是不是这样演化的,真实性是 CA 模型面临的最大质疑。问题在于: CA 模型只考虑到系统元素之间的局部作用,而忽略了宏观因素;模型的因素层过于单一,元胞的演化往往只取决于相邻细胞的状态变化,而忽略了其他因素的影响。因此,在 CA 模型的实际应用中,不能只寻求简单性而忽略了真实性要求,同时,CA 模型也不能只追求真实性而把模型搞得太过繁杂,而失去模型本身的优势所在。

(5) 与 GIS 集成问题 由于 CA 模型本身并不带有空间分析功能,所以 CA 必须与 GIS 结合起来。虽然元胞与 GIS 栅格数据具有空间结构上的天然相似性,但是 GIS 软件往往缺乏时间的概念,而 CA 模型是一个时空动态模型,这也增加了两者的集成难度。

6.3 其他城市生长模型

6.3.1 CLUE - S

1) CLUE - S 模型的研究进展

CLUE - S(conversion of land use and its effects at small region extent)模型是荷兰瓦

赫宁根大学(原瓦赫宁根农业大学)的 P. H. Verburg 等科学家在较早的 CLUE 模型的基础上开发的。自模型推出以来,已经在很多领域有所应用。

P. H. Verburg 使用 CLUE-S 模型模拟预测了 30 年后欧洲可能的土地利用变化格局(图 6-12)。他以 1 000 m×1 000 m 为基本单元格,首先利用经济模型和评估模型计算出了未来的土地需求量,然后分别对可能的四种发展情形做出了模拟和预测。这四种情形分别是:经济全球化、区域一体化、欧洲一体化、全球协作[29]。

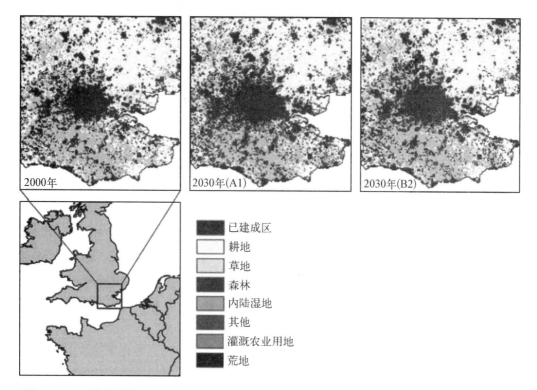

图 6-12 经济全球化(A1)和区域一体化(B2)条件下英国东南部地区 2000—2030 年土地利用变化

Wytse Engelsman 以 CLUE-S 模型为基础,研究模拟了 1999—2014 年马来西亚中西部的 Selangor 河谷盆地的土地利用情况。研究以 750 m×750 m 为基本单元格,对三次不同发展情形分别做出了模拟[30]。

Koen P. Overmars 与 P. H. Verburg 利用 CLUE-S 模型研究模拟了菲律宾圣马力诺地区的土地利用变化情况(图 6-13)。研究以 2.5 km×2.5 km 为基本单元格,模拟预测了 2022 年当地农作物可能的分布情况[31]。

针对西非地区土地利用退化严重现象,Deng 等在 IMPETUS 项目的支撑下,以 CLUE-S 模型为基础研究模拟了贝宁湾地区的土地利用变化情况[32]。

结合基于智能体的模型与 CLUE-S 模型,Castella 模拟了越南山区土地利用格局变化[33]。

国内对 CLUE-S 模型的研究极少涉及理论,一般集中在 CLUE-S 模型的具体应用。

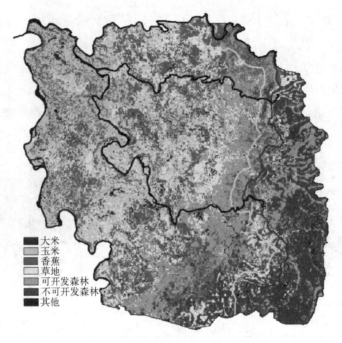

图 6-13　菲律宾圣马力诺地区 2022 年土地利用分布预测结果

谭永忠等以浙江省海盐县为研究区域,利用研究区 1986 年土地利用空间数据,综合道路、河流、港口、海拔、居民点、城镇化水平、农民人均收入等因子,以 CLUE-S 为基础,根据三种不同的发展情景模拟和预测了研究区 20 年以后的土地利用空间变化格局[34]。

段增强等提出了改进的 CLUE-SII 模型,并以 1991 年土地利用状况为基础模拟了 2001 年土地利用空间格局,模拟结果有较高的准确性[35]。模型实现了土地利用中的邻域分析和对土地利用变化中的自组织过程模拟。该改进模型基于土地利用变化是在土地利用驱动力作用下而产生的这一基本假设,通过 Logistic 回归来获取土地利用驱动力和土地利用之间的定量关系。

摆万奇等以三个不同年份的遥感影像和 1:25 万数字高程模型及多种历史文献资料为基础,分析了大渡河上游地区 18 665 km² 范围内的土地利用变化格局[36]。作者使用 Logistic 回归方法,通过空间分析,选取出比较关键的影响因素,确定了不同地类的主要驱动力及其定量关系,证明了 CLUE-S 模型的有效性。

盛晟等基于 CLUE-S 模型,利用 Landsat TM 遥感影像与相关数据,以 300 m×300 m 为基本单元格,模拟了南京地区 1998—2006 年的土地利用时空变化格局。研究结果表明,CLUE-S 模型对城市发展的空间结构有较强的预测能力,对指导城市规划、分析景观动态的驱动机制有重要参考价值[37]。

于书媛等分析了徐州市三个不同年份的遥感影像图,通过遥感影像分类的方法获取该区过去 13 年间的土地利用变化情况。他们运用 CLUE-S 模型成功模拟了 2000 年的土地利用空间变化状况,并与 2000 年实际遥感影像相对比,计算出 Kappa 指数为 0.846,达到精度要求,最后还运用 CLUE-S 模型,以 6 年为一个时间单位模拟徐州市未来 12 年的自然状态和生态保护状态下的土地利用变化情况[38],如图 6-14 所示。

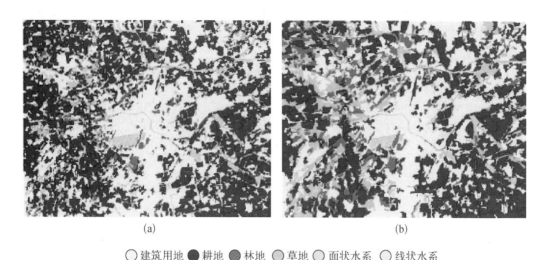

(a)   (b)

○建筑用地 ●耕地 ●林地 ○草地 ○面状水系 ○线状水系

图 6-14　两种情景下 2012 年徐州市土地利用变化预测结果
(a) 2012 年自然增长情景下的土地利用图;(b) 2012 年生态保护情景下的土地利用图

　　为探讨西部干旱区城市化进程中土地利用时空演变规律,宋哥、王金朔等以库尔勒市为研究对象,依据 1998 年、2005 年和 2010 年三期遥感影像及相关社会经济数据,分析研究区域快速城市化进程中的土地利用结构变化,并以 2010 年土地利用格局为基础,采用 CLUE-S 模型分别模拟了自然增长、水资源约束和生态保护情景下研究区 2020 年的土地利用格局[39],如图 6-15 所示。

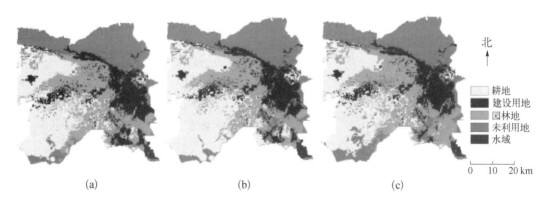

北

耕地
建设用地
园林地
未利用地
水域

0　10　20 km

(a)   (b)   (c)

图 6-15　2020 年库尔勒土地利用情景模拟
(a) 自然增长情景;(b) 水资源约束情景;(c) 生态保护情景

2) 模型结构

　　CLUE-S 模型认为土地利用需求是引起土地空间格局变化的驱动因素,而且城市土地空间格局总是和自然社会经济环境处于某种平衡。在此基础上,CLUE-S 模型使用系统论的方法处理不同土地利用类型之间的竞争关系,实现对不同土地利用变化的同步模拟[40]。

CLUE－S模型由空间特征、土地需求、土地利用类型转换规则、土地政策与限制区域和土地利用变化分配过程五部分组成(图6-16)。

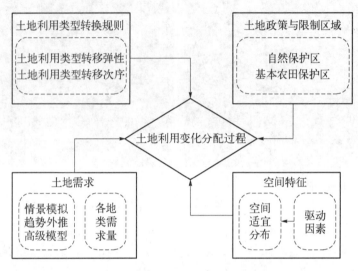

图6-16　CLUE－S模型结构组成

（1）土地利用类型转换规则包括土地利用类型转移弹性和土地利用类型转移次序两部分。土地转移弹性的大小表明了相应土地类型转换成其他土地利用类型的概率大小,这个大小处于0～1。学者们提出了很多方法来确定该参数,但是目前并没有一种权威的方法。大多数还是使用基于自身经验以及直觉的方法,伴随着模型的建立实时调整参数。

（2）土地政策与限制区域用来限制某些特定的土地类型的转化,这些土地类型包括自然保护区、基本农田保护区、历史文化古迹等。

（3）土地需求的总变化量总是为0,每种土地类型的变化量可以为正数或者负数,计算求出的结果必须以逐年的方式输入模型,土地需求将决定模拟结果中各地类的面积。

（4）空间特征模块计算各个土地类型在空间上分布的适宜性。空间分布因素是影响土地类型转化的主要因素。在CLUE－S模型中,用Logistic回归计算影响因子的重要程度,可以从计算结果中选取最重要的几个作为模型的输入参数,而忽略那些对结果影响不显著的变量。用ROC(relative operating characteristics)曲线检验不同土地利用类别回归方程的拟合度,根据曲线下的面积大小判断计算结果的可信度。当该值在0.5～1时,说明结果可信度较高,结果较精确。

（5）空间分配是通过多次迭代实现的,以土地利用转换规则、土地利用限制区域、土地利用空间分布概率和基期年土地利用类型图分析为基础,根据总概率的大小对土地利用需求进行空间分配的过程。

3）空间分析

土地利用格局与区域的自然社会经济环境具有很高的相关性，然而这种相关性很难定量地表示出来，GIS 有很强的空间分析功能，可以将这些土地利用数据和影响因子转换成易于 GIS 处理的栅格数据，因此可以尝试通过借助 GIS 来反映这种相关性[41]。值得注意的是，所有数据的空间分辨率应该一致。

在对土地利用类型及其驱动因子的相关性研究中，常使用 Logistic 逐步回归进行分析。在 CLUE - S 模型中，根据自然社会经济等驱动因子，运用 Logistic 回归可以判断每个栅格单元出现某一种地类的概率。二元 Logistic 回归以自变量作为预测值，通过计算事件的发生概率来解释土地利用类型与其驱动因子之间的关系。

Logistic 回归模型的分析结果是 Logistic 系数的指数，这个指数代表一个事件的发生比率。Exp(B) 表示随着驱动因素的值的变化，其对应的土地利用类型概率也发生变化的情况。Exp(B)＞1，发生概率增加；Exp(B)＝1，发生概率不变；Exp(B)＜1，发生概率减小。

在检验回归结果时，不能像其他回归方法一样使用 R^2 对回归效果进行检验。针对这种情况，目前普遍使用的是 ROC 方法，这种方法可以对 Logistic 回归结果进行有效检验。该方法的检验结果是 ROC 曲线，可以根据曲线下的面积的大小来判断拟合度。当值介于 0.5～1 时，值越大，Logistic 回归方程就能更好地表达土地利用类型的空间分布概率，土地利用类型的分配就越精确。值大于 0.7 时，就表明所选择的驱动因子可以很好地解释土地利用空间格局。

4）转换规则

各土地利用类型在模拟期内发生改变的难易程度由每一土地利用类型的转换规则确定。

在 CLUE - S 模型中，研究者需要通过了解研究区域之前的土地利用类型演变情况以及直觉预测，设置各个土地利用类型转换的稳定程度。通过每一土地利用类型的转换规则确定研究单元在模拟时是否发生改变。ELAS 参数的设置可以分为以下三种情况：

（1）对于土地利用类型相对稳定的单元，ELAS 设为 1　土地在转化为其他利用类型后，短时间内是不会改变的。例如草地和农用地转化为建设用地后，土地利用类型一般要几十年的时间才会发生变化，只有在模拟时该土地利用类型的需求量出现急速降低现象，才考虑类型的转换，如果需求量上升，那么基本不考虑该土地类型转换的可能性。

例如，城镇周边的未利用地或其他农用地因为城市建设发展需要，容易转化为城镇用地，其稳定程度较低。通常情况下，CLUE - S 模型不会控制该类地类转变为其他地类。

（2）对于转换概率极大的土地单元，ELAS 参数可以设为 0　例如，城镇用地旁的农用地或者未利用地，由于城市扩张的需要，很容易就能转换为城市建设用地。在这种条件下，CLUE - S 模型不会控制该土地利用类型转变。

（3）有些土地单元类型发生转换的难易程度介于以上两种情况之间，根据实际情况将

ELAS 设为 0～1 的某一值 值得注意的是,这种类型的参数主要依靠研究者过去的经验以及直觉设置,并且在模拟实验的过程中根据结果调整参数值。

总之,在 CLUE-S 模型的应用过程中,必须根据不同情景调整 *ELAS* 参数。土地单元越稳定,*ELAS* 的值就越大;土地利用类型发生变化的概率越大,*ELAS* 的值就越小。研究者对研究区土地利用变化情况的理解会对参数的设置产生影响,在对 CLUE-S 模型实验的过程中,在验证结果的同时也要根据结果的准确性调整参数。

5) 动态模拟

土地利用动态模拟是在对空间格局分布概率、相互转换规则和各土地利用类型数量需求规模基础上,根据总概率 *TPROP* 对土地利用需求进行空间分配[42],这种分配是通过以下的公式经过多次迭代(图 6-17)实现的。

$$TPROP_{i,u} = P_{i,u} + ELAS_u + ITER_u \qquad (6-4)$$

具体步骤如下:

(1) 首先确定研究区中能参与模拟的栅格。有些栅格由于受约束条件的限制,不能参与下一步的计算。

(2) 土地单元 u 的总概率可以根据式(6-4)计算。$ITER_u$ 是土地利用类型 u 的迭代变量。$ELAS_u$ 是根据上述土地利用转换规则设定的。

(3) 将相同的迭代变量($ITER_u$)赋给各土地利用类型,将不同土地利用类型的总概率($TPROP$)从大到小排序,然后对栅格的土地利用类型进行初次分配。

(4) 根据第(3)步求出来的结果,比较土地利用类型的初次分配面积和需求面积的大小。如果土地利用初次分配的面积大于需求面积,减小 $ITER_u$ 的值;反之,就增大 $ITER_u$ 的值,之后对土地利用类型面积的变化进行第二次分配。

(5) 循环执行第(2)～(4)步,终止条件是土地利用变化的分配面积等于需求面积,然后,保存该年的分配图并开始对下一年土地利用类型面积进行分配。

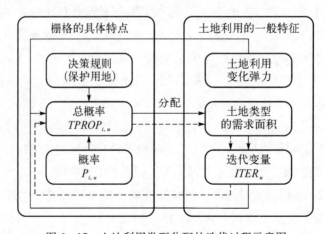

图 6-17 土地利用类型分配的迭代过程示意图

6) CLUE - S 模型特点

通过模型之间的对比分析,并结合案例研究,可知 CLUE - S 模型具有以下特点:

(1) 综合性　具有较好的综合性是处理土地类型变化这一复杂系统的基本素质。CLUE - S 模型是一个以系统理论为基础,综合考虑自然社会条件驱动因子的多尺度动态模型,采用了多种不同的建模技术。其本质是将不同的模型有机地综合起来,综合描述社会、经济、环境和制度因素问题,从而寻求最合适的问题解决手段。CLUE - S 模型中,可以实现三个层面的综合:

① 自然驱动因子与人文驱动因子的综合,将两者统一在综合转换概率这一量化指标中。

② 空间分析与非空间分析的综合,模型采用迭代分析方法,有机地将空间分析中产生的综合转换概率与非空间分析中的土地需求结合起来。

③ 基于经验的模型和基于过程的模型的综合,增强了模型的可信度,也使得模型具有更强的解释能力。

(2) 开放性　CLUE - S 模型相比其他 LUCC(土地利用和覆盖变化)模型具有更好的开放性:

① 土地类型转换影响因子的开放性,对不同分辨率、不同研究区域、不同数据来源的研究,可以采用多种定性或定量的研究方法来验证影响因子与土地类型转换的关系。

② 土地转化参数的开放性,可以综合土地政策等因素对土地类型转换的影响,根据实际情况,研究者依靠经验和直觉在实验过程中调整参数,从而校正土地利用综合转换概率。

③ 土地需求面积计算的开放性,可以综合运用多种数学和经济学模型。开放性特点可以使 CLUE - S 模型通过迅速消化吸收其他模型的先进性实现自身的改进更新。

(3) 空间性　空间性是 CLUE - S 模型的一个重要特征。综合考虑社会经济环境影响因子,模拟区域土地利用变化过程,在揭示区域驱动机制(时空针对性)和区域调控对策方面具有重要意义。模型属于自顶而下结构(top-down)的模型,特点是在宏观尺度上确定研究区土地利用类型面积需求的变化,并向低层次的空间单元逐级进行配置。研究土地利用变化用到的基础数据在 CLUE - S 模型中可以得到有效处理,如 GIS 数据、经济人口数据等。由模拟结果推导出的结论可以用于辅助城市规划。

(4) 竞争和效率　在 CLUE - S 模型中,同一栅格在给定的不同发展情景下能够有不同演化方式,有效地模拟了土地单元的竞争现象。在一定条件下运行模型得出的结果可以"将最适宜的土地分配到最需要的利用类型中"。可以类比为经济学中的"帕累托效率"(Pareto efficiency)。因此,CLUE - S 模型可以有效指导土地利用格局的优化。

7) CLUE - S 模型发展趋势

从 CLUE - S 模型目前的研究进展来看,CLUE - S 模型的发展趋势主要有以下两个方面[43]:

(1) 提高 CLUE - S 模型对土地利用变化模拟的精确度　Pontius 等对包括 CLUE - S

模型和 CLUE 模型在内的 9 个模型共 13 个案例的研究结果进行了比较,发现参与比较研究的模型对模拟土地利用变化都存在一定范围的误差。目前,提高 CLUE-S 模型精确度的研究主要集中在两个方面:一是界定模型本身的适用性,如研究区的区域特征、研究空间尺度、模拟时间长度等;二是改进模型中模块的设置,如在土地需求计算嵌入其他模型、在驱动因子分析引入空间变量等。

(2)将模型推广到其他研究领域中　CLUE-S 模型作为一种较为成熟的土地利用变化模型,可以广泛应用到多个领域的研究中,如政策效应模拟、生态安全格局构建、经济社会发展等,在其他与 LUCC 密切相关的研究领域也有较大的利用空间。挖掘 CLUE-S 模型在研究中的工具价值,也是进一步深化 CLUE-S 模型的重点方向之一。

6.3.2　多智能体系统

传统的计算系统是封闭的,需满足一致性的要求,然而社会机制是开放的,不能满足一致性条件,这种机制下的部分个体在矛盾的情况下,需要通过某种协商机制达成一个可接受的解。Minsky 将计算社会中的这种个体称为智能体。这些个体的有机组合则构成计算社会——多智能体系统。

1) 智能体的相关概念

(1)智能体　Minsky 教授在 *Society of Mind* 一书中首次中提出智能体(Agent)概念,智能体的目标是认识与模拟人类智能行为。现在关于智能体有很多种定义,其中的一个定义是"智能体是指驻留在某一环境下,能持续自主地发挥作用,具备驻留性、反应性、社会性、主动性等特征的计算实体"。大部分研究者认可这种说法。

图 6-18 环境中的智能体

图 6-18 是智能体的一个抽象视图。从图中可以看出智能体通过动作输出影响环境,而环境也可以通过传感器输入影响智能体,两者通过不同的方式影响对方的演化进程。

智能体代表一种真实的或抽象的实体(entity),它们之间既可以相互作用,又可以与环境相互作用。智能体共同生存在一个环境中,都能够自主地活动,同时它们的行为也会受环境及其他智能活动的影响。

智能体通常需要有以下特征[44]:

① 自主性。智能体首先必须是一个可以独立自主运行的实体,可以不受他人控制,自主性是智能体与其他抽象概念不同的最基本特性。

② 能动性。智能体在环境中不是孤立的,一方面可以通过自主行为影响环境,另一方面环境中的其他个体的行为也会对智能体产生影响,对于环境的变化,智能体会表现出有意识的和目标导向的行为。这个特性也使得智能体与其他建模方法相比具有一定的优越性,能够应用到经济、人口、社会等领域的建模中。

③ 社会性。智能体之间能够互相交流、沟通,到一定程度时甚至可以竞争和协作,这样就形成了一个以智能体为主体的社会(agent society)。

④ 延续性。智能体应具有保持自身运行状态不变的能力。

⑤ 适应性。智能体在环境中可以通过不断的学习来适应环境的变化。

⑥ 协作性。智能体之间应该能够相互合作,从而完成一些复杂的任务。

⑦ 诚实性。智能体应该忠于其使用者,不刻意隐瞒和欺骗。

⑧ 理智性。智能体会做对自己最有利的决定。

智能体还应有一些其他特性,如实时性、推理性、进化性等,不同的研究领域对于智能体的特性有着独特的要求,例如对于人工智能专家来说,智能体应具有诸如信念、承诺,甚至情感等高级拟人的特性。目前智能体几乎不可能具备上述的所有特性,在实际应用中,一般会根据需要设计智能体应该具有的特性。

(2) 环境 智能体所处的环境可以分为以下几类:

① 确定性的与非确定性的。确定性指的是在环境中,对于同一个动作,每次执行都有确定的效果,动作执行之后智能体的状态不会出现不确定的情况。

② 离散的与连续的。若环境可以感知有限数量的确定性的动作,那么环境是离散的。

③ 可观察的与不可观察的。可观察指的是智能体可以通过观察获得全面的环境信息。

④ 静态的与动态的。静态环境是指只要智能体没有动作,环境就不会发生改变;而动态环境指的是环境受除智能体以外的其他因素的影响,即使智能体没有动作,环境也会发生改变。

(3) 多智能体系统 多智能体系统是在计算机学科里发展起来的一种全新的分布式计算技术。它自 20 世纪 70 年代末出现以来,发展迅速,目前已经成为一种进行复杂领域建模的有效工具。在实际应用中,单个智能体无法有效描述和解决大规模复杂问题,自然而然地,人们就想到了可以将多个智能体结合起来,这样就形成了多智能体系统[45]。由于智能体具有自主性、协作性、社会性等特征,它们能够通过相互协作运行解决复杂问题。

多智能体系统在现代计算机科学及其应用领域扮演着重要的角色[46]。现代计算平台和计算环境不仅是开放的和异质的,而且是大型分布式的,计算机不再是一个独立运行的系统,计算机之间、计算机和用户之间的密切联系使计算机和信息处理系统越来越复杂。传统的集中式计算模式不能适应大型分布式信息处理的要求,而基于智能体的计算和以智能体为主题的高层交互可以满足现代计算和分布式信息处理系统的要求。多智能体系统为分布式计算提供了一个十分方便而有效的平台。

地理空间系统是一个典型的复杂系统,它的动态发展是基于微观空间个体相互作用的结果。传统的方法难以解释和描述地理空间系统的复杂性,如果从系统内部微观的层次出发,以一种进化的、涌现的角度来理解地理复杂系统的演化过程,也许能够为地理学的研究提供一个全新的视角。多智能体系统思想的核心就是微观个体的相互作用能够产生宏观全局的格局。当把多智能体系统引入地理模拟时,多智能体就带有空间属性和空间位置,其空间位置往往是变化的,这与传统的多智能体有明显的不同。

2) 智能体的结构

智能体能够自主地决定是否对来自其他智能体的信息做出响应,而对象必须按照外界的要求去行动。智能体系统能封装行为,而对象只能封装状态,不能封装行为,对象的行为取决于外部方法的调用。如图 6-9 所示是智能体的基本结构[44],智能体通过传感器接收环境信息,根据内部状态进行信息融合,最终形成一系列动作,并且通过反应器对环境发生作用。

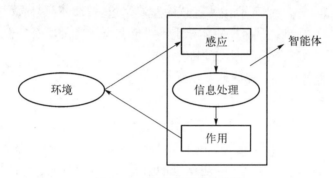

图 6-19　智能体的基本结构

根据智能体智能的层次性,史忠植将智能体分为慎思型智能体、反应型智能体和混合型智能体三类[47]。

(1) 慎思型智能体(cognitive or deliberative agent)　慎思型智能体的决策是通过基于模板匹配和符号操作的逻辑推理做出的,如同人们经过深思熟虑后做出的决定,因此被称为慎思型智能体。

(2) 反应型智能体(reactive agent)　智能体中包含了感知内外部状态变化的感应器、一组对相关事件做出反应的处理器和一个依据感应器激活过程执行的控制系统。反应型智能体不需要知识、表示、推理。

(3) 混合型智能体(hybrid agent)　反应型智能体的智能程度较低,缺乏足够的灵活性,慎思型智能体具有较高的智能,但是无法对环境变化做出快速反应。混合型智能体综合了两者的优点,具有较强的灵活性和快速响应性[43]。

3) 多智能体系统的原理

虽然智能体具备一定的功能,但对于现实中复杂的、大规模的问题,只靠单个智能体往往无法描述和解决。因此,一个应用系统往往包括多个智能体,这些智能体不仅具备自身的问题求解能力和行为目标,而且能够相互协作,来达到共同的整体目标。这样,多智能体系统就定义为由多个可以相互交互的智能体计算单元所组成的系统。

多智能体系统采用自下而上的建模思想,与传统的自上而下的建模思路不同。它的核心思想是通过反映个体结构功能的局部细节模型与全局表现之间的循环反馈和校正,来研究局部的细节变化如何凸显出复杂的全局行为。多智能体系统中个体与整体的关系如图 6-20 所示[48]。

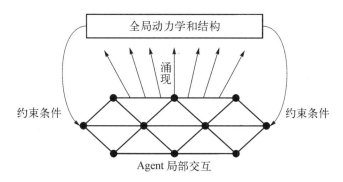

图 6-20 多智能体系统中个体与整体的关系

多智能体系统根据研究问题所需的系统局部细节、智能体的反应规则和各种局部行为就可以构造出具有复杂系统结构和功能的系统模型。虽然其中的微观个体行为可能比较简单,但通过微观个体之间交互作用而引起的全局行为可能极其复杂。在多智能体系统中,微观个体的行为和交互作用所表现出来的全局行为以非线性的方式涌现出来。个体行为的组合决定着全局行为;反之,全局行为又决定了个体进行决策的环境。地理空间系统作为一个典型的复杂系统,其动态发展是空间个体相互作用的结果。因此,从空间个体行为的微观角度入手,在较高的空间和时间分辨率下,"自下而上"研究地理复杂空间系统的发展变化是深入理解地理空间动态演变特征和规律的必然要求。多智能体系统则是研究地理空间系统的天然工具,但如何在多智能体系统中有效地表达地理空间是一个值得深究的问题。

4) 多智能体的主要研究内容

(1) 多智能体之间的协作　多智能体之间的协作是指智能体通过交流合作,共同完成一个复杂目标。学习和推理的思想贯穿整个过程。智能体往往不是选择对自身最有利的行为,而是在考虑行为对所有智能体的影响之后,选择一个对于全局来说最优的行为。可以看出,智能体既是个体理性又是集体理性的。通过智能体之间的相互协作,可以使系统保持一个动态稳定的状态。

(2) 多智能体通信　通信是智能体其他功能实现的基础。目前常用的通信语言方法有两种:过程方法和声明方法。在过程方法中,可以通过过程指令来模拟通信,智能体之间的信息交换应该是双向的,但是这种方法的通信过程是单向的,因此这种方法不太常用。在声明方法中,通信是通过声明语句实现的,代表性的通信语言是智能体通信语言(agent communication language,ACL)。ACL 由词汇、知识交换格式(knowledge interchange format,KIF)和知识查询操纵语言(knowledge query manipulation language,KQML)组成。

(3) 多智能体冲突消解　自治性是智能体的一个重要特性,但是这种特性有时候会导致一些严重问题,对于一些数量不多的共享资源的使用如果不加以限制,有可能发生死锁或者一些共享冲突问题。在一个多智能体系统中,很难使所有的智能体有一个相同的目标。因此,多智能体系统的冲突消解是必然的要求。目前消解冲突的主要方法是协商。协商中认为智能体应该有完备的全局知识,以最大化效用为基本原则采取相应行动。然而智能体的知识几乎不可能是完备的,因此需要建立社会规则来辅助冲突的消解。

5) 多智能体与 CA 及 GIS 的结合应用

(1) 多智能体与 CA 的集成　具有地理特性的现象或事物都与空间有关,地理学中的空间概念是必不可少的。而不涉及地理学的多智能体系统是基于非空间的,因此,多智能体系统中必须引入空间概念[49]。CA 的空间自组织性能与遥感及 GIS 数据无缝耦合。于是,自然而然就会想到把多智能体系统和 CA 结合起来,使其既具有元胞自动机空间自组织性,又考虑了多智能体系统各主体的复杂空间决策行为,可以为地理复杂空间系统的模拟提供一个全新的思路和方法。在基于多智能体系统和元胞自动机结合的模型中,多智能体代表各空间决策实体,元胞自动机模型代表影响地理变化的各种空间过程[50]。多智能体模型提供了各种灵活的不同空间决策者,它们之间的决策行为相互影响,同时对所处的环境带来强烈的反馈作用。因此,基于多智能体系统和元胞自动机结合的模型非常适合各种空间过程、空间交互作用和多尺度现象的分析。由前面分析可知,多智能体和 CA 的集成是对各自缺陷的一个很好弥补,是未来发展的主流趋势。

(2) 多智能体与 CA 及 GIS 集成的必要性　大多数地理信息系统只能描述和处理静态的空间信息,对动态的空间信息显得无能为力,尤其是时空动态信息。在 GIS 中融合时空动态模型是增强其时空分析能力的一个重要途径。而多智能体系统和 CA 是典型的时空动态分析模型,因而将多智能体、CA 及 GIS 进行有机集成,可以大大提高 GIS 的时空分析能力,从而为地理学的进一步研究和发展提供良好的技术支撑。与此同时,多智能体、CA 及 GIS 的有机集成也是多智能体系统本身在地理空间系统应用的必然要求。GIS 能够为多智能体系统提供大量的空间信息和优秀的空间数据处理平台,借助 GIS 强大的可视化功能,可以及时显示和反馈多智能体系统在各种情景下的模拟情形和计算结果。更为重要的是,GIS 还能对多智能体系统产生的模拟结果进行空间分析。因此,多智能体、CA 及 GIS 的集成既可以提高 GIS 的空间分析能力,也能够完善多智能体在地理空间系统中的表达能力,它们相互补充,相得益彰。

(3) 多智能体与 CA 及 GIS 集成的可行性　智能体和 CA 的元胞占据相同的规则网格,与栅格 GIS 之间非常的相似,这揭示了它们具有集成的潜力。它们通过一定的算法来操作空间和属性,都用离散的二维单元进行空间的组织和表达,通过层来进行属性或状态的组织。因此,这种规则网格与栅格数据在空间结构数据上可以很容易地转换和统一。同时,可以方便地通过矢量 GIS 来表达智能体与智能体或智能体与环境之间的连接或联系。譬如:城市与城市之间的联系是通过路网或飞行路线进行沟通,此外,也能通过矢量 GIS 来设定智能体在二维空间网格上的移动规则。又如:紧急事件疏散时,人群沿着事故地点到出口之间的路线进行疏散。

6) 多智能体在城市生长中的具体应用

全泉利用 CA 模型和多智能体系统相结合的方法,以上海市为实证对象,定义城市系统中的各种自然、社会和交通等因素,模拟了上海市 2005 年的城市扩展动态,并分别预测了 2010 年和 2020 年上海城市扩展的动态演化结果[51],结果如图 6 - 21 所示。

图 6 - 21　上海市 2010 年(左)和 2020 年(右)土地利用预测结果

黎夏和杨青生将影响和决定用地类型转变的主体作为智能体引入元胞自动机模型,结合多智能体和 CA 模型,以城市郊区樟木头镇为例,对 1988—1993 年城市用地扩张进行了模拟研究,取得了良好的模拟效果[52]。

Monticino 等构建了人类与环境交互式的多智能体模型,并利用该模型对土地利用与生态环境变化的关系进行了分析[53]。

张鸿辉等以多智能体系统理论为基础,通过探索政府智能体、居民智能体、农民智能体在城市土地扩张过程中的决策行为及其决策规则,建立了城市土地资源时间和空间配置规则,构建城市土地扩张模型,并以长沙市为例,应用模型进行了城市土地扩张的实证分析[54]。

7) 多智能体的研究趋势

关于多智能体的理论和模型,目前主要有两个大的发展方向:一是围绕分布式人工智能;二是以复杂性适应系统为理论基础的基于多智能体的建模和应用。目前多智能体技术的研究还处于初级阶段,还存在许多急需解决的问题,主要有以下几个方面[55]:

(1) 系统实时性问题　多智能体系统是一个复杂大规模系统,如何使智能体实时响应环境以及其他智能体的行为是存在的主要问题之一。通常,可以通过优化通信层、协作层和控制层的设计来实现整体性能的提升。在复杂条件下,还需要对智能体结构和协调机制进行优化。智能体的不确定性和不一致性也是今后多智能体性能提升的主要研究内容之一。总之,可以从智能体的结构和特性等多方面努力实现多智能体系统实时运行的目的。

(2)多智能体系统的协调　多智能体系统的智能体之间的协调运作存在时间及资源上的约束,需要解决可能存在的死锁等问题,因此如何协调多智能体系统合作完成复杂问题也是一个主要研究内容。

(3)多智能体系统考核指标　在多智能体系统的实际应用过程中,使用多个考核指标来对多智能体系统进行评价,并且需要改进系统鲁棒性、安全性、可操作性以及实时性等问题,从而达到考核指标的综合优化。

◇ 参 ◇ 考 ◇ 文 ◇ 献 ◇

［1］　宋俊岭.城市的定义和本质[J].北京社会科学,1994,2：108-114.

［2］　周成虎,孙站利,谢一春.地理元胞自动机研究[M].北京：科学出版社,1999.

［3］　Batty M. New ways of looking at cities[J]. Nature,1995.

［4］　Conway J. The game of life[J]. Scientific American,1970,223(4)：4.

［5］　Wolfram S. Statistical mechanics of cellular automata[J]. Reviews of modern physics,1983,55(3)：601.

［6］　郑燕凤.基于 GIS 的 CA-MARKOV 模型的土地利用变化研究[D].泰安：山东农业大学,2009.

［7］　徐昔保.基于 GIS 与元胞自动机的城市土地利用动态演化模拟与优化研究[D].兰州：兰州大学,2007.

［8］　Batty M,Xie Y. From cells to cities[J]. Environment and planning B,1994,21(7)：31-48.

［9］　Clarke K C,Gaydos L J. Loose-coupling a cellular automaton model and GIS：long-term urban growth prediction for San Francisco and Washington/Baltimore [J]. International Journal of Geographical Information Science,1998,12(7)：699-714.

［10］　Waddell P. UrbanSim：Modeling urban development for land use,transportation,and environmental planning[J]. Journal of the American Planning Association,2002,68(3)：297-314.

［11］　Deal Brian M,Zhanli Sun. A Spatially Explicit Urban Simulation Model：The Land-use Evolution and Impact Assessment Model (LEAM). In：Regional Development,Infrastructure,and Adaptation to Climate Variability and Change,Ruth,Mattias (Eds.)[J]. New York,NY：Springer,2005.

［12］　叶嘉安,宋小冬,钮心毅,等.地理信息与规划支持系统[M].北京：科学出版社,2006.

［13］　Li X,Yeh A G O. Neural-network-based cellular automata for simulating multiple land use changes using GIS[J]. International Journal of Geographical Information Science，2002，16(4)：323 - 343.

[14] 杨青生,黎夏.基于遗传算法自动获取 CA 模型的参数——以东莞市城市发展模拟为例[J].地理研究,2007,26(2)：229 - 237.

[15] 张显峰,崔伟宏.基于 GIS 和 CA 模型的时空建模方法研究[J].中国图像图形学报：A 辑,2000,5(12)：1012 - 1018.

[16] 罗平,耿继进,李满春,等.元胞自动机的地理过程模拟机制及扩展[J].地理科学,2005,25(6)：724 - 730.

[17] 何春阳,史培军.北京地区城市化过程与机制研究[J].地理学报,2002,57(3)：363 - 371.

[18] 冯永玖,刘妙龙,韩震.集成遥感和 GIS 的元胞自动机城市生长模拟——以上海市嘉定区为例[J].长江流域资源与环境,2011,20(1)：9 - 13.

[19] 黎夏,叶嘉安.约束性单元自动演化 CA 模型及可持续城市发展形态的模拟[J].地理学报,1999,54(4)：289 - 298.

[20] 尹海伟,徐建刚,陈昌勇,等.基于 GIS 的吴江东部地区生态敏感性分析[J].地理科学,2006,26(1)：64 - 69.

[21] 龙瀛,沈振江,毛其智,等.城市规划空间形态模拟及政策建议：以北京为例[J].规划创新：2010 中国城市规划年会论文集,2010.

[22] 李才伟.元胞自动机及复杂系统的时空演化模拟[D].武汉：华中理工大学,1997.

[23] 张慧芳.基于元胞自动机的上海土地利用/覆盖变化动态模拟与分析[D].上海：华东师范大学,2012.

[24] 卢鹏.基于 GIS 和元胞自动机的土地利用/覆盖变化模拟研究——以香格里拉县为例[D].昆明：西南林学院,2009.

[25] 郭仁忠.空间分析[M].武汉：武汉测绘科技大学出版社,1997.

[26] 王新云.基于 CA 模型的城市空间扩展研究[D].武汉：武汉大学,2005.

[27] 沈体雁,张恒,张进洁.基于 MODIS 遥感影像及元胞自动机的京津冀地区城市模拟研究[C]// Proceedings of 2010 International Conference on Remote Sensing (ICRS 2010) Volume 3. 2010.

[28] 马爱功.基于元胞自动机的河谷型城市扩展研究[D].兰州：兰州大学,2009.

[29] Verburg P H, Eickhout B, van Meijl H. A multi-scale, multi-model approach for analyzing the future dynamics of European land use[J]. The Annals of Regional Science, 2008, 42(1)：57 - 77.

[30] Engelsman W. Simulating land-use change in an urbanising area Malaysia[J]. The University of Wageningen at the Netherlands, 2002.

[31] Verburg P H, Overmars K P, Huigen M G A, et al. Analysis of the effects of land use change on protected areas in the Philippines[J]. Applied Geography, 2006, 26(2)：153 - 173.

[32] Deng Z. Vegetation Dynamics in Oueme Basin, Benin, West Africa[M]. Cuvillier Verlag, 2007.

[33] Castella J C, Verburg P H. Combination of process-oriented and pattern-oriented models of land-use change in a mountain area of Vietnam[J]. Ecological Modelling, 2007, 202(3)：410 - 420.

[34] 谭永忠,吴次芳,牟永铭,等.经济快速发展地区县级尺度土地利用空间格局变化模拟[J].农业工程学报,2007,22(12)：72 - 77.

[35] 段增强,张凤荣,宇振荣.土地利用动态模拟模型的构建及其应用——以北京市海淀区为例[J].地

理学报,2005,59(6):1037-1047.

[36] 摆万奇,阎建忠,张镱锂.大渡河上游地区土地利用/土地覆被变化与驱动力分析[J].地理科学进展,2004,23(1):71-78.

[37] 盛晟,刘茂松,徐驰,等.CLUE-S模型在南京市土地利用变化研究中的应用[J].生态学杂志,2008,27(2):235-239.

[38] 于书媛,奚砚涛,牛坤,等.徐州市土地利用CLUE-S模型变化模拟[J].地理空间信息,2010,(6):103-107.

[39] 宋歌,王金朔,何立恒.基于CLUE-S模型的西部干旱区土地利用变化情景模拟[J].南京林业大学学报:自然科学版,2013,37(3):135-139.

[40] 王丽艳,张学儒,张华,等.CLUE-S模型原理与结构及其应用进展[J].地理与地理信息科学,2010,26(3):73-77.

[41] 姬祥.基于CLUE-S模型和GIS的微山县土地利用变化动态模拟与情景分析[D].泰安:山东农业大学,2011.

[42] 陈功勋.基于CLUE-S模型和GIS的土地利用变化模拟研究[D].南京:南京大学,2012.

[43] 吴健生,冯喆,高阳,等.CLUE-S模型应用进展与改进研究[J].地理科学进展,2012,31(1):3-10.

[44] 张鸿辉.多智能体城市规划空间决策模型及其应用研究[D].长沙:中南大学,2011.

[45] 刘宝玲.大庆市中心城区土地利用演化时空模拟研究[D].哈尔滨:东北农业大学,2010.

[46] 张诺.基于Agent技术的项目进度优化方法的研究[D].天津:河北工业大学,2007.

[47] 史忠植.高级人工智能[M].北京:科学出版社,2011.

[48] 黎夏,叶嘉安,刘小平,等.地理模拟系统:元胞自动机与多智能体[M].北京:科学出版社,2007.

[49] 陶嘉.城市微观经济学多智能体模型与真实和优化的城市模拟[D].广州:中山大学,2008.

[50] 黄秀兰.基于多智能体与元胞自动机的城市生态用地演变研究[D].长沙:中南大学,2008.

[51] 全泉,田光进,沙默泉.基于多智能体与元胞自动机的上海城市扩展动态模拟[J].生态学报,2011,31(10):2875-2887.

[52] 杨青生,黎夏.多智能体与元胞自动机结合及城市用地扩张模拟[J].地理科学,2007,27(4):542-548.

[53] Monticino M, Acevedo M, Callicott B, et al. Coupled human and natural systems: A multi-agent-based approach[J]. Environmental Modelling & Software, 2007, 22(5):656-663.

[54] 张鸿辉,曾永年,金晓斌,等.多智能体城市土地扩张模型及其应用[J].地理学报,2008,63(8):869-881.

[55] 姜玉莲.多智能体理论及其在电梯群控中的应用研究[D].沈阳:东北大学,2009.

第7章

气象数据与城市宜居性

通过几十年的不断努力,我国城市在基础设施、医疗卫生、教育机构、工业发展等具体可见的工程建设中都取得了显著的进步。然而,影响城市宜居性的另一大因素——居住环境舒适性却被规划建设者忽视了。无论是 2012 年以来中国大部分地区出现的雾霾现象、2013 年夏季袭击南方的 60 年最强高温热浪,还是高层建筑周围屡屡出现的行人被大风吹倒事故,高能耗、高排放导致的城市热岛效应,都表明城市建设极大地改变了城市的气象条件。气候变化及其引起的生态环境变化不仅带来了巨大的经济损失,还威胁到了居民的身体健康,制约了城市的长远发展。

气象因素是指与气象相关的因子,居民易感的因素有气温、气压、风速、湿度、蒸发、降水、辐射、日照等。气象因素的数值和环境宜居与否有着密切的关系,合适的气象条件有利于大气污染物的扩散,并可使人的机体处于舒适、健康的状态。因此,利用气象数据和它们之间的关联性,结合大气湍流模型,进行数值模拟,在营造良好的气候环境的基础上,合理规划城市的功能结构和建筑布局,从而减少能源消耗,降低气象灾害的严重程度和发生频率,改善城市的宜居性,是城市发展建设的新思路。

本章内容重点关注三类非常重要的城市气象数据:风环境、温湿数据和空气颗粒。这些数据均为影响都市人体舒适度的关键因素,且与城市热岛效应和大气污染的产生有着不可分割的联系。本章着手整理与归纳这些数据资料及其呈现的气候现象,并利用计算流体力学(computational fluid dynamics,CFD)技术,深入理论模型的层次予以辅助分析与证明,希望从气象数据的角度为城市的可持续发展提供一些科学合理的建议。

7.1 建筑风环境

风环境是指室外自然风在城市地形地貌或自然地形地貌影响下形成的新的风场。随着城市化进程的不断加速和建筑技术水平的不断提高,各种体结构复杂、布局多样的高层与超高层建筑群大量涌现。遮挡物的存在对城市风向、风速、风压等造成了一定的改变,这些变化对污染物扩散、街道强涡旋气流的形成、行人的舒适性都产生了不同程度的影响,由此引发了健康、安全、节能等诸多风环境问题。

建筑具有改造风环境的作用。近年来,如何利用这一特点,对建筑设计与布局加以改进,优化城市风环境,改善城市宜居性,成为许多城市规划者关注的热点问题。本节将详细探讨城市建筑对风速、风向的影响、作用和相关的数值模型,并介绍目前主流的风速评价标准和风环境模拟技术。

7.1.1 建筑对风速的改变

1) 城市风环境现状

由于人对自然的改造,城市的发展不可避免地更改了下垫面的组成结构,而建筑物作为增加城市下垫面粗糙度的重要因素,对城市风场的改变起到最为关键的作用。

一方面,大量实验观测结果表明,建筑林立降低了城市的平均风速,阻碍了污染物的扩散与室内自然通风。克雷姆斯尔早在 1909 年就注意到市区内风速的降低,他在柏林郊区一所高中的教学楼顶部安装了风速计,连续 20 年对风速进行测量。在这 20 年中,学校周围已经由空地和低矮的房屋变为公寓式楼房,房屋的平均高度均大幅增加。测量结果分析表明,观测点的后 10 年间比前 10 年间的平均风速减小了大约 24%[1]。在我国,周淑贞[2]对近百年来上海城市的风速变化趋势进行了研究,结果显示,由于城市的高速发展,建筑群增多、增高、增密,致使下垫面粗糙度增大,大幅度消耗了空气水平方向运动的动能,使得整个市区范围内的年、月平均风速显著降低。上海徐家汇地区从 1884 年开始拥有正式的风速记录,1956 年测量站迁移至距离徐家汇以南 2.5 km 的龙华,此间,风速计在同一高度测得的风速值随着城市的发展逐年代递减,数据显示,1981—1985 年风速值比 90 年前减小约 23.7%。与此同时,对郊县的风速数据研究表明,近 30 年郊区风速变化与市区的逐年递减现象不同,而是有增有减,情况不一。这说明了上海市区风力的减弱是由于人类活动改变了城市下垫面粗糙度而造成的。

城市风环境伴随城市建设的改变同样也表现在区域静风频率的增加上。李兆元等对西安风速变化情况的研究显示,1951—1985 年,以 1967 年为分界线,静风频率呈逐年增加趋势,前 20 年均值为 26%,后 15 年则增至 35%,1955—1970 年的年平均风速在 2 m/s 以上,而 1970 年以后,平均风速只有 1.7~1.8 m/s,到 1979 年又降至 1.6 m/s 以下,较 20 年前减小 0.3~0.5 m/s。与此相似,来自 Zanella 的报道称在意大利北部的帕尔马(Parma),随着城市建筑的不断增高、增密,市区年均静风日数比例高达 55%,但在该市机场地区,这一比率仅为 48%。在春、夏季节,帕尔马市内区域的风速均低于机场,春季风速降低约 44%,夏季降低约 28%,且所有方向的风速都呈现出了均匀下降的趋势,在冬季,市区静风日数上升到 82%,比机场附近高约 18 个百分点。意大利帕尔马连续三个 10 年中平均风速的变化见表 7-1。

表 7-1　意大利帕尔马连续三个 10 年中平均风速的变化(m/s)

时　间　段	1 月	4 月	7 月	10 月	年平均
1938—1949	0.5	1.8	1.8	1.0	1.3
1950—1961	0.5	1.4	1.4	0.7	1.0
1962—1973	0.3	1.0	1.3	0.6	0.8

　　城市风速的降低会减弱城市的空气自净能力和建筑的自然通风能力。室内空气品质的优劣很大程度上取决于室外新风量，而较小的环境风速容易造成局部空气流动停滞，减弱了气体交换速率和污染物的扩散作用，加以不当的建筑布局和外形易使气流在建筑群之间形成"涡流死区"，不利于空气的流动及废气、热气的排散。此外，室内通风状况往往是由建筑表面的气压差决定的，城市风速的降低使得建筑迎风面的风压减小，缩小了迎、背风面的压差，不利于建筑的通风换气。

　　另一方面，超高层建筑附近形成的局部强风和街道风暴严重影响到了行人的舒适度，甚至威胁到了城市居民的生命安全。建筑物作为钝体出现在城市的近地面流场中，由于下冲、狭管流、角流、穿堂风以及阻塞、尾流等效应，会使高楼建成后，出现过去没有的局地强风现象，致使行人活动困难，建筑物的门窗和建筑外装饰物等破损、脱落、伤人等事故的发生[3,4]。

　　高层建筑众多的芝加哥被称为"风之城"。拥有当时世界第一高度的西尔斯大厦[5]在1987年2月底，由于被强风卷起的物体所撞击，使90块玻璃破损。1988年4月初，又有100块玻璃损坏。据称，西尔斯大厦的窗户设计可抵抗240 km/h的强风，而当时的最大风速也不过120 km/h。这主要是大厦两侧建筑工地上的物体被强风卷入空中所造成，所幸没有造成人员伤害。该大厦有1.6万块玻璃，每年都有破损的记录。1999年9月中旬"约克"台风登陆香港期间，湾仔税务大楼、入境事务大楼及湾仔政府大楼等数栋大楼400多块玻璃幕墙被吹毁。2003年8月2日，上海大剧院大屋盖屋顶一块覆面材料被强风撕裂成两段，损坏面积达250 m²，造成了巨大的经济损失。风过境时，高层建筑会受到较大的影响。由于风速、风向和周围气流的变化，摩天大楼各个面均会受到不同的压力，使高层建筑产生一定的振动。随着高度的增高，风荷载增大，建筑物的横向振幅增大，如美国100层左右的摩天大楼上部的横向振幅达1 m左右。这种振动甚至能使摩天大楼主体结构开裂，围护结构遭到损坏。

　　不仅建筑自身受损严重，高层建筑还会引起城市风灾。科学测量发现，在高楼大厦林立的城市，高层楼宇间的狭窄地带风强度比起平地要大得多，地面上3～4级的风，在城市高楼之间，经过"峡谷效应"放大后，出现局部强风，加上建筑物的阻滞，形成涡旋和强烈变化的升降气流等复杂的空气流动现象，使风速可达10级以上，瞬间风力更可高达12～13级，足以将树木连根拔起。最为知名的强风伤人事件发生在1982年1月5日，在美国纽约曼哈顿世界贸易中心双塔大楼附近的一幢54层超高层建筑前的广场上，37岁的女性罗斯·斯皮尔波盖尔在行走时被突然袭来的强风吹倒而受伤，为此她以"由于建筑设计和施工上的缺陷"而造成了"人力无法管理的风隧道"为由，向纽约最高法院对该建筑的设计人、施工者、建筑所有人、租借人，还有包括旁边的世贸大厦有关负责人提出了控告，并要求支付650万美元的赔偿费。虽然诉讼的结果是以原告败诉告终，但这个案例却告诉规划师和建筑师，风环境和风环境再生已经成为不可避免的尖锐问题[5]。

　　如今，这些问题在国内外都日益受到人们的重视。许多发达国家均有立法，要求在建筑物的设计阶段,给出建筑物建成后风环境的影响评价。日本的建筑开发商与居民之间因风环境问题时常引起争端,甚至引发诉讼。一些地方政府(例如东京)都颁布政府条例,规定高度超过 100 m 的建筑与占地面积超过 10 万 m^2 的开发项目,开发商必须进行包括对行人风环境在内的周边环境影响的评估。在悉尼,新规划建筑必须满足如下条件:在小路上的风速不能超过 10 m/s,在主要的人行道、公园等公共区域的最大风速不能超过 13 m/s,在所有其他地区的风速不能超过 16 m/s。风环境问题成为一个公众非常关心的问题。一个开发项目如果风的问题没处理好,那么开发商绝不可能获得建设许可。在北美,许多大城市如波士顿、纽约、旧金山、多伦多等,新建建筑方案在获得相关部门批准之前,都需要评估新建建筑对区域风环境的影响。

遗憾的是,在我国还没有相应的法规对室外风环境进行规定。许多建筑师在规划过程中也没有科学的手段来预测建筑风环境,仅仅凭借经验和臆想来推测建筑能否满足夏季通风、冬季避风的要求,这无疑给迅速发展的城市带来了不小的环境和安全隐患。由于建筑物一旦修建而成往往会长期存在,对城市宜居性有着长久的影响。因此,建筑与风场的相互作用规律研究对于日新月异的中国城市迫在眉睫。

2) 单栋建筑周边的风场特性

随着建筑水平的提高和土地空间的局限,建筑逐渐向高层化发展,建筑形态也因地就势,形态各异,因此对附近的气流产生了不同的扰动。通过研究者的长期观测和实验模拟,总结出如下几种常见的规则单体高层建筑周围的风场分布情况。

(1)迎风面涡旋(vortex) 当风流经高层建筑物时,气流被建筑物所阻挡,中下部的气流难以绕过建筑物继续前进,就会在力的作用下沿建筑物的迎风面向下切,形成涡旋(图 7-1),俗称掀裙风。当建筑物的迎风面越宽越高时,阻挡的气流量就越大,下切的气流就越强。而圆柱形的建筑因有助于气流从建筑两侧通过,可以减弱迎面风涡旋的强度。

(2)建筑尾流(building wake) 当风遇到建筑物时,一部分气流越过建筑物顶面后,继续前进。此时由于挤压作用引起的气流速度与压力剧烈改变,使得建筑物的背风面(leeward side)形成涡旋,

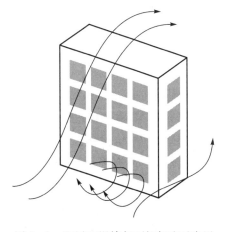

图 7-1 迎风面涡旋与下切气流示意图

产生一片紊乱的尾流区域(图 7-2)。由于建筑物的遮蔽,尾流区域的压力低于大气压力,因此越过建筑物上方的气流会被背风面的负压吸引,向下方及建筑物的后方流动,形成一个气流涡旋的流场。

尾流区域的流场特性会受到建筑物的几何外形、风向角和周边相邻建筑物的影响。尾流的形态受到建筑物高宽比(aspect ratio)及深宽比(depth ratio)影响会产生不同的行为。

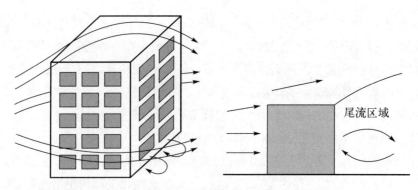

图 7-2　建筑尾流示意图

较宽扁的建筑物(高宽比与深宽比都较小),尾流中有强烈的垂直旋转涡流;而对于较细高的建筑物(高宽比大,深宽比小),其尾流几乎全部来自侧面分离剪力流形成的横向旋转涡旋;深宽比较大的建筑物因分离剪力流在侧风面甚至发生再接触现象(reattachment phenomena),削弱了气流的动量,尾流扰动程度相对较弱。

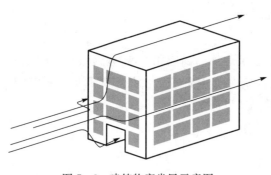

图 7-3　建筑物穿堂风示意图

（3）穿堂风(through wind)　建筑物的遮挡作用使得其迎风面与背风面之间常常存在着较大的气压差,当迎面风及背面风之间有开孔连通时,因为压力导通的缘故,会减小周边气流的作用;但同时,在开孔的通道内,两端压力差较大形成气流的快速运动,会有较高的风速出现,称为穿堂风(图 7-3),也叫过堂风。

穿堂风通常产生于建筑物间隙、高墙间隙、门窗相对的房间或相似的通道中,也会由于通道两侧的大气温度不同造成的气压差产生。在此类情况下,风向一般是从有阳光一侧至背阴处一侧,风速由两侧温差决定,温差越大,风速越大,以春、秋季居多。

（4）角隅风(corner wind)　气流由建筑物两侧绕过去时,会产生加速的现象。同时在角隅处会产生涡旋分流现象,由于气流加速,造成建筑物角隅两侧有较强的风速,称为角隅风(图 7-4a)。在建筑物的侧面角隅区常有角隅强风,会影响地面行人活动的舒适性。图 7-4b、c 所示的横断面示意图描绘了圆柱形与长方形建筑物的角隅涡旋发生的情形。

（5）背风面下冲气流(down wash)　沿建筑物迎风面流动的气流在越过屋顶后剥离,受到上层气流的压力,逐渐向下运动,在建筑物下游为建筑物高度 3～6 倍处触及地面,称为下冲。在下冲范围内的气流称为回流区域,此回流区域内污染物受到气流回流的作用,被局限在该区域内,很难向外传输扩散,因此下冲气流对建筑物所排放的废气、废热等污染物扩散行为有重大影响。

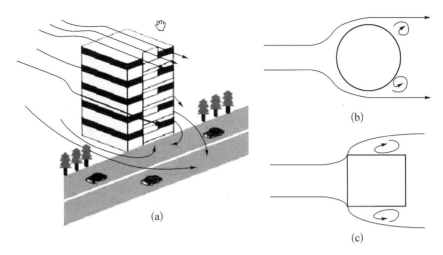

图 7 - 4　建筑物角隅强风示意图

3）建筑群环境风场

建筑对风环境的影响难以估测源于气流变化的复杂性，即使是同样的几栋建筑，由于其组合布局不同、建筑朝向不同，也会产生不同的风场，对行人和居民造成不同的影响。下面介绍几种常见的建筑群环境风场。

（1）渠道效应（channel effect）　因商业需求及都市计划因素的影响，城市沿街两侧建筑物多具有较平整的立面且彼此相邻，一般称为街谷（street canyon）。流经其间的气流，就如流经渠道的两壁，会驱使气流变急变大，称为渠道效应（图 7 - 5）。在街谷近地面处的气流常会脱离原有风向，即受到渠道效应作用，沿街谷走向流动。因此，渠道效应对逸散性污染物质在街谷近地面处的扩散行为影响很大。

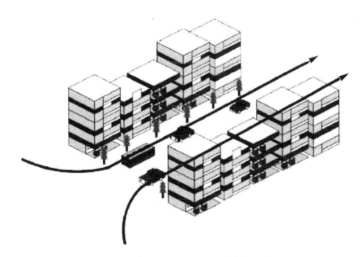

图 7 - 5　建筑群街谷的渠道效应示意图

（2）缩流效应（venture effect）　对于不平行的两栋或两排建筑物，气流在流过接近交汇处时，由于流通断面积减小，流速会加快，产生加速现象，形成高风速区，称为缩流效应

（图7-6）。当风由一宽广区域吹进狭窄的街道时，由于流通断面积减小，气流也会发生加速的现象，形成高风速区，也是缩流效应。该效应会随建筑物间距离的增大而明显减弱。

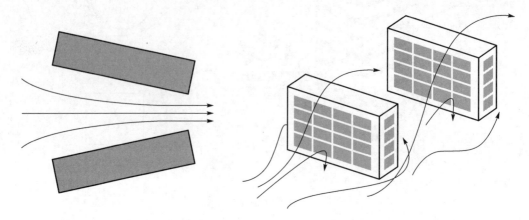

图7-6　建筑群的缩流效应示意图（俯视）　　　　图7-7　建筑群的风压相连效应示意图

（3）风压相连效应（pressure connection effect）　前后排列的两建筑群，由于上游端建筑群的尾流区（负压区）与下游建筑群的迎风面（正压区）在近地面涡流区重合或贴近，使得正负压区相连，产生贯通两区间的较大风速，称为风压相连效应（图7-7）。

（4）金字塔效应（pyramid effect）　对于逐渐上升且退缩的建筑或建筑群，建筑物顶部分离剪力层受到渐次升高的边界影响，汇聚成一股向上涌升的气流，称为金字塔效应（图7-8）。而上述的涌升气流也会在金字塔效应的影响下，使得下切气流与角隅强风受到牵引变弱。

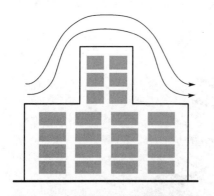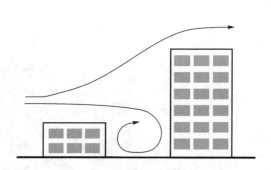

图7-8　建筑群的金字塔效应示意图　　　　　图7-9　建筑群的遮蔽效应示意图

（5）遮蔽效应（shelter effect）　近似高度与规模的建筑群比邻而立时，对于迎面而来的气流产生类似阻墙的遮蔽作用，迫使气流由建筑群的上方及侧面绕过，因此在背风地带会有强风的发生，即为遮蔽效应（图7-9）。若高层建筑物的前方为低矮建筑物，则两建筑物之间会有极强的涡旋发生。

（6）烟囱效应（stack effect）　多栋建筑物，尤其高楼建筑物紧密比邻，所围成封闭式的天井或中庭，将形成类似一条垂直风道，容易发生所谓的烟囱效应（图7-10）。当因温差形成上升气流时,该风道会诱发并造成气流由中庭天井处垂直向上方流动,形同烟道中的烟上升,故称为烟囱效应。

4) 风力分级及评价

为了给风速对居民或物体的影响提供一个定量判断方式,从而为城市的规范制定和规划者的建筑实践提供参考,研究者从不同角度制定了一系列的风力评价标准。

蒲福风级(Beaufort scale)(表 7-2)是英国人弗朗西斯·蒲福(Francis Beaufort)在 1805 年根据风对地面物体或海面的影响程度而制定的风力等级。

图 7-10 中庭天井式建筑的烟囱效应

风力依据强弱程度被划分为 0~12 级,共 13 个等级,是当前世界气象组织建议的分级方式。20 世纪 50 年代,由于人类测风仪器的进步,可测量的自然界风明显超出了 12 级,遂将风级扩展到 17 级。不过,世界气象组织航海气象服务手册采用的分级仍是 0~12 级,扩展的 13~17 级并非建议分级。

表 7-2 蒲福风级表

风 级	名 称	现 象	风速(m/s)
0	无风	烟直上	<0.3
1	软风	烟能表示风向,风向标不转动	0.3~1.5
2	轻风	人面感觉有风,树叶有微响,风向标转动	1.6~3.3
3	微风	树叶及小树枝摇动不息,旌旗飘展	3.4~5.4
4	和风	尘土及碎纸被风吹扬,树的分枝摇动	5.5.~7.9
5	清风	有叶的小树整棵摇摆,内陆水面有波纹	8.0~10.7
6	强风	大树枝摇摆,持伞有困难,电线有呼呼声	10.8~13.8
7	疾风	全树摇动,人逆风行走困难	13.9~17.1
8	大风	小树枝被吹折,寸步不能前进	17.2~20.7
9	烈风	烟囱顶部移动,建筑物损毁	20.8~24.4
10	狂风	陆上少见,建筑物普遍损毁	24.5~28.4
11	暴风	陆地极少见,如出现必有重大灾害	28.5~32.6
12	飓风	陆上少见,建筑物普遍严重损毁	32.7~36.9

建筑师诺伯特·莱希纳(Norbert Lechner)[6]指出,随着风速增加,人体表面与环境的对流速率与散热量都有所增加,因此人体所感觉到的温度比环境温度低。风速对人体的降温作用见表 7-3。

表7-3　不同风速对人体温度感受的降低效果

风速（m/s）	等效降温（℃）	对人体的温热舒适感受
0.05	0	空气停滞感，轻微的不舒适
0.2	1.1	几乎无感，但身体舒适
0.4	1.9	感觉明显，且感受舒适
0.8	2.8	感觉非常明显，但可以被接受
1.0	3.3	室内风速的上限值，良好的自然通风风速

不仅国际组织和科研机构，一些大型工程公司也制定了相应的标准。加拿大安邸（RWDI）是一家世界顶级的风工程与环境工程评估公司，拥有四个风洞试验室、大型计算机群，分支机构遍布在世界五个国家，曾经为世界最高楼迪拜塔、台北101大楼、马来西亚双子塔、CCTV大楼、上海中心大厦等提供过技术服务。该公司根据长期实践经验提出了户外风速舒适度标准，见表7-4。

表7-4　RWDI风工程公司户外风速舒适度标准

等　　级		阵风风速（m/s）	发 生 概 率
舒适性	可坐定	≤4.7	80%
	站立无碍	≤6.9	80%
	行走无碍	≤8.9	80%
	不舒适	>8.9	20%
安全性	无影响	≤24.4	≤3次/年
	有影响	>24.4	>3次/年

室外风场的变化往往会引起室内气流的改变，从而对人体的舒适度和空气流通产生影响，表7-5是一个室内风速大小对人员作业影响的情况分布。

表7-5　室内风速舒适度标准

风速大小（m/s）	对人体及作业的影响
0.0～0.25	不易察觉
0.25～0.5	愉快，不影响工作
0.5～1.0	一般愉快，但须提防薄纸被吹散（稿纸）
1.0～1.5	稍有风击和令人不适的风吹袭
1.5～7.0	风击明显，薄纸吹扬，厚纸吹散

5) 极端风力的预防

从上文的分析可以看出,建筑物的存在常常会引起风场的剧烈变化,降低行人的舒适性,甚至形成风灾,造成严重的事故。所以利用流体力学的理论知识,在建筑规划设计阶段形成相应的预防策略,减少、减弱强风区,具有重要的实践意义。

建筑物设计时应注意盛行风的风向与建筑物坐向之间的关系。对于相同建筑面积的建筑物,当长边的走向与该地盛行风向一致或接近时,则地面发生风害的区域将大为减小;反之,则有最大强风出现。若不得已无法更改建筑的朝向,则可以在建筑物的立面设计一个大型的中间开口,气流能够直接穿透而过,降低建筑物迎风面与背风面的压差,减弱迎风面的下切气流和角隅涡流。或者在建筑物底部修筑数层突出的台阶,可抑制下切气流对地表行人活动的干扰。下切气流在底层突出的露台上空会形成强烈的涡流,可以配合植物、棚架、防风网等设施减少风害。部分高层建筑底部数层具有较大的平面,也能减弱下降风对周围建筑物及行人活动的干扰作用。

建筑物外形上的改变也能改善其周边的风环境。尖锐的隅角会强化建筑表面剪力层发生分离而形成涡旋引发强风区,若将隅角加以圆角化处理,或尽量采用多边形作为平面形状,可以减少强风区。除此之外,还可为建筑物添加阳台或露台,其栅格式排列将原本较大的涡流分割为多个较小的涡流,降低建筑物的表面风力。同时,伸出的阳台增加了建筑物表面的粗糙度,建筑物表面越粗糙,下切流越弱。此外,该设计方法还可以减少建筑物的日晒,兼具节约能源的功效。

广泛的实践和严谨的理论证明,这些建筑理论确实在很大程度上优化了建筑周围的风场,减少了对路人的干扰。但是,大气湍流往往是复杂多变的,即使建筑物的尺寸有微小的变化,也可能产生截然不同的风场。处在市区复杂的下垫面上,建筑周围常常会有各种建筑群、公共设施,甚至水体、山丘的存在,气流的变化将会更加难以预测;而且,有时这些宏观理论也不尽正确,比如虽然弱化建筑棱角可以减少强风区,但是完全圆形的断面,由于其剪力分离点与雷诺数有密切关系,在预测上准确度并不高。因此,宏观的理论只能为建筑规划设计提供大致的方向和参考意见,却无法照搬到建筑的具体设计中来。

为了解决宏观方法准确度不高的问题,学者从气流运动规律和环境风场数据入手,结合流体力学理论,制定并修正数值模型,通过计算获得建筑周围每一点的风力、风向值,从而辅助建筑布局和城市规划。这一方法充分利用了现有的气象监测数据,提升了建筑设计的科学性和准确性,笔者将会在下一小节对该方法进行详细的介绍。

7.1.2　风环境研究方法

风环境因其在建筑节能与宜居性方面具有重要的研究价值而受到了广泛的关注。早期,日本庆应大学村上周三、持田灯等在气流的运动规律方面进行了比较广泛和细致的实验。在国内,清华大学江亿院士的研究团队在该领域进行了非常深入的研究并取得了很多显著的研究成果。这些成果已经广泛地应用于建筑规划和建筑设计领域,产生了很大的经济效益和社会效益。同时,湖南大学张国强教授等在风环境对建筑节能影响的评估方法方面做了很有启发性的研究,对建筑节能起到了巨大的推动作用。此外,同济大学项秉仁教授、钱锋教授及谭洪卫教授等,在风环境对于节能的影响以及基于节能效益评价的自然通风节能潜力研究方面也进行了大量的研究工作。经过多年的总结和积累,目前,风环境的研究方法主要分为实地测量法、风洞实验法和数值模拟法三个方面。

1) 传统研究方法

传统的风环境研究方法主要为实地测量法和风洞实验法。

实地测量是了解建筑群周围风环境的最直接的方法。长久以来,经过一代代研究者的经验总结和监测器械精度的提高,该方法获取的数据直接而准确,不会发生与实际情况不符的状况,因此常常用于风环境模型的验证和修订。然而,由于实际测量时的建筑群区域普遍较大,而所布置的测点数有限,用实测方法很难了解每个位置的实际情况,也很难全面反映出整个建筑群周围风环境的全貌,另外,实地测量设备耗资巨大、费用很高、条件难以控制,而且只能测量已建好工程,不能预测待建工程,所以在城市规划研究时一般不使用实地实验方法,而采用模型实验[7]。

图 7 - 11　清华大学光华路校区主楼风洞实验示意图

风洞实验(图 7 - 11)是一种研究风环境常用模型实验方法,用建模的方法来对区域规划或建筑设计方案进行风场测量和预评估。风洞是能人工产生和控制气流,以模拟物体周围气体的流动,并可量度气流对物体的作用以及观察物理现象的一种管道状实验设备,是进行空气动力实验最常用、最有效的工具。风洞实验能比较准确地控制实验条件,如气流速度、压力、温度等。由于实验在室内进行,受气候条件和时间的影响小,模型和测试仪器的安装、操作、使用比较方便,因而具有安全、低成本、实验灵活的优点。

风洞模拟实验需要考虑两个方面的问题:一是如何恰当地模拟结构的外形、质量和刚度等结构特性;二是所涉及的大气边界层风场特征,包括风剖面、湍流结构等因素。

模型制作时,按照一定比例建立待评价的区域模型,并以模型为中心,取四周约 9 倍于模型占地面积的地方为测量区域。对整个测量区域采用不均匀的网格划分,越接近建筑网格越密集,并根据网格划分和精度需求,在建筑表面和附近区域布置若干测点,同时也在屋面的边缘布置测点。实验模型上各个测压孔内插入很细的铜管,PVC 管的一端与铜管连接,另一端与压力传感器模块相连,设置压力传感器的扫描频率和连接的测点数,采集和记录数据后由计算机储存和分析即可。

为了更加真实地模拟大气边界层，可以在建筑物模型上游区域布置尖塔和粗糙元，使地表附近速度亏损，在模型附近能形成一个具有接近地表粗糙度的流场。通过调节上游的尖塔和粗糙元的间距与布置方式来获取所需的模拟的速度、湍流强度剖面和脉动风速谱。因为现实环境中的风速较低，实验时可采用低速、回流式边界风洞，出风口设为梯度风速，并设置风速剖面指数、边界层底部紊流强度、紊流积分尺度，以模拟建筑周围地面风的实际情况。根据大气边界层物理学，宏观大气速度的脉动大约以 1 h 为一个过程，因此以 1 h 作为计算平均风速和阵风风速的样本长度。根据气象站数据设定不同强度风在一个周期内的平均出现频次。还可将实验模型置于一个转盘上，划分多个风向角，通过旋转转盘对不同角度的稳定风进行测量，得到对风环境较优的建筑布局方案。

但是，风洞实验法也存在一定的局限性。既然是一种模拟实验，就无法保证完全准确。概括地说，风洞实验固有的模拟不足主要体现在三个方面。一是边界效应，在真实的世界中，静止大气是无边界的，而在风洞中，气流是有边界的。边界的存在限制了边界附近的流线弯曲，使风洞流场有别于真实建筑的流场。克服的方法是尽量把风洞实验区域做得大一些，并限制或缩小模型尺度，减小边界干扰的影响，但这将导致风洞造价和驱动功率的大幅度增加，而模型尺度太小会使雷诺数变小。二是风洞实验需要用支架把模型支撑在气流中。支架的存在，会对模型流场产生干扰，称为支架干扰，虽然可以通过实验方法修正支架的影响，但很难修正干净。三是风洞实验的理论基础是相似原理，即要求风洞流场与真实流场之间满足所有的相似准则，或两个流场对应的所有相似准则数相等，这点很难完全满足。

进行风洞实验时，实验者需要和专业的风工程专家进行反复探讨方能制订实验方案。虽然该方法相对于实地测量来说成本较低，但由于其专业性强，对测试设备要求高，在国内，一次风洞实验的价格往往在 10 万元以上，而美国、加拿大等发达国家的风洞报价高出许多。为了寻找更为经济高效的风环境研究方法，研究者想到根据空气流动的特性，建立大气湍流模型，用数值模拟的方法计算得到建筑区域的风场。该思路因近年来计算机技术的迅猛发展而得到了实现，成为一种新的虚拟实验方法，称为数值模拟法。

2）基本湍流模型

在借助计算机对城市区域风环境进行数值模拟之前，首先需要了解空气的流动规律，根据不同的风场条件，选择正确的风环境计算模型。自然界的流动方式大致可分为两类：层流（laminar）和湍流（turbulence）。层流是指在流动过程中各层流体不相互掺和的流动，在实际中层流是很少发生的。湍流又叫紊流，是自然界普遍存在的，人们常见的流动都是湍流，它是指流体不处于分层状态的流动。通过流体实验发现，当雷诺数小于某一临界值时，流体在流动过程中是分层的，且相邻流层之间的流动彼此相对独立有序进行；而当雷诺数大于这一临界值时，会出现一些导致流动特性发生本质变化的复杂现象，这时流体的流动从有序状态变为无序状态，这种流动状态就是湍流[7]。

湍流有两大特征，一是脉动现象，从实测的湍流中质点运动速度随时间变化的图形可以看出,湍流的流速有很强的脉动性。湍流中的脉动现象对工程设计有直接影响,压力脉动增大了建筑承受的瞬时风荷载,会引起建筑物有害振动等问题。旋转流动结构即湍流涡是湍流的另一个特征。从物理结构上看,可以把湍流看成由各种不同尺度的湍流涡叠合而成的流动,这些湍流涡的大小及旋转轴的方向分布是随机的。大尺度的湍流涡主要由流动的边界条件所决定,其尺寸可以与流场的大小相比拟,它主要受惯性影响而存在,是引起低频脉冲的主要原因;小尺度的湍流涡主要由黏性力所决定,其尺度可能只有流场尺度的千分之一的数量级,是引起高频脉动的原因[7]。

　　鉴于湍流的上述两个特征,对湍流进行描述时,可以把湍流流动看作时间平均流动、瞬时脉冲流动和湍流涡性现象的叠加。根据湍流的数值模拟对上述瞬时脉冲和湍流涡的描述方法不同,发展出多种数值计算模型(图 7-12):直接数值模拟(direct numerical simulation,DNS)、大涡模拟(large eddy simulation,LES)和 Reynolds 时均方程模拟(Reynolds-averaged Navier-Stokes equations,RANS)等。

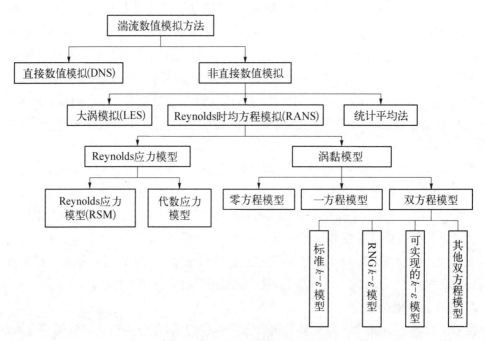

图 7-12　湍流计算模型分类

　　DNS 方法就是直接用非稳态的纳维-斯托克斯方程(Navier-Stokes equation)对湍流进行求解,其最大好处是无须对湍流流动做任何简化或者近似,理论上可以得到更加准确的计算结果。但是 DNS 必须采用很小的时间和空间步长,才能分辨出湍流中详细的空间结构及变化剧烈的时间特性,这对内存空间和计算速度要求非常高,目前在实际工程上的应用有很大的困难[8-10]。LES 方法是在对湍流涡旋学说认识的基础上,旨在用非稳态的 Navier-Stokes 方程来直接模拟大尺度涡,但不直接计算小尺度涡,小涡对大涡的影响通过近似的模型来考虑。该方法对计算机硬件的要求低于 DNS 方法,但仍然比较高,目前在工作站的高配置 PC 机上已经可以开展 LES 工作[11-13]。RANS 方法将非稳态控制方程对时间做平均,在所得出的关于时均物理量的控制方程中包含了脉动量乘积的时均值等未知量。因其所得的方程个数小于未知量的个数,要使方程组封闭,必须做出假设,即建立模型。这种模型把未知的更高阶的时间平均值表示成较低阶的计算中可以确定量的函数,降低了模拟的计算复杂度。Reynolds 时均方程模拟方法中,根据封闭模型的阶数不同,又分为几种具体的模型:Spalart - Allmaras 模型、标准 k - ε 模型(standard k - epsilon model)、RNG k - ε 模型、可实现的 k - ε 模型(realisable k - epsilon model)、雷诺应力模型(Reynolds stress model,RSM)。

Spalart - Allmaras 模型[式(7-1)]是单方程模型,比较简单,只需解算湍流黏性的输运方程,不需要考虑当地剪切层厚度的长度尺度,计算量小,对一定复杂的边界层问题有较好的效果,该模型主要用于航空设计领域。在原始形式中,Spalart - Allmaras 模型对于低雷诺数模型是十分有效的,可由于没有考虑长度尺度的变化,不适于解决流动尺度变换比较大的流动问题,不能依靠它去预测均匀衰退、各向同性湍流。该模型的输运变量在近壁处的梯度较小,对网格粗糙带来数值误差不太敏感。

$$\frac{\partial}{\partial t}(\rho\widetilde{v}) + \frac{\partial}{\partial x_i}(\rho\widetilde{v}u_i) = G_v + \frac{1}{\partial\widetilde{v}}\left\{\frac{\partial}{\partial x_j}\left[(\mu+\rho\widetilde{v})\frac{\partial\widetilde{v}}{\partial x_j}\right]+C_{b2\rho}\left(\frac{\partial\widetilde{v}}{\partial x_j}\right)^2\right\}-Y_v+S_{\widetilde{v}}$$

$$(7-1)$$

标准 k - ε 模型[14][式(7-2)、式(7-3)]是 Launder 和 Spalding 在 1972 年提出的,为双方程模型,由关于湍动能 k 的方程和关于湍动能耗散率 ε 的方程组成。它是个半经验公式,湍动能输运方程是基于精确的方程推导得出的,耗散率方程则是结合物理推理和数学模拟相似原型方程取得的。该模型假设气体或液体的流动为完全湍流,不考虑分子黏性的影响,因而适用于完全湍流的流动过程模拟,具有适用范围广、经济、精度合理等优点,是目前工程流场中的主要工具。

$$\frac{\partial}{\partial t}(\rho k) + \frac{\partial}{\partial x_i}(\rho k u_i) = \frac{\partial}{\partial x_j}\left[\left(\mu+\frac{\mu_t}{\sigma_k}\right)\frac{\partial k}{\partial x_j}\right]+P_k+P_b-\rho\varepsilon-Y_M+S_k$$

$$(7-2)$$

$$\frac{\partial}{\partial t}(\rho\varepsilon) + \frac{\partial}{\partial x_i}(\rho\varepsilon u_i) = \frac{\partial}{\partial x_j}\left[\left(\mu+\frac{\mu_t}{\sigma_\varepsilon}\right)\frac{\partial\varepsilon}{\partial x_j}\right]+C_{1\varepsilon}\frac{\varepsilon}{k}P_k+C_{3\varepsilon}P_b-C_{2\varepsilon}\rho\frac{\varepsilon^2}{k}+S_\varepsilon$$

$$(7-3)$$

式中,$C_{1\varepsilon}=1.44$,$C_{2\varepsilon}=1.92$,$C_{3\varepsilon}=-0.33$,$\sigma_k=1.0$,$\sigma_\varepsilon=1.3$。

RNG k - ε 模型[15][式(7-4)、式(7-5)]出自严格的统计技术,与标准 k - ε 模型较为相似,但在 ε 方程中增添了一个改善精度的条件,考虑到了湍流涡旋,并为湍流普朗特(Prandtl)数提供了一个解析公式,代替了之前的常数。而且,标准 k - ε 模型属于高雷诺数的模型，RNG 理论借助了一个考虑低雷诺数流动黏性的解析公式，能够正确地处理近壁区域，因而其在精确度和可信度方面要高于标准 k-ε 模型。

$$\frac{\partial}{\partial t}(\rho k) + \frac{\partial}{\partial x_i}(\rho k u_i) = \frac{\partial}{\partial x_j}\left[\left(\mu + \frac{\mu_t}{\sigma_k}\right)\frac{\partial k}{\partial x_j}\right] + P_k - \rho\varepsilon \tag{7-4}$$

$$\frac{\partial}{\partial t}(\rho\varepsilon) + \frac{\partial}{\partial x_i}(\rho\varepsilon u_i) = \frac{\partial}{\partial x_j}\left[\left(\mu + \frac{\mu_t}{\sigma_\varepsilon}\right)\frac{\partial\varepsilon}{\partial x_j}\right] + C_{1\varepsilon}\frac{\varepsilon}{k}P_k - C_{2\varepsilon}^*\rho\frac{\varepsilon^2}{k} \tag{7-5}$$

其中　　　　　$C_{2\varepsilon}^* = C_{2\varepsilon} + \dfrac{C_\mu\eta^3(1-\eta/\eta_0)}{1+\beta\eta^3}$，$\eta = \dfrac{Sk}{\varepsilon}$，$S = (2S_{ij}S_{ij})^{\frac{1}{2}}$

通常取 $C_\mu = 0.085$，$C_{1\varepsilon} = 1.42$，$C_{2\varepsilon} = 1.68$，$\sigma_k = 0.72$，$\sigma_\varepsilon = 0.72$，$\eta_0 = 4.38$，$\beta = 0.012$。

可实现的 k-ε 模型[16]也是在标准 k-ε 模型的基础上改进而来的，它的提出时间比较晚。标准 k-ε 模型对时均应变率特别的情形，有可能导致负的正应力，为使流动符合湍流的物理定律，需要对正应力进行某种数学约束，这就是可实现的 k-ε 模型的由来。它主要有两个特点，一是增加了一个湍流黏性的公式；二是为耗散率加入了新的传输方程，这个方程出自一个为层流速度波动而设计的精确方程。该模型对于圆柱射流和平板的发散比率、高逆压梯度的边界层流动、旋转流动、流动分离以及二次流有更为精准的预测。

$$\frac{\partial}{\partial t}(\rho k) + \frac{\partial}{\partial x_i}(\rho k u_i) = \frac{\partial}{\partial x_j}\left[\left(\mu + \frac{\mu_t}{\sigma_k}\right)\frac{\partial k}{\partial x_j}\right] + P_k + P_b - \rho\varepsilon - Y_M + S_k$$
$$\tag{7-6}$$

$$\frac{\partial}{\partial t}(\rho\varepsilon) + \frac{\partial}{\partial x_i}(\rho\varepsilon u_i) = \frac{\partial}{\partial x_j}\left[\left(\mu + \frac{\mu_t}{\sigma_\varepsilon}\right)\frac{\partial\varepsilon}{\partial x_j}\right] + \rho C_1 S_\varepsilon - \rho C_2\frac{\varepsilon^2}{k+\sqrt{v\varepsilon}} +$$

$$C_{1\varepsilon}\frac{\varepsilon}{k}C_{3\varepsilon}P_b + S_\varepsilon \tag{7-7}$$

式中，$C_1 = \max\left\{0.43, \dfrac{\eta}{\eta+5}\right\}$，$\eta = \dfrac{Sk}{\varepsilon}$，$S = (2S_{ij}S_{ij})^{\frac{1}{2}}$。

雷诺应力模型 RSM[17]比单方程和双方程模型更加严格地考虑了漩涡、旋转、流线型弯曲和张力快速变化，它对于复杂流动有更高的精度预测的潜力。但是这种预测仅仅限于与雷诺压力有关的方程。RSM 模型并不总是因为比简单模型好而花费更多的计算机资源，压力、张力和耗散速率被认为是使 RSM 模型预测精度降低的主要因素。在要考虑雷诺压力的各向异性时，必须用 RSM 模型，例如飓风流动、燃烧室高速旋转流、管道中二次流等。

$$\frac{\partial}{\partial t}(\rho\overline{u_i'u_j'}) + \frac{\partial}{\partial x_k}(\rho u_k\overline{u_i'u_j'}) = -\frac{\partial}{\partial x_k}\left[\rho\overline{u_i'u_j'u_k'} + \overline{p'(\delta_{kj}u_i' + \delta_{ik}u_j')}\right] + \frac{\partial}{\partial x_k}\left[\mu\frac{\partial}{\partial x_k}(\overline{u_i'u_j'})\right] -$$

$$\rho\left(\overline{u_i'u_k'}\frac{\partial u_j}{\partial x_k} + \overline{u_j'u_k'}\frac{\partial u_i}{\partial x_k}\right) - \rho\beta(g_i\overline{u_j'\theta} + g_j\overline{u_i'\theta}) +$$

$$\overline{p'\left(\frac{\partial u_i'}{\partial x_j}+\frac{\partial u_j'}{\partial x_i}\right)}-2\mu\,\overline{\frac{\partial u_i'}{\partial x_k}\frac{\partial u_j'}{\partial x_k}}-$$

$$2\rho\Omega_k(\overline{u_j'u_m'}\varepsilon_{ikm}+\overline{u_i'u_m'}\varepsilon_{jkm})+S_{user} \tag{7-8}$$

对于有建筑物壁面的湍流流动,可将流动划分为核心区和近壁区。核心区的流动为完全湍流区,而在近壁区湍流变化剧烈,流体流动受壁面流动条件的影响明显,可再分为黏性底层、过渡层和对数律层。k-ε 模型和 RSM 模型都是高雷诺数模型,适用于核心区的风速模拟;壁面函数法和低 Reynolds 数 k-ε 模型法,适用于近壁区的风速模拟。

3) 数值模拟法

数值模拟也称计算机模拟,是依靠计算机,结合有限元或有限容积的概念,通过数值计算和图像显示的方法,达到对工程问题和物理问题乃至自然界各类问题研究的目的。数值模拟法目前已成功应用于包括建筑风环境设计在内的许多流体相关领域,而超级并行计算机对大规模数值计算问题进行求解的方法,使复杂建筑规划设计的研究在工程上成为可能,并促进了一门新的学科——计算流体力学的产生。与传统的实验研究方法相比,数值模拟法具有很多优势。它可以选择合适的数值模型,模拟各种边界条件,不受外界环境影响,在理论研究中准确控制初始条件,来研究单一变量的影响。另外,整个求解过程在计算机上完成,不需要制作出实物模型和布置实验环境,前期准备工作少,操作灵活,费用低廉。这些优点使得计算机模拟方法有着非常广泛的应用前景。

常用的数值方法有许多种,其基本思想都是离散化与代数化,这些方法间的主要区别在于求解域和控制方程的离散方式不同。常用的流体力学数值方法包括有限差分法、有限元法、有限体积法等。有限体积法[18](finite volume method)又称为控制体积法,是目前最为常用的方法,它将计算区域划分成诸多网格(grid),如图 7-13 所示,并使每个网格点周围有一个互不重复的控制体积,控制方程对每一个控制体积积分,从而得到一组离散方程。

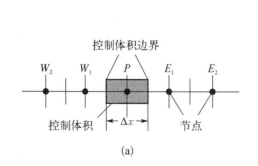

(a)

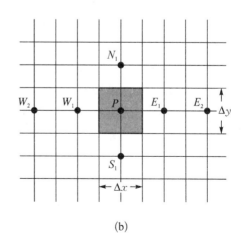

(b)

图 7-13 有限体积法网格

(a) 一维情况;(b) 二维情况

　　计算流体力学是一个用电子计算机和离散化的数值方法对流体力学问题进行数值模拟和分析的分支,是由流体力学、传热学、热力学、数值分析、计算机科学等多门学科组成的综合学科。计算流体力学的基本思想可概括为:将连续的空间分割成有限个离散点,通过建立代数方程组,求解每个离散点上各物理量的近似值,从而近似地描述整个空间中各物理量的连续分布。计算流体力学的一般分析步骤如图 7-14 所示。

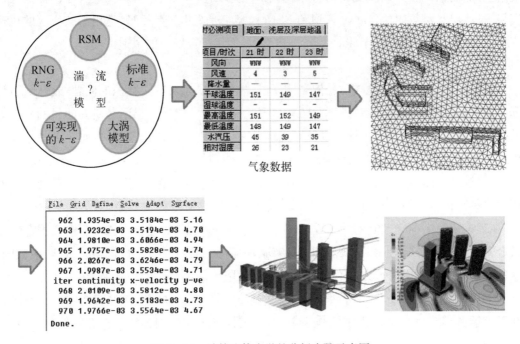

气象数据

图 7-14　计算流体力学的分析步骤示意图

　　(1) 建立反映工程问题或物理问题本质的数学模型　即建立反映问题各个量之间关系的微分方程及相应的定解条件,这是数值模拟的根本。流体的基本控制方程通常包括质量守恒方程、动量守恒方程、能量守恒方程以及这些方程相应的定解条件。由于湍流问题是科学界犹存的若干难题之一,对它的精确求解至今尚未能实现,所以湍流模型的合理选择在数值计算领域受到研究人员的高度重视。

　　(2) 寻求高效率、高准确度的计算方法　即建立针对控制方程的数值离散化方法,如有限差分法、有限元法、有限体积法等。这里的计算方法不仅包括微分方程的离散化方法及求解方法,还包括贴体坐标的建立、边界条件的处理。边界条件包括入口和出口气流的速率、方向、组成成分及其质量分数、湿度、温度,地面的类型、粗糙度、温度,建筑壁面的材料属性、辐射吸收率、反射率、温度等数据内容。如何根据气象资料设定环境初始风速、热度、湿度等参数,怎样处理边界条件数据才符合自然规律,都需要大量的经验积累和长期的监测数据支持。

　　(3) 划分计算网格　网格是将连续空间离散化的手段,大大降低了模拟过程的计算复杂度,使数值模拟这一思路变得可行。网格种类多样,如何根据实际情况选择合适的网格划分算法,应该划分多少个网格,怎样能够提高网格的质量,这些往往需要良好的空间思维能力和充足的实践经验。

(4)编制程序输入 CFD 软件进行迭代计算　这部分工作包括计算网格划分、初始条件和边界条件的输入、控制参数的设定等。另外,CFD 软件虽然提供大量的湍流模型,但因为风场变化的复杂性,要想得到尽可能准确的计算结果,实验者必须根据 CFD 软件提供的函数库编写用户自定义函数(user defined function,UDF),模拟现实环境中风速随海拔升高的改变、气流的损耗等现象,这些工作常常要花费大量的时间。

(5)显示计算结果　计算结果一般通过热力图、矢量图、流线图、统计表等方式显示,还可以根据每一步的计算数据,动态显示气体的扩散状态。为了达到更好的显示效果,常常会借助一些专业的 CFD 后处理软件。

4) CFD 软件介绍

由于数值模拟的方法能够以较低的成本来模拟尚未完成的工程,使城市规划者和建筑工程师可以根据计算结果找出方案的不足,方便地调整设计方案,因而在城市风环境、热环境、污染物扩散的评估中广为使用,一些流体仿真计算软件也应运而生。目前,流行的 CFD 软件有 Fluent、Ansys CFX、PHOENICS、Star - CD 等。下面对一些常用于建筑环境模拟的 CFD 软件进行介绍。

(1)前处理软件　Gambit 是 Fluent 公司出品的一款面向 CFD 的高质量前置处理器,主要用于几何建模和计算区域内网格的生成。Gambit 具有全面的三维几何建模能力和强大的布尔运算能力,用户可以直接在该软件中建立点、线、面、体,还能导入并自动修补 ANSYS、Pro/E、UG、CATIA、SOLIDWORKS 等常用 CAD/CAE 软件建立的平面模型或三维几何体。最重要的是,Gambit 具有优秀的网格划分能力,其网格划分算法使用户能够在复杂的几何计算区域中分割出高质量的四面体网格、六面体网格、非结构型的混合网格或边界层网格。该软件为 Fluent、POLYFLOW、FIDAP、ANSYS 等解算器生成和导出所需要的网格和格式。Gambit 具有很高的市场占有率,但自从 2006 年 Fluent 公司被 ANSYS 收购后,就停止了版本的更新。

ICEM CFD 是美国 ANSYS 公司主打的一款专业的前处理软件。ICEM CFD 14.0 为目前最新的版本,它拥有强大的 CAD 模型修复、自动中面抽取、独特的网格"雕塑"技术、网格编辑技术以及广泛的求解器支持能力。同时作为 ANSYS 家族中一款专业环境分析软件,还可以集成于 ANSYS Workbench 平台,获得 Workbench 的所有优势。但因网格划分方法复杂,学习周期较长。目前,ICEM 作为 Fluent 和 CFX 标配的网格划分软件,逐渐在取代 Gambit 的地位。

(2)数值模拟软件　Fluent 软件是 Fluent 公司于 1983 年推出的商用 CFD 软件包,目前已被 ANSYS 收购为其旗下产品。Fluent 具有丰富的物理模型、先进的数值方法和强大的前后处理功能,在航空航天、汽车设计、建筑设计和涡轮机设计等方面都有着广泛的应用。Fluent 软件具有强大的网格支持能力,能够解算界面不连续的网格、动/变形网格、混合网格以及滑动网格等，还包含丰富而先进的物理模型，使得用户能够精确地模拟无黏性流体、层流、湍流。湍流模型包括 Spalart - Allmaras 模型、$k-\omega$ 模型组、$k-\varepsilon$ 模型组、雷诺应力模型(RSM)组、大涡模拟模型(LES)组以及最新的分离涡模拟(DES)和 V2F 模型等。用户还可以根据需要定制或添加自己的湍流模型，如化学组分的混合和反应、混合多相流模型、颗粒相模型、湿蒸汽模型、流体的热传导等，这些都非常适合用于建筑环境的模拟。

Ansys CFX 是全球第一个通过 ISO 9001 质量认证的大型商业 CFD 软件，是英国 AEA Technology 公司为解决其在科技咨询服务中遇到的工业实际问题而开发的。和大多数 CFD 软件不同，CFX 采用的是基于有限元的有限体积法，不仅保留了有限体积法的守恒特性，还吸纳了有限元法的数值精确性。CFX 一般用于计算可压缩与不可压缩流体、热辐射、耦合传热、多相流、粒子运输过程等物理问题以及燃烧和化学反应等。在其湍流模型中，纳入了 $k-\varepsilon$ 模型、低 Reynolds 数 $k-\varepsilon$ 模型、低 Reynolds 数 Wilcox 模型、代数 Reynolds 应力模型、微分 Reynolds 应力模型、微分 Reynolds 通量模型、SST 模型和大涡模拟模型。CFX 因为具有优秀的计算精度和结果显示效果而广受好评。

Airpak 是为建筑师、工程师和设计师提供的专业用于采暖通风与空气调节(heating, ventilation and air conditioning, HVAC)领域的软件，能够准确、便捷地模拟一个通风系统中的气流运动特性、传热情况、空气品质和舒适度等问题，能够提高设计手段、减少设计风险、降低成本。Airpak 可以自动生成结构型、非结构型网格，具有强大的网格检查功能，并调用 Fluent 求解器对建筑环境进行计算，有效降低了使用难度。在后期处理上，Airpak 的数值报告结果也相对完善，可以模拟不同送风情况下室内的速度场、温度场、湿度场、污染物浓度场、空气龄场，计算 PMV 值和 PPD 值等，对房间的气流状况、热舒适性以及室内空气品质(indoor air quality, IAQ)进行综合评价。目前，Airpak 已在住宅通风、污染控制、排烟设计、工业空调、动植物生存环境、封闭车辆设施、体育场、总装厂房等领域的设计方面得到了有效应用。

Ecotect 是一款功能强大的建筑室内外环境分析和优化软件，由英国 Square One research PTY LTD 开发研制。Ecotect 的一大特点是可以识别各种不同格式的气象资料，具有直观而灵活的操作界面，简化了设计师的使用难度。利用该软件，建筑师可以在任一设计阶段对方案进行模拟评估，只需将 CAD 等常见格式的建筑模型输入软件，结合气象资料文件，就可以计算出设计方案的风场、热性能、日照、人工照明、声音传播、混响时间。

(3) 后处理软件 Tecplot 系列软件是由美国 Tecplot 公司推出的功能强大的数据分析和可视化处理软件。它包含数值模拟和 CFD 结果可视化软件 Tecplot 360，工程绘图软件 Tecplot Focus，以及油藏数值模拟可视化分析软件 Tecplot RS。作为功能强大的数据显示工具，Tecplot 通过绘制 XY、二维和三维数据图以显示工程和科学数据，图像美观，类型多样，甚至能根据用户需求生成动画。它可直接读入常见的网格、CAD 图形及 CFD 软件生成的文件和对数据进行修改，生成 BMP、AVI、FLASH、JPEG 等多种格式的图像，因此在工程研究中广为应用。

5) 城市风环境评估

在对城市风环境进行评估时,往往是实地监测、风洞实验和数值模拟方法一起使用、互相修正的,再加以对居民的问卷调查,从而得到一个最接近现实风场的结果,为城市规划设计提供标准。我国香港、台湾等城市化较早的地区已经形成了一定的研究体系,图 7 - 15 所示是香港都市气候图的研究方法,可以为内地的城市环境适宜性评价提供借鉴。

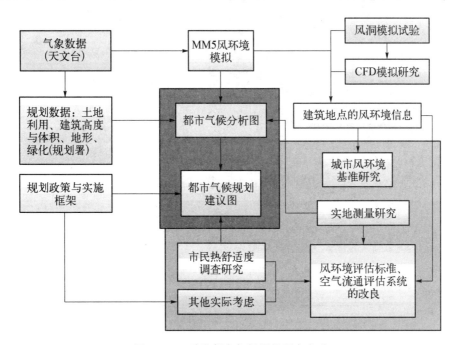

图 7 - 15 香港都市气候图的研究方法

7.1.3 风环境数值模拟案例分析

本节以同济新村部分建筑和同济设计中心 A 楼(以下简称 A 楼)为例,利用上海当地的气候统计监测数据,结合 CFD 软件 Airpak 对风绕过居住区建筑时的流场进行模拟分析,探讨 A 楼的修建对周围风场的改变,从而分析建筑布局与当地风环境的相互作用关系[19]。

1) 外部环境数据

同济新村位于上海市杨浦区,毗邻同济大学,图 7 - 16 为同济新村区位及航拍图,其中左图线框圈注的区域是案例中的模拟区域,线圈内矩形填充区域是 A 楼修建的位置。上海地理位置为:东经 121°4′,北纬 31°2′,平均海拔 7 m,时区:东 8 区。

通过 Ecotect 软件的气象数据可视化功能,可以得到上海地区的全年气象数据。图 7 - 17 为上海市全年温度、湿度分布曲线,图中从上往下第 1 条线为全年最高温度分布曲线,第 2 条线为全年平均温度分布曲线,第 3 条线为全年最低温度分布曲线,第 4 条线为全年每日早上 9 时的相对湿度分布曲线,第 5 条线为全年每日下午 3 时的相对湿度分布曲线。图 7 - 18 是上

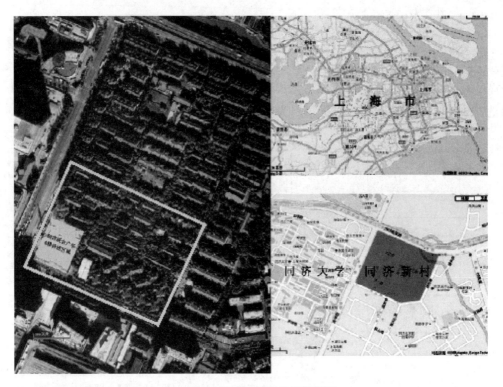

图 7-16　同济新村区位及航拍图

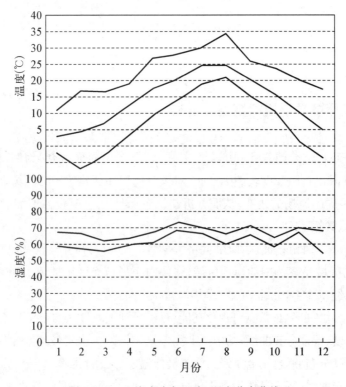

图 7-17　上海市全年温度、湿度分布曲线

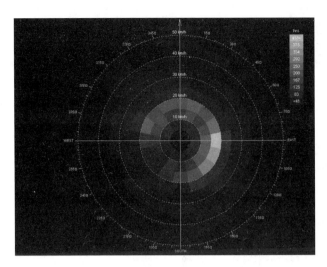

图 7-18 上海地区全年风向玫瑰图

海地区全年风向玫瑰图,如图所示,该地区全年最大风速约 55 km/h,即 15.2 m/s 左右,不同的灰度代表不同大小的风速在各方向角全年出现的总时长,灰度越小,时间越长。

通过气象数据分析可以得到上海地区的气象条件:上海位于北亚热带东亚季风盛行的地区,气候温暖湿润,雨量适中,四季分明,全年平均气温 15.8℃,全年平均日照时数 2 104 h,年平均相对湿度 77%~83%。年平均风速 3.0 m/s,每年 11 月—次年 2 月多北风和西北风,3—8 月盛行东南风,9—10 月多为北风和东北风。本案例主要针对夏季东南风和冬季西北风两种典型工况进行数值模拟,然后对小区布局的合理性和 A 楼修建对附近地区舒适度的影响进行技术层面的分析。

2) 湍流模型的选取

建筑小区内风的流动一般来说是不可压缩、低旋、弱浮力流动湍流。常用的数学模型有标准 k-ε 模型和大涡模拟模型等。相较之下,标准双方程模型 k-ε 模型计算复杂度低,在数值计算中稳定性强、精度高,易于进行网络自适应,多用于低速湍流数值模拟实验中。小区建筑外形复杂,适合使用非结构网格对其周围区域进行网格划分,因此本案例采用标准 k-ε 模型。

3) 模型简化

利用 Gambit 建模工具,建立同济新村西南组团简化模型(图 7-19)。同时选择距离地面 5 m、10 m、15 m 高度处的平面模拟结果进行分析,主要分析人员在小区生活时主要活动平面的风环境。建模过程中分析的主要对象为小区内部风环境,因此暂时只考虑小区内部的风环境,小区周围区域不予考虑,模型边界大小为 400 m × 350 m × 150 m,模型比为1∶1,地基位于 0 m 处。

4) 边界条件及网格划分

在确定数学模型和控制方程之后,需要设置合理的边界条件,让实验模拟接近真实情况,从而对同济新村所处的地理位置的风速和风向进行分析。利用风向玫瑰图,确定冬、夏

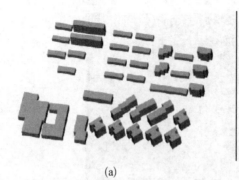
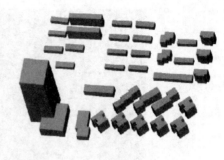

(a)　　　　　　　　　　(b)

图7-19　Gambit建成的简化建筑群模型

(a) A楼未建时；(b) A楼建成后

季的主导风向及风速,作为模拟区域的输入条件。在案例计算中定义进口为Fluent中的速度进口边界条件(velocity-inlet),在夏季典型工况(东南风,风速3 m/s)和冬季典型工况(西北风,风速3 m/s)进行计算,此为10 m高度的测量风速,风速随高度升高呈指数变化。在案例计算中定义出口为outflow自由出流边界条件,假定出流面上的流动已充分发展,流动已经恢复为无建筑阻碍时的正常流动,即出口相对压力为零。建筑物表面和地面是固定不动,不发生移动的,因此使用无滑移的壁面条件(wall)。

Airpak软件有相应的网格生成(前处理)与流动显示(后处理)模块,网格一般分为结构型和非结构型两类。生成网格的质量对后续计算的稳定性与精确度有很大的影响,网格生成质量的高低通常也是衡量CFD软件性能的重要因素之一。本实验在利用Airpak进行模拟时,采用非结构型网格技术进行网格划分,其划分的网格包括四面体、六面体等多种形状,这样可以最大限度地把复杂的下垫面形状表现出来,提高数值模拟的效果,图7-20所示为案例建筑群的网格划分结果。

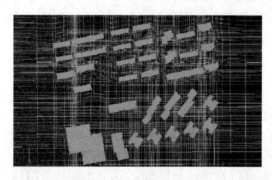

图7-20　非结构型网格

5) 模拟结果及分析

图7-21和图7-22是模拟的A楼修建前后夏冬两季5 m高度风速平面。从图7-21a可以看出,由于小区建筑分布朝向及来向风角度等原因,后排建筑大多都处于前排建筑的风影区(也称小风区)内。风道受到阻挡,整个小区的自然通风不够顺畅,大部分住宅楼都无法通过自然通风这一生态节能的方式来降温,只能通过空调来保持室内的热舒适性。通风不畅使得空调排出的热量和污浊的空气不能及时排走,会进一步导致空调能耗的增加和微气候环境的恶化。图7-21b为冬季通风状况,北侧的行列式区域风影区基本消失,但南侧的错列式和点式区域依然有大面积的风影区存在。图7-22是A楼建成后的风速平面,通过对比图7-21a和图7-22a,可以看到A楼背风向的风影区更长,高层建筑对风环境有更大的影响,

并且对周边同济新村的风环境也产生了一定改变。在夏季 A 楼北侧行列式区域因受到高层建筑狭管风的干扰,临近 A 楼区域的风影区变小,但远离 A 楼的风影区面积却增大了。在冬季,南侧的点式住宅因为直接坐落在 A 楼风影区内的缘故,风影区相比以前有所扩大。

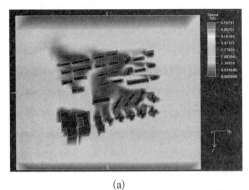 

(a)   (b)

图 7 - 21　夏季和冬季工况下 5 m 高度的风速平面(A 楼未建时)

(a) 夏季;(b) 冬季

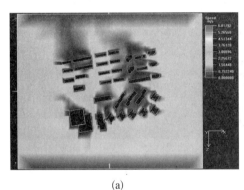 

(a)   (b)

图 7 - 22　夏季和冬季工况下 5 m 高度的风速平面(A 楼建成后)

(a) 夏季;(b) 冬季

图 7 - 23 和图 7 - 24 是 A 楼修建前后夏冬两季 5 m 高度的空气龄。空气龄从字面意义

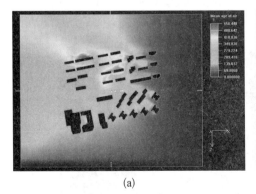 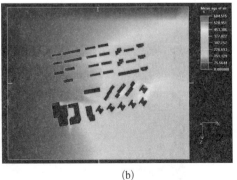

(a)   (b)

图 7 - 23　夏季和冬季工况下 5 m 高度的空气龄(A 楼未建时)

(a) 夏季;(b) 冬季

上理解是指空气在被测点上的停留时间,实际意义是指旧空气被新空气所代替的速度,空气龄越小说明空气越新鲜。在风速平面图中,风影区和空腔区的空气龄要比其他区域长一些,从A楼建成前后的对比可以看到,因受到高层建筑的影响,夏季行列式建筑北侧区域空气龄变长,冬季南侧错列式和点式区域空气龄变长,空气龄最大处达到了690 s,这一趋势与之前的平面速度场模拟是吻合的。

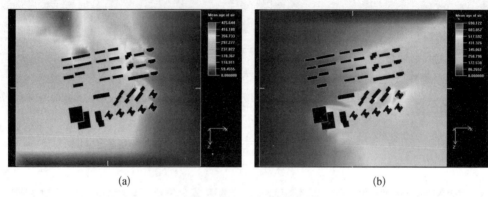

(a)　　　　　　　　　　　　　　　(b)

图7-24　夏季和冬季工况下5 m高度的空气龄(A楼建成后)

(a) 夏季;(b) 冬季

图7-25　夏季工况下5 m高度的
风速平面(A楼建成后)

图7-25是A楼修建后夏季5 m高度风速平面,图7-26是夏季A楼周边纵切面的风速平面。从两图中可以看出,来向风在遇到A楼的阻挡后会从其上面和两侧穿行,经过上面和两侧穿行的风,因气体的收缩效应会形成负压区,随之出现涡流,在建筑物的背风面也产生了风影区,在建筑物的迎风面靠近上侧产生了高速气流,这样就很容易在建筑周围形成漩涡、下冲或者上冲流,尤其是在当有一栋建筑远远高于其他建筑时。这种上冲、下冲气流会形成高速风,不仅会对周边行人造

图7-26　夏季工况下纵切面风速平面(A楼建成后)

成影响,还会增加建筑的空调能耗。高层建筑对周围风环境的影响和改变随着高度的增加而增大,从图中还可以看出 A 楼后面风影区范围很长,这说明建筑物的高度对流场的影响范围远远大于建筑物本身所在的区域。

通过对夏季和冬季两种工况的条件下模拟分析,能够直观地了解小区中风环境的分布情况,及时获取新建的高层建筑对周边风环境造成的影响,明确大气流场的空间变化规律。由案例分析可以看到,合理的布局朝向可以形成良好的通风走廊,利于空气流通、污染物扩散,建筑物也可以利用自然通风这一生态节能的手段,改善室内的热舒适性,提高城市生活的舒适度;反之,不合理的布局朝向,会形成恶劣的微气候环境,给人们的正常生活带来诸多不便和能源的浪费。并且,在高层建筑的背风面分布着范围不同的风影区,迎风面会形成一些高速气流区,对周边环境造成诸多不利影响,因此在建造高层建筑之前需要对周围的流场分布进行评估,做好防范措施,构建良好的城市风环境。

7.2 温湿数据与舒适度

城市建设和工业发展引起了城市热岛效应(urban heat island),密集的建筑群致使热空气难以向郊区扩散,把夏季的城市变成了一个大火炉,频频出现极端天气事件。热力扩散困难把人们的关注点集中到了城市内部热量缓解的问题上来,而具有优越储热能力的大型水体无疑是改善这一状况的重要手段。此外,湿度和温度对人体舒适性的作用常常是互相结合、彼此叠加的,众所周知,在同一温度条件下,不同的湿度会给人带来不同的热度感受。因此,水体对气候环境舒适度的影响得到了一些研究者的重视,利用现有的气象资料和地形数据,寻找其中的作用规律,对于改善城市生态环境有重要的意义。

7.2.1 城市热岛效应

城市热岛,是指城市中心区域的气温明显高于外围郊区的现象。在近地面气温图上,郊区温度较低且变化不大,城市区域则温度高且变化明显,城市中心区域的高温区如同矗立于海面的岛屿,故称为城市热岛。而使城市热岛形成和加强的效应,即称为城市热岛效应。

据统计,世界上目前有 1 000 多个不同规模的城市都产生了城市热岛现象,其范围遍布南、北半球的各纬度地区[20]。虽然城市热岛本身不会像台风、暴雨、龙卷风等强烈的天气现象那样直接带来严重的经济损失,但是会改变局部地区的热量平衡、大气边界层结构、水汽循环状态和污染物扩散规律。例如,城市高温促进了水的蒸发和云的形成,并加速其运动,从而增加该地区的降水量,改变了城市降水规律及水文状况[21],产生"城市雨岛现象"。城市热岛中心和郊区之间气流交换会形成一个闭合的环流圈,使市区上空的大气污染物聚集,城市暖气流中所含的大量烟雾和粉尘随气流运动,或沉降在城市及其附近,或悬浮于城市上空,逐渐与大气中的水蒸气结合,形成"城市污岛"和"城市雾岛",降低了城市的能见度和空气品质,危害市民的出行安全和身体健康。

本节将从城市发展所产生的数据变化出发,探究城市热岛的形成原因和分布规律,从而探索其中的数据模型,使人们可以高效、有针对性地减轻热岛效应,提高城市生活环境,恢复生态平衡。

1) 城市热岛的成因

城市化进程带来了大量人口迁移、工业生产、土木建设和交通运输,在大幅提高生产力的同时也改变了城市的气候环境。如图7-27所示,引起城市热岛效应的原因主要可以分为以下三个方面[22]:

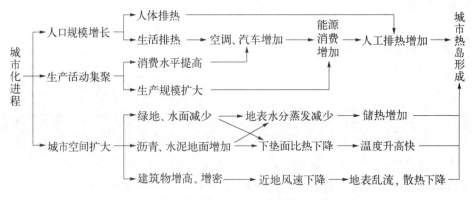

图7-27 城市化进程影响城市热岛效应的作用机理

(1) 人口规模增长 人口的迁移集中造成城市人口规模增大,使城市人体排热和生活排热大量增加。人体本身就是一个热源,一个成年人在安静状态下释放出相当于一只100 W功率的灯泡的热量。因此,人口的迁移集中造成城市人体热源及其排放热量的增加。同时,人口的迁移集中造成城市人口生活能源消费的增加。居民的工作学习、休闲娱乐都需要电灯照明和空调控温,出行活动时还需要交通工具等,都会产生可观的能源消耗,造成大量生活排热。而城市的高人口密度,更是造成了排热作用的高度聚集,难以快速向外部扩散。以上海市为例[22],20世纪80年代以来,上海人口迅速增加,1985—2005年,上海常住人口由1 240万增长到1 778万,增幅为43.14%;建成区人口由458万增长到805万,增加了75.18%。对上海人口规模和城市热岛效应强度做Pearson分析可以得出,上海建成区人口规模每增加100万,可导致热岛强度增加0.19℃。

(2) 生产活动集聚 工商业生产活动集中增加了温室气体的排放。尤其在城市发展的初期阶段,工业水平比较低,高能耗、低产出的产业占了城市生产很大比例,使工业污染处理达不到标准,进一步加剧了二氧化碳、二氧化硫、甲烷等温室气体和微粒的排放,从而加速了温室气体的化学反应,导致了大气中臭氧层的破坏,降低了对太阳辐射的抵挡能力,使到达地表的太阳辐射量增加,地表温度也由此升高,形成恶性循环。

（3）城市空间扩大　城市建成区面积的不断扩大改变了下垫面的性质。农业用地转变为城市用地,熔热能力强的绿地、水体面积逐渐减少,沥青、水泥材料的地面以及建筑物大量增加。绿地、水面减少与固化地面增加造成地表水分蒸发和蒸腾作用减弱,使下垫面通过蒸发排热减少,空气储热增加;沥青、混凝土等人造表面比热容小,日射吸收率高,辐射率大(表7-6),同样热量所产生的升温效果明显。从城市空间层面上,建筑物的增高、增密,造成下垫面粗糙度增加,近地面风速下降,而建筑结构的复杂多变产生了诸多城市乱流,这都会降低热交换向大气散热能力,造成地面高热而增温。

表 7-6　不同下垫面材料的日射吸收率和辐射率

材　　料	日射吸收率	辐　射　率
完全黑体	1.00	1.00
黑色非金属表面、沥青	0.90	0.90
白色砖、瓷砖、粉刷、涂料、烤漆钢板	0.20	0.90
浅色砖、瓷砖、石材、粉刷、涂料、烤漆钢板、纸、木材	0.40	0.90
中等色砖、瓷砖、石材、粉刷、涂料、烤漆钢板、纸、木材	0.60	0.90
深色砖、瓷砖、石材、粉刷、涂料、烤漆钢板、纸、木材	0.80	0.90
水泥或混凝土面	0.70	0.90
草坪与裸露地	0.50	0.90
水面、蔓藤绿化的墙面、灌木或乔木绿地	0.20	0.90

2）研究方式与模型

早在 19 世纪初(1818—1833 年),英国化学家、气候学家 Lake Howard 在对比观测了同时期伦敦城区和郊区的气温后,就发现了城区气温比城市周围郊区气温高的现象。随后,Manley 于 1958 年正式提出了"热岛效应"这一概念,受到多国学者的关注,并对此进行了一系列的研究。有科学家利用 14 个全球气候模式对纽约市未来 100 年的高温天数进行估测,结果显示,到 2050 年纽约市的高温天数将是现在的 4 倍,到 2080 年甚至可能增加 7 倍。城市热岛强度是会继续发展还是逐渐缓解将成为研究城市气候变化预测中一个重要课题。由于研究目的、范围以及对象的不同,对于城市热岛现象的研究方法可分为三大类:利用气象资料记录进行城市热岛的研究;利用气象运动模式进行数值模拟;通过卫星遥感影像反演地表温度来探究城市近地面热岛效应的时空分布特征[23]。

（1）传统观测法　一是利用气象站点记录的历史气象数据,计算城市站点和郊区站点之间的气候差异,选取若干相关指标,分析城市或一定区域在一定的时间序列上城市热岛的变化情况。这种方法的优点是时间跨度长,可以进行长时间序列的热岛演变分析,但由于观测数据的精度受到气象站点的数量及所处环境的影响比较大,观测点位置、观测习惯等变化都会干扰测定结果。二是选点观测,主要是人工布点小型气候观测仪进行水平方向的测定,或者使用探空气球收集垂直方向的热岛变化数据。选点观测属于实地测量,因此具备高时间分辨率的特点,但该方法只能应用于较小的空间范围内,故而结果会受到观测点选择的限制和小环境气象因素的影响,而且观测成本高,难以获得大、中尺度上的气象数据信息。三是流动观测方法,该方法采用车载气温气象观测仪器和便携式数据采集系统在选定的样带上进行流动观测和记录。流动观测法结合了前两种方法的特点,在一定程度上克服了前者的局限性,提高了观测数据的代表性和准确性。不足之处是在不同样带上的观测活动无法同时进行,这就导致了数据的可比性不够强。

(2)数值模拟法 数值模拟法一般是通过利用实地观测的气象资料建立基于气候统计计算模式和城市边界层模式的数学模型,来分析中尺度的热岛环流动力学特征和极限风速现象;或是根据气象数值波动,研究城市边界层热流特征和地形对于温度分布的作用变化。数值模拟方法可以利用观测数据来演绎城市热岛效应的产生和发展过程,还能根据历史规律推测未来城市气候的变化,方便快捷,成本低廉。但是模拟采用的模型多为理想模型,由于现实环境的复杂性,准确合理的模型参数设定常常需要一定的理论基础和实验论证。

城市冠层模式是目前城市大气运动数值模拟的主流方法,也是一种基于城市冠层理论的物理参数化方案。目前与中尺度模式相对应的城市模式主要有两种:城市冠层模式和计算流体力学模式[24]。城市冠层模式是一种基于城市冠层理论建立的物理参数化方案,是目前城市大气问题数值模拟研究的主流。按照冠层模式的垂直结构特点来划分,大致可以归为单层城市冠层模式和多层城市冠层模式两大类。

单层城市冠层模式是由 Masson[25] 和 Kusaka[26] 等提出和建立的,而后被 Chen[27] 等运用到了 MM5、WRF 等尺度模式中并进行了相应的改进。该模式的计算复杂度低,效率高,相对于路面模式对城市下垫面的划分尺度更为精细,分别根据人口密度和功能区分为低密度人口居住区、高密度人口居住区、工商业区和交通区。模型中还考虑了房屋朝向、几何特征、道路走向及人类活动的影响。

日本东京工业大学的梅干野晁教授曾研制出一款"热岛模拟系统",该系统收集了有关建筑、道路材料特性的大量数据,包括日光、反射率、热导率以及绿化的减热效应等信息,只需将建筑模型、建筑材料、地面绿化数据等信息输入系统,就可以模拟出开发区域热岛效应的具体数值,并提供减少热岛现象的建议,使设计者可以根据模拟结果优化设计方案。

(3)遥感反演法 现代遥感技术和地理信息系统的发展克服了传统研究方法中在空间布局、内部结构特征方面的问题,带来了研究城市热岛效应的新思路。遥感反演法主要是利用热红外传感器对城市下垫面在不同波段辐射值的差异来进行地表温度的反演(图 7 - 28),常用的有 NOAA AVHRR、MODIS、airborne ATLAS 和 Landsat TM/ETM+ 等多种数据。

其中 NOAA AVHRR 和 MODIS 数据的
热红外波段的空间分辨率较低,分别为
1.1 km 和 1.0 km,故只适合大尺度的区
域性温度分布和热岛研究,而 ATLAS 和
Landsat TM/ETM+数据的热红外波段
空间分辨率相对较高,可达到 120 m、
90 m 和 60 m,能够应用于中尺度的城市
地表温度与地表覆盖性质的关系研究。

图 7-28　GIS 城市气温反演图

　　总体来说,城市热岛效应包括三个层
次:城市边界层热岛(boundary layer heat
island,BLHI)、城 市 冠 层 热 岛(canopy
layer heat island,CLHI)和城市地表热岛(surface urban heat island,SUHI)。其中,城市
边界层处于最上层,日间厚度大约为 1 km,夜间通常会缩减到几百米,城市边界层热岛是城
市边界层与郊区边界层之间的温度差异。城市冠层处于城市边界层之下,指紧邻城市地表
的大气层,其厚度基本等价于城市建筑的平均高度。城市冠层温度与郊区冠层温度的差异
被称为城市冠层热岛效应。上面两层一般用来描述城市大气的热岛效应,数据多由实际测
量得到。城市地表热岛是用来描述城市地面的热岛效应,它代表了地表附近的热环境状
况,影响生态系统的能量交换与物质流动,与人体的舒适度感受紧密相关,此类数据主要通
过遥感技术获取。

3) 模拟预测案例介绍

　　要想准确预测城市气候的变化趋势,需要明确城市热岛微气候与区域气候的联系,多
尺度之间的相互作用关系,城市发展对地表显热和潜热、降水、幅度梯度、水汽辐合带的强
度大小和范围的改变。区域气候模式在极端气候事件的模拟预测中有着显著的效果,但由
于所设计的动力热力过程相对复杂,因而其在气候变化预测方面的应用并不多。城市气候
变化预测主要考虑以下几个问题[24]:如何在模式边界层、近地面层、城市冠层以及陆面过
程中准确描述出人类活动驱动下的城市热力、动力学非线性过程及其与自然生态环境之间
的相互作用,最新的城市下垫面信息(如道路、工厂、房屋、树木、停车场、公园等)获取的来
源,怎样参数化城市排放的气溶胶对大气辐射和降水的影响,验证各物理过程参数化的合
理性需要什么模型和标准。

　　城市的热岛效应主要是在城市化的人为因素和局地气象条件的作用下共同产生的。
有研究者使用灰色系统理论中灰色关联度分析方法对西安的城市热岛效应进行了分析和
评价,并使用 SCGM$(1,h)$模型对其发展趋势进行预测[28]。灰色系统广泛存在于自然界、
人类社会等领域,它是用来解决信息不完备系统的数学方法,结合自动控制与运筹学进行
贫信息建模。灰色关联度分析是基于行为因子序列的微观或宏观几何接近,以分析和确定
因子间的影响程度或因子对其主行为的贡献测度而进行的一种分析方法。

在对西安城市热岛强度的研究中选择了 7 个气象要素,分别为相对湿度、气压、水汽压、风速、年日照时数、总云量和低云量,并选取了 4 项人为热因素,即城市人口、耗电量、燃煤量和机动车量,共同作为城市热岛的影响因子,对 1990—2000 年的数据进行分析,得到了热岛强度与影响因子之间的关联度。由表 7-7 可以看出,城市耗电量与热岛效应的关联最为紧密,为 0.914 8,总云量的关联度最小,但也接近 0.6。此外,研究者还运用(1,11)预测模型进行了拟合和预测,由 1990—1997 年的拟合值与实测值之间的对比推演 1998—2000 年的热岛强度值(表 7-8),残差逐年增加,但考虑到西安城市气象监测站地处北郊,预测值应该更接近实际的城市热岛强度。

表 7-7 西安城市热岛强度与影响因子之间的关联度

因　　子	关　联　度	因　　子	关　联　度
相对湿度	0.761 6	年日照时数	0.795 9
气　压	0.775 7	城市人口	0.888 2
水汽压	0.602 1	耗电量	0.914 8
风　速	0.811 2	燃煤量	0.720 8
低云量	0.712 3	机动车量	0.759 4
总云量	0.597 5		

表 7-8 SCGM 模型预测值

年　　份	预测值(℃)	实测值(℃)	残差(℃)	误差(%)
1998	1.617	1.540 0	0.077 0	5.0
1999	1.838	1.687 5	0.150 5	8.9
2000	1.878	1.720 0	0.158 0	9.2

7.2.2　水体与城市微气候

绿色生态环境的建设越来越广泛地被社会接受,人们提出尊重自然、顺应自然、保护自然的生态理念。除了风环境对城市环境有影响外,水体对城市微气候的改变也不容忽视。早期,对水体与城市空间关系的研究多是集中在建筑美学、生态环境等方面。然而,伴随着城市化进程的加速,城市效应越来越明显,如果防治措施跟不上,对城市生态系统的破坏是十分严重的。众所周知,城市生态系统具有还原功能的主要原因是城市中绿化生态环境的作用,而城市的水体和绿化植被在城市生态系统中具有还原功能已经被世界各国的城市发展实践所证实。城市水体基本功能就在于调节小区气候,改善城市生态环境。

水体与建筑空间关系的研究由来已久,不论是我国传统风水理论中的"负阴抱阳,背山面水",还是麦克哈格的"千层饼"生态选址方法,水都是不可缺少的内容。所有内容都无可辩驳地说明好的水环境能给城市空间增色添彩,能让人感到舒适惬意。美国著名的生态学家 Robert Costanza 等在研究全球生态价值过程中提出以生态环境资源的服务功能构建生态服务价值体系。该体系中将全球生态系统的价值分为 17 类,其中关于气候调节、水调节、供水、控制侵蚀和保持沉积物、养分循环、废物处理、生物控制、遮蔽所、定居与迁徙、休闲娱乐、文化等都直接与水有关。Lan H. Thompson 根据"愉悦、生态、公共利益"的景观要求,认为水景具有环境、社会和美学三种价值[29]。

1) 对风速的影响

当人地处江河之滨或其他大型水体附近时,常常会感觉到有阵阵凉风袭来,临近海边的城市,大风天气也要比内陆地区频繁得多。许多自然现象都表明,城市水体的存在一定程度上改变了城市的风场分布。

通常意义上认为,水体对风速的影响主要有两个因素:水陆粗糙度差异和水陆热力差异[30,31]。空气流体在经过水体时,由于平静的水面要比陆面的摩擦力小,气流首先加速,并有下沉运动,经过水体中心后,风吹水面产生的波浪使下垫面摩擦力增大,风速减小。对水体附近空气湍流交换系数的空间分布模拟显示,湍流交换系数的变化呈以下规律:靠近水面的那层空气,无论白天还是夜间,由于水面的粗糙度较小,湍流交换系数比陆上同高度的要小。在白天,由于水上空气比较稳定,整个水面上的湍流交换系数都比陆地上小;夜间,由于水上空气较不稳定,在水体的下风方向湍流交换系数比陆上大。Hauriwitz 利用 Bjerkhes 的水面环流理论来分析摩擦效应时指出:在没有湍流混合摩擦时,只要陆地温度比水温高,湖风强度就增加,但是由于湍流的摩擦作用,使湖风最大强度不是出现在湖陆温差为 0 的时刻,而是出现在这之前陆地仍较水面暖的时候,为了克服摩擦力,需要有一个正的温度差。

除此之外,水体中水的蒸发会产生一个大的风道,一个从地面水体到空中的风道,这一现象在环境温度较高的夏季或空气湿度较低的春季表现尤为明显。蒸发产生的气流作用虽然不是很强烈,却改变了水体上空原本的空气成分和流向。风道中空气流动的一些参数取决于水体的面积、水面蒸发速率和水面的风速等,水体下风向处的风速变化要大于上风向处。

水体的面积和布局也是影响小气候效应的重要因素。水体面积越大,对环境影响越大,而单块的小于 $0.25 \ km^2$ 的水体对城市微气候不会产生明显的影响。相比于同等面积的单块水体,多块、密集分布的小面积水体群对环境的改变效果更显著。

2) 对陆面温度、湿度的影响

长期以来,人类活动就影响着周围环境的气候变化,但是这种影响大多表现在范围不是很大、主要是与下垫面状况改变有关的局部地区。大规模的土地利用和下垫面改变,通过地表粗糙度、反照率等的改变,会引起局地和区域气候的变化。把陆地转为水体,会引起地表和大气之间动量和热量交换的变化，进而影响气候。水体形成后，下垫面由热容量小的陆地变为热容量大的水体，蒸发量也随水域扩大而增加。水体达到一定数量、占据一定空间时，由于水体的辐射性质、热容量和热导率不同于陆地，而改变了水面与大气间的热交换和水分交换，使水域附近气温变化和缓、湿度增加，导致水域附近局部小气候变得更加宜人、更加适合某些植物生长[29]。一般夏季水面温度低于陆面温度，水体水面上部的大气层结构比较稳定，使降水减少；冬季水面温度高于陆面温度，大气层不稳定度增加，相应降水量也略有增加[32,33]。

韩国首尔市中心的清溪川在20世纪50—60年代由于经济增长及都市发展，曾被覆盖成为暗渠，水质亦因废水的排放而变得恶劣。为了缓解城市热岛的压力，改善空气质量，2003年在当地市政府的推动下被重新挖开，将河道上方兴建的高架拆除，引入清洁的河水，并在两岸栽以宜人的绿色植物，成为城市居民休闲纳凉的场所（图7-29）。相比河流重建前，气象观测数据显示恢复后的河流对缓解城市热岛效应起了重要的作用。此外，杨凯等[34]对上海城市中河流及水体周边环境进行温度和湿度的实地观测，发现水体有降温、增湿，提高人体舒适度的效应。水体面积和水体周边建筑物都是影响小气候效应的重要因素，"水绿"复合生态系统有利于水体小气候效应的发挥，另外，喷泉等人工设施强化了水体的小气候效应。城市中心区河流附近的地表温度远低于其他部位的地表温度，尽管相对于整个城市而言水体所占面积很小，但它的存在却可以制造出温度差，这种温度差就像城郊之间存在的温差一样。整个城市的能量平衡通过增加更多的蒸发表面而改变，更多吸收的辐射以潜热而非感热的方式被消散，从而降低气温，减轻热岛效应[35]。李书严等对城市中水体的微气候效应也进行了研究，得出城市中水体区的年平均气温比交通区和商业区低，说明水体的存在对于缓解城市热岛效应有一定的作用。

图7-29　韩国首尔清溪川实景

城市水体除了对风环境、温湿度的影响之外，还能起到净化环境的作用。自然界各种水体本身都有一定的自净能力。污染物质吸附在水面或进入水体后，通过环境中发生的一系列物理、化学和生物等变化被净化,水体环境部分地或完全地又恢复到原来的状况。充分利用水的自净能力,可使水质始终保持在一个较好的水平。

3) 水面蒸发作用

水面蒸发是指水面的水分从液态转化为气态逸出水面的过程。水面蒸发包括水分汽化和水汽扩散两个过程。从微观上看,蒸发就是液体分子从液面离去的过程。由于液体中的分子都在不停地做无规则运动,它们的平均动能的大小是与液体本身的温度相适应的。由于分子的无规则运动和相互碰撞,在任何时刻总有一些分子具有比平均动能还大的动能。这些具有足够大动能的分子若处于液面附近,其动能大于飞出时克服液体内分子间的引力所需的功时,就能脱离液面而向外飞出,变成液体的汽,这就是蒸发现象[36]。飞出去的分子在和其他分子碰撞后,有可能再回到液面上或进入液体内部。如果飞出的分子多于飞回的,液体就在蒸发。总之,蒸发是由于水面水汽压大于其上空大气的水汽压,使逸出水面的水分子量多于从大气中返回水面的水分子量的结果。

影响水面蒸发的因素较复杂,它是多种水文气象条件共同影响的“产物”,以下几种因素占有比较重要的地位:

(1) 水汽压力差(水温、气温) 水汽压力差是水面饱和水汽压与水面以上某一高度空气中的水汽压之差[37]。水面饱和水汽压是与水面温度相关的函数,水面上空中的水汽压则是气温与相对湿度的函数。水面水汽压的高低和水分子的活跃度是由水面温度决定的,空气中的水汽传播速率和接纳水汽的能力又在很大程度上受到气温的影响,故而水温和气温两大因素常常从水汽压力差中得以反映。道尔顿等众多学者认为,在其他因素固定不变的前提下,水面蒸发强度和水汽压力差呈线性关系。

(2) 风速 自由对流和水面风场都会引起水面的蒸发作用,无论在风速较大还是风速较小时,自由对流蒸发都是存在的。风速的大小,表现在它对紊流扩散的强弱和干湿空气交换的快慢上。当风速变大时,湍流增强,水面上的水汽会随着风和湍流迅速扩散到广阔的空间,干湿空气交换迅速,促使水面上的水汽压快速降低,饱和差变大,水面蒸发加剧;反之,则风场引起的蒸发作用减弱,此时自由对流蒸发所占水面蒸发的权重较大。

(3) 相对湿度 相对湿度是空气中的实际水汽压与当时气温下的饱和水汽压之比。它能反映出空气中的水汽含量距离饱和时的程度。由于水面上与其上空及外围存在着湿度差,相对湿度的大小能反映出水面上的水汽向外扩散和交换的快慢。当相对湿度较小时,水汽向外扩散和交换得快,蒸发率大;当相对湿度增大后,它既对水面水分子的外逸有抑制作用,也使水汽的扩散和交换强度减弱,故蒸发率减小[37]。

(4) 太阳辐射 太阳源源不断地以电磁波的形式向四周放射能量称为太阳辐射。太阳辐射总量主要由太阳辐射强度和日照时间两方面决定。太阳辐射强度会受所处地区的太阳高度角、海拔、天气状况、大气透明度、白昼时间和大气污染程度等因素的影响。日照时间是指太阳辐射地面的时间长度,以小时为单位,具体可分为可照时数和实照时数两种。可照时数相当于日出至日落时间间隔,其时间长短随纬度和季节而变化;实照时数是指在可照时数中除去云雾遮挡时间,太阳直射光直达地面的时间长度。一般来说,辐射强度越大,日照时数越长,水面蒸发速率越大;反之,则越小[38]。

（5）密度　物质的密度越高,蒸发速率越低。水体的含盐量会影响其密度大小,从而影响水面蒸发速率。

（6）水体表面积　物质的表面积越大,越多粒子能从物质表面逃逸出去,因此蒸发越快。

4）数值模拟分析

目前,水体对城市生态的物理影响研究的还比较少,这些研究大多停留在现象总结和概述的层面上。最初主要通过现场实际测量的方法进行研究,但它所受的限制很大,且代价昂贵。当然,实测的数据有极重要的参考价值,最终可以用来检验模型试验方法和理论分析是否准确。由上文的介绍可以看出,水体与气候要素之间的关系是相互作用、错综复杂的,要探究水体究竟能在多大程度上影响城市微气候,影响幅度与温度、水体结构大小、水面风速、空气湿度等条件有怎样的逻辑关系,则需要借助计算机数值模拟的方法,从大量的气象资料中挖掘出其中的联系,进行虚拟仿真,从而得到各个水体与各个气象要素及自身属性之间的作用关系。

水体对气候的作用过程是通过大气循环和湍流交换进行的,因而可以在风环境的模拟方法基础上,加入城市水体下垫面的因素,通过水面蒸发过程来考虑它对其他气象因素的影响,从而探讨水体对城市宜居性提高和建筑节能的作用效果。虽然水体会对其周围环境的温度、湿度和风速产生影响,但很多是通过实测获得的结论。不论是从城市尺度还是从小区尺度上来考虑,水体中水的蒸发是一个大的风道,一个从地面水体到空中的风道,这个风道中空气流动的一些参数取决于水体的面积、水面蒸发速率和水面的风速。目前提出的水面蒸发模型有许多,国外的研究成果有道尔顿模型、Carrier 关系式、Shah 关系式、VDI2089 等;国内有施成熙公式、闵骞模型等。可是由于水的蒸发过程不仅仅是一个物理现象,还会发生水分子结构的变化,因而在不同状况下蒸发特性会有所不一。再者,城市中高耸紧凑的建筑群、川流不息的车辆,以及较高浓度的颗粒物和气溶胶的存在,会改变城市的风向、风速、热辐射强度乃至水体本身的属性,因而需要充分考虑各项气象因素的状态,仔细评估水体当地的气象环境条件,选择合适的水面蒸发模型进行模拟。如有必要,需要结合风洞试验和实地测量数据来完善和验证数值模型,从而更加准确地模拟城市水体与其他气象因素的相互作用规律,使设计者可以通过修建水体、改造河流的手段来改善城市的微气候。

7.2.3　气候舒适度

在室外活动中,人体舒适度的形成受到微气候环境、人体的生理因素和心理因素等方面的共同作用(图 7 - 30)。居住区户外环境主要决定于城市大气候特征,但因每块区域的布局规划的差别以及区位、路面的差异会形成不同的居住区微气候环境。它将直接影响人体舒适状态，并决定了人们是否能够有效使用居住区外部空间。人对环境刺激不是被动接受的，在户外受到的限制相对较小，人们可以通过选择舒适的外部活动空间、改变活动量大小来调整新陈代谢

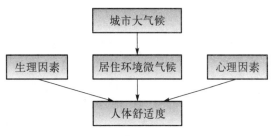

图 7 - 30　人体舒适度形成原理

率，或改变衣着来调节身体与环境的热交换作用等手段从生理上改善舒适度。与此同时，心理适应能力对人体舒适度也发挥着不可忽视的作用，如期望值、个人经历以及环境刺激对舒适度的影响等。

在以上因素中，居住环境微气候对人体的作用是最深远且具有普遍性的，人们都乐于生活在环境舒适的地方，良好的气候条件有助于机体的正常代谢，保持身体健康和心情愉悦。人类的身体状态受天气、气候的影响极大，当周围的气象因子如温度、湿度、气压、风速等发生显著变化时，就可能影响人体细胞和酶的正常作用，从而造成器官功能减弱甚至发生损害，影响身体健康。尤其当人体暴露在室外环境中时，温室气体的大量排放引起的城市极端天气增多，还有太阳辐射等室内没有的因素干扰，气候对人体舒适度的影响更为强烈。

1) 气象要素与舒适度

气象环境与人体舒适度有着紧密的联系，随着气象条件的不断变化，其与舒适度的关系也发生相应的变化。居民对环境的感知有一个舒适范围，超出了这个范围则会产生不适感，偏离舒适范围越远，则舒适度越差。在所有的气象因子中，温度、湿度、风及太阳辐射对人体的感觉影响最大，此外降雨、雷电、极端天气状况也会对人体产生不同程度的影响。晴空万里、温湿适宜会使人感到身体舒适，心情愉悦；而大风、阴雨、持续高温或寒冷刺骨的天气则会带给人明显的不适感。因此，气象要素是改善城市舒适度工作中必须考虑的因素。

（1）气温与舒适度　气温是影响舒适度的最主要的气象要素之一，气温对人体舒适度的影响主要表现在人体对外界环境产生的冷、热感觉上，也就是热舒适度。在正常情况下，人体内部的温度约为 37℃，皮肤表面温度约为 33℃，生命极限温度约为 42℃。人体能够通过进食获得能量，从而转化为热量维持机体温度和正常运转，或通过辐射、传导、蒸发等方式与外界环境进行能量交换，以保持体温的恒定。当外界的环境温度高于人体表面温度时，阻碍了人体热量的散失，因而会产生热的感觉，这一感觉会随着外界温度的升高而变得愈加明显，此时，人体会通过排汗或皮肤表层血液增加、心跳加快的方式消耗热能。相反，当外界环境的温度低于人体表面温度时，会促进人体热量的散失，当人体产热量小于散热量时，就会感觉到冷。感知程度也会随着温度的降低而变强，人体又通过皮肤血管收缩等形式减少热量流失。

（2）湿度与舒适度　空气湿度对人体舒适度的影响常常与气温对人体舒适度的影响相关。气温适宜的时候，人体对湿度的变化感觉并不敏感，然而当极端湿度伴随极端气温出现的情况下，不适感会加剧，人体的耐受能力会显著下降。在高温的情况下，人体主要依靠

蒸发散热来维持机体的平衡。当湿度较高时,会增加皮肤的湿润度使汗液蒸发受到限制,减少人体表面的潜热损失,相当于加剧了人体对热的感觉。而在低温高湿的情况下,身体的热辐射会被空气中的水蒸气所吸收,从而加快人体的散热,因此会感觉更加寒冷,加剧冷不舒适感。当湿度很小的情况下,低温或高温则会加剧对干燥的不适感受。由此可知,除了温度指标外,相对湿度也是一个重要的考虑因素。人体最适宜的空气相对湿度是 40%~50%,在这个湿度范围内,人体皮肤会感到舒适,且呼吸均匀正常。

(3)风与舒适度　空气流动现象由诸多因子决定,如气流速度的大小、方向、扰动强度和频率等。研究表明,风速的大小对人体的舒适度也有着直接的影响,气流的角度对人体的热舒适的作用则轻微得多,因此在考虑气流对舒适度的影响时,常常仅将空气速率用于评价指标的确立。气体在吹拂过人体皮肤的时候,可以促进人体与外界空气的热量交换,在风速一定的情况下,温度越低,人体散热就越快。空气对流的增加,也会加速汗液的蒸发,所以在天气炎热的夏天,风可以增加人体的舒适感;而在严寒的冬季,风则会加剧人体不舒适感。比如,当风速为 2 m/s 时,−40℃会造成人体的皮肤严重冻伤,而当风速上升至 13 m/s 时,−7℃就会对人体产生同样的伤害。

(4)日照与舒适度　日照时间的长短也会对人体舒适度产生一定程度的影响。夏季长时间、高强度的太阳辐射会使人感到炎热难耐甚至会灼伤皮肤,冬季晴朗天气里长时间的日照却会给人带来温暖的舒适感。另外,日照还会影响人的神经系统,充足的日照会使人振奋,精力充沛,从而感觉愉快,缺少日照则会容易使人情绪低落,精神抑郁。此外,人在阳光的直接照射下与在遮阴处的体感温度也会有一定的差别。

由此可见,多种气候要素的不同组合状况会使人体产生不同的生理感觉,从而产生舒适感或不适感。在温度相同而湿度、风速、日照不同时,人体的感觉都会有很大的差异,例如,当沿海和内陆的温度都是 0℃ 的时候,虽然温度相同,但是由于沿海地区湿度大,海风吹拂加剧了气流速度,会使人感觉冰冷刺骨;而内陆城市空气干燥,且风力较小,虽然觉得寒冷干燥,却不似海边那么令人难以忍受。所以,气象要素如果搭配恰当,人体就会感到舒适,否则可能会倍感不适。

2)舒适度评价

舒适度指标(comfort index)即生物气象温度指标(biometeorological temperature index),是指在各种气象要素的综合作用下评价某一特定小气候环境中气温对人体影响程度的指标。

舒适度指标的经验公式很多,根据不同的考虑角度有不同的指标,大致可分为三类:第一类是通过测定环境的综合气象要素制定出评价的指标,如湿球温度表示气温和湿度的综合作用,卡他度表示气温、湿度和气流速度的综合作用,黑球温度则表示气温、辐射和气流速度的综合作用;第二类是根据主观感觉结合气象要素而制定的指标,如等价温度、实感温度、不适指数等;第三类是根据生理反应结合气象要素制定的指标,如湿黑球温度等。

目前国际上常用的户外舒适度评价指标主要有 WGBT、MRT、SET*、PET 等,多被学者用于评量街道、骑楼、校园、住宅区等城市区域微气候环境。

（1）湿黑球温度指标（wet bulb globe temperature，WBGT）　湿黑球温度指标又称暑热压力指数，是由美国海军陆战队博士 David Minard 和 Constantine Yaglou 于 1956 年为减少新兵的热压力损伤而提出的。后经多次修订，国际标准化组织通过 ISO 7243 标准，将其定义为一种经验常数，通过量度气温、湿度、辐射热对人体的影响，表示人体受热程度。该指标常用于职业安全、体育和军事方面。

$$WBGT = 0.7T_{nw} + 0.2T_g + 0.1T_{na}（户外有日晒时） \qquad (7-9)$$

$$WBGT = 0.7T_{nw} + 0.3T_g（户外无日晒时） \qquad (7-10)$$

式中，T_{nw} 为湿球温度（℃），指暴露于空气中而不受太阳直接照射的湿球温度表上的数值；T_g 为黑球温度（℃），指在辐射热环境中人或物体受辐射热和对流热综合作用时，以温度表示出来的实际感觉温度，一般比环境温度也就是空气温度值高一些；T_{na} 为干球温度（℃），指暴露于空气中而不受太阳直接照射的干球温度表上所读取的数值。

（2）平均辐射温度（mean radiant temperature，MRT）　平均辐射温度是指周围环境对人体辐射作用的平均温度，如太阳辐射、全天空漫反射、短波反射、大气反射及周围物体表面的红外线辐射等。该指数与绿化植栽、户外遮阴、墙体材料有密切关系[39]。当四周环境表面的温度与空气温度相差较大时，人体的冷热感觉就需要将周围辐射作用考虑在内。

$$MRT = T_g + 0.237\sqrt{v}(T_g - T_a) \qquad (7-11)$$

式中，T_g 为黑球温度（℃）；v 为风速（m/s）；T_a 为空气温度（℃）。

（3）新标准有效温度（standard new effective temperature，SET*）　新标准有效温度是 Gagge 等在 ET* 的基础上，结合不同的活动量和衣服热阻而提出的一个可用于室外环境的热舒适指数。SET* 综合考虑了温度、相对湿度、风速、平均辐射温度、人体新陈代谢率、着衣量、皮肤温度和皮肤湿润度等因素，是一个基于 Gagge 的动态两节点模型。它将人体分成两个同心圆柱体，即核心层和皮肤层，因此计算较为复杂。该指标与其他根据主观评价统计得到的舒适性计算方法不同，是以人体生理反应模型为基础（表 7-9），通过分析人体与周围空气间的传热过程导出的。虽然表示为温度的形式，但实质上反映的是人体在特定环境中的热感觉。

表 7-9　新标准有效温度与感觉和生理现象的关系

SET^*（℃）	感　　　觉	生　理　现　象
10～14.5	冷，非常不能接受	开始发抖
14.5～17.5	凉爽，不能接受	身体缓慢降温
17.5～22.2	稍微凉爽，轻微不能接受	血管开始收缩
22.2～25.6	舒适，可接受	生理热中性

（续表）

SET* (℃)	感　　　觉	生 理 现 象
25.6～30	稍微温暖,轻微不能接受	轻微出汗,血管舒张
30～34.5	温暖,不舒服,不能接受	出汗
34.5～37.5	热,非常不能接受	大量出汗
＞37.5	非常热,极度不能舒适	蒸发调节失败

（4）生理等效温度（physiological equivalent temperature,PET）　生理等效温度是由德国 Peter Hoppe 为首的研究小组于 1999 年提出的,在室内舒适性指标 PMV - PPD 的基础上修订而来的。PET 结合了气温、相对湿度、太阳辐射、空气流动等各种气候条件和服装、代谢率等生理参数,主要应用于环境较为复杂的户外环境。此外,PET 被纳入德国 VDI 3787,是德国城市与区域规划设计的建议指数之一。

（5）人体舒适度气象指数　人体舒适度气象指数是指在考虑了气温、湿度、风等气象要素对人体的综合作用后,一般人群对外界气象环境感受到舒适与否及其程度。指数计算公式为

$$I = T - 0.55(1 - RH)(T - 58) \tag{7-12}$$

式中,I 为人体舒适度；T 为环境温度预报值（℉）,$T(℉) = T(℃) \times 9/5 + 32$；$RH$ 为相对湿度预报值。

人体舒适度指数分级标准见表 7 - 10。

表 7 - 10　人体舒适度指数分级

等　　　级	指 数 范 围	表 征 意 义
1	$I < 25$	寒冷,感觉极不舒适
2	$25 \leqslant I < 40$	冷,感觉不舒适
3	$40 \leqslant I < 50$	偏冷或较冷,大部分人感觉不舒适
4	$50 \leqslant I < 60$	偏凉或凉,部分人感觉不舒适
5	$60 \leqslant I < 70$	普遍感觉舒适
6	$70 \leqslant I < 79$	偏热或较热,部分人感觉不舒适
7	$79 \leqslant I < 85$	热,感觉不舒适
8	$85 \leqslant I < 90$	闷热,感觉很不舒适
9	$I \geqslant 90$	极其闷热,感觉极不舒适

注：该表为四川省标准中采用的计算方法,不同省份的计算参数及等级划分范围会根据当地气候条件有所差异。

(6) 风寒指数(wind chill index，WCI)　风寒指数是由 J. E. Oliver 于 1973 年提出的，表征在寒冷环境条件下风速与气温对裸露人体的影响，是由气温与风速所对应的函数(表 7-11)，其物理意义是指皮肤温度为 33℃时，体表单位面积和时间的散热量 $[kmol/(m^2 \cdot h)]$。

在冬季，持续的强风天气会令人们对冷的感觉来得更强烈。这个风速与人体对外界温度感觉的关系，称为"风寒效应"。风寒指数是根据风寒效应所定立的指数。而风寒效应的出现是因为风会影响人体对冷的感觉，导致温度计的读数在某些时候可与人们对冷暖的感觉有明显的分别。

表 7-11　风寒指数表

风速(km/h)　　气温(℃)	5	10	15	20	25	30	35	40	45	50
12	11.7	10.6	10.0	9.5	9.1	8.8	8.5	8.2	8.0	7.8
11	10.4	9.3	8.6	8.1	7.7	7.3	7.0	6.7	6.5	6.3
10	9.8	8.6	7.9	7.4	7.0	6.6	6.3	6.0	5.7	5.5
9	8.5	7.3	6.6	6.0	5.5	5.1	4.8	4.5	4.2	4.0
8	7.2	6.0	5.2	4.6	4.1	3.7	3.3	3.0	2.7	2.5
7	6.0	4.7	3.8	3.2	2.7	2.2	1.9	1.5	1.2	1.0
6	4.7	3.3	2.4	1.8	1.2	0.8	0.4	0.0	−0.3	−0.6
5	4.1	2.7	1.8	1.1	0.5	0.1	−0.3	−0.7	−1.0	−1.3
4	2.8	1.3	0.4	−0.3	−0.9	−1.4	−1.8	−2.2	−2.5	−2.8
3	1.6	0.0	−1.0	−1.7	−2.3	−2.8	−3.3	−3.7	−4.0	−4.3
2	0.3	−1.3	−2.3	−3.1	−3.7	−4.3	−4.7	−5.1	−5.5	−5.9
1	−0.9	−2.6	−3.7	−4.5	−5.2	−5.7	−6.2	−6.6	−7.0	−7.4
0	−1.6	−3.3	−4.4	−5.2	−5.9	−6.5	−6.9	−7.4	−7.8	−8.1

(7) 酷热指数(heat index，HI)　酷热指数是由美国 National Weather Service 定义的一种用综合空气温度和相对湿度来确定体感温度的指数，即真正感受到的热度[40]。人体在排汗时，汗液中的水分在这一过程中得以蒸发并且从人体带走热量，从而达到降温的目的。当环境中的相对湿度较高时，水分的蒸发率就会降低，这意味着从身体中带走热量的过程变得缓慢，相比于空气干燥时保留了更多的热量。基于在已知温度和湿度时的主观描述定义的计量方法，得出的指数可以将一组温度和湿度的组合换算成干燥空气中的一个相对更高的温度值(表 7-12)。

表 7-12 酷热指数表

相对湿度(%) 气温(℃)	50	55	60	65	70	75	80	85	90	95	100
28	28.2	28.6	29.1	29.7	30.2	20.9	31.6	32.3	33.1	33.9	34.7
29	29.5	30.1	30.8	31.6	32.5	33.4	34.4	35.5	36.7	37.9	39.3
30	31.0	31.9	32.8	33.9	35.0	36.3	37.7	39.1	40.7	42.4	44.2
31	31.9	32.9	33.9	35.1	36.4	37.9	39.4	41.1	42.9	44.8	46.8
32	33.8	35.0	36.3	37.8	39.4	41.2	43.2	45.3	47.5	49.9	52.4
33	35.8	37.3	39.0	40.8	42.8	44.9	47.3	49.8	52.5	55.4	58.4
34	38.2	39.9	41.9	44.0	46.4	49.0	51.7	54.7	57.9	61.3	64.8
35	40.7	42.7	45.1	47.6	50.3	53.3	56.5	60.0	63.7	67.6	71.7
36	42.0	44.3	46.7	49.5	52.4	55.6	59.1	62.8	66.7	70.9	75.3
37	44.9	47.5	50.3	53.4	56.8	60.5	64.4	68.6	73.1	77.8	82.8
38	48.0	50.9	54.2	57.7	61.5	65.7	70.1	74.8	79.8	85.1	90.7
39	51.3	54.6	58.3	62.3	66.6	71.2	76.1	81.4	87.0	92.9	99.1
40	54.8	58.5	62.6	67.1	71.9	77.0	82.5	88.3	94.5	101	107.9

注:白色区域:当酷热指数大于30时需要小心;浅灰色区域:酷热指数大于40,比较危险,可能出现热衰竭;深灰色区域:酷热指数大于55,非常危险,随时可能中暑。

在高温时,能够使酷热指数高于实际温度所需的相对湿度的大小要低于在低温条件下的情况。例如,在接近27℃时,如果这个时候的相对湿度是45%,酷热指数等于实际温度。但在43℃左右时,任何高于17%的相对湿度将使得酷热指数高于这一温度。但是,如果实际温度低于或接近20℃,特别是实际温度低于风寒指数的温度时,湿度就不再被看作升高体感温度的全部原因。

需要注意的是,酷热指数和风寒指数是基于在遮蔽处而不是暴露在阳光下的计量,在日照下的酷热指数会较表中指数值高出8℃。有的时候酷热指数和风寒指数被合称为一个名词——"体感温度"或是"相对室外温度"。

7.3 空气颗粒对环境的影响

1952年12月5日,英国伦敦发生了一起严重的烟雾事件(图7-31),高气压覆盖英国全境上空,在城市的低空出现逆温层,风速表读数变成了0,大量工厂生产和居民燃煤取暖排出的废气难以扩散,积聚在城市上空,使泰晤士河谷烟雾弥漫长达一周之久,悬浮颗粒物浓度高达 1 600 mg/m³,是正常水平的 9 000 多倍。即使在白天,能见度也只有 1 m 左右,路上只剩下少数开着灯缓慢移动的车辆和行人,超过 12 000 人因为这一事件而被心脏病、支气管炎、肺炎等疾病夺去了生命。

当前中国一些城市出现的雾霾现象与伦敦烟雾事件极为相似,给居民出行活动带来了诸多不便,也威胁到人们的生命健康。以黄淮北部、四川盆地、珠江三角洲和长江三角洲为首的霾区,虽然严重程度不及当年的伦敦,但其普遍性和持久性却不得不引起人们的重视。大气中的颗粒物为何会长久地弥漫在天空中难以消散? 这些烟雾的生成与城市废气的排放量和排放类型有怎样的关系? 是否能够根据气象数据分析霾出现的预兆和扩散的原因,加速颗粒物沉降的手段有哪些? 这些都是我们希望借助现代科技手段和大数据技术解决的问题。

图 7 - 31　伦敦烟雾事件照片

7.3.1　大气颗粒简介

由各种固体或液体微粒均匀地分散在空气中形成的一个庞大的分散体系,称为气溶胶体系。气溶胶体系中分散的各种粒子即为大气颗粒物。气溶胶虽然仅占整个大气质量的十亿分之一,却能导致大气能见度降低,通过光散射和光吸收直接影响气候变化[41]。近些年,随着工业、交通运输业的发展和城市能耗的增加,排放气体颗粒的化学组成、粒径特征逐渐趋于复杂化和区域差异化,很大程度上增加了空气治理的难度。环境监测数据显示,大气颗粒物是中国大多数城市的首要空气污染物。尤其是颗粒细小的粒子因在大气中长期滞留而富集了大量有毒、有害物质,对人体健康和大气环境质量影响更大。

1）颗粒来源

大气颗粒物有很多来源，无论是自然现象的飞沙扬尘，还是人类活动造成的工业尾气，都会产生多种类型的颗粒物。总的来说，可分为天然来源和人为来源两大类。

（1）天然来源　天然来源可以是风吹地面扬起的灰尘，海浪奔涌溅出的浪沫，火山爆发喷射出的气体和尘埃，森林火灾的燃烧物，宇宙中来的陨星尘以及生物界产生的颗粒物如花粉、孢子等；也可以是森林中排出的碳氢化合物，进入大气后光化学反应产生的微小颗粒，或与自然界硫、氮、碳循环有关的转化产物，如 SO_2、H_2S 经氧化生成的硫酸盐等二次颗粒物。这些粒子的产生是不受人类活动影响的。

（2）人为来源　人为来源主要是生产、建设和运输过程以及燃料燃烧过程中产生的。如各种工业生产过程中排放的粉尘颗粒，燃料燃烧过程中产生的固体颗粒物（如煤烟、飞灰等一次颗粒物），汽车尾气排出的卤化铅凝聚而形成的颗粒物，以及人为排放的 NO_2 在一定条件下转化为硝酸盐粒子等二次颗粒物。

2）新粒子形成

新粒子形成是指大气中某些气体前体物如 SO_2、NH_3 等在一定条件下凝结成核并增大的过程。新粒子形成包括成核过程和随后的成长过程两步[42]（图7-32）。

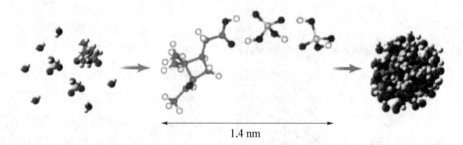

1.4 nm

图7-32　粒子成核过程示意图

成核过程被认为是一个典型的物理化学过程，即新相态形成之前，气体分子会凝结成分子晶胚或者分子簇。整个粒子系统会经历从气态到液态再到固态的一个变化，在这个过程中，系统会释放能量并趋于稳定。自然界中，颗粒物的成核过程源于多种机制，是一个普遍存在的现象，不论是在繁华的都市还是偏远的乡村，包括森林、草地、大洋岸边以及尘埃稀少的南北极地区，都能观测到新粒子的形成。在混合较好的大陆边界层内，区域性成核事件甚至可以绵延数百千米。不同的环境条件下，新颗粒物形成速度是不同的。在边界层内的区域成核事件中，某些城市地区、海岸地区和高 SO_2 浓度的工业气团中，成核速率可达典型情况的 10 倍之多，甚至引发高浓度超细颗粒爆发事件。

颗粒物的成长是指新排放或者新生成的颗粒进入大气后粒径的增长。大气环境中颗粒物的成长存在多种机制：

（1）成核前体蒸气的凝结（condensation of nucleating vapor）　当某种气体成分在大气中的蒸气压远远大于颗粒物表面该气体成分的饱和蒸气压时，就会在颗粒物表面凝结。新颗粒物成核以后,前体蒸气会凝结于新生成的颗粒物表面导致颗粒物的成长。蒸气不易存留在粒径较小的微粒表面,而容易凝结在颗粒物表面从而导致其粒径的成长,这些气体成分包括硫酸蒸气、水蒸气、氨气和低挥发性有机气体等。

(2) 带电性凝结(charge-enhanced condensation) 颗粒物带电会对气态的凝结蒸气产生静电吸引,增加纳米颗粒物的成长速率。但随着颗粒粒径的增大,静电作用将会减弱。

(3) 自凝聚增长(growth by self-coagulation) 粒径大小相近的颗粒物之间会发生自身碰并凝聚在一起形成更大的颗粒物。

(4) 其他蒸气的成长(growth by other vapors) 在过饱和度较低时,只有粒径较大的颗粒物可以活化为云滴,从而继续成长为更大的粒子,当过饱和度增大到一定程度时,较小些的悬浮颗粒也可以被活化。例如有机蒸气在高饱和度下,硫酸铵颗粒物可能会被活化,从而造成颗粒物的成长。

(5) 多相化学反应(multi-phase chemical reaction) 又称为非均相化学反应(heterogeneous reactions),该机制起始于蒸气在颗粒物表面的凝聚,会受到凯氏效应(Kelvin effect)的限制,即气体成分在曲面上的饱和蒸气压低于在平面上的蒸气压,且粒径越小越明显。

3) 颗粒分类

大气颗粒的分类一般是根据粒径大小、物理状态、来源、表现形式来区分的。按状态分类,可分为以下八类:

(1) 粉尘(dust) 颗粒直径:$1\sim100~\mu m$;物态:固体;生成、现象:机械粉碎的固体微粒,风吹扬尘,风沙。

(2) 烟(fume) 颗粒直径:$0.01\sim1~\mu m$;物态:固体;生成、现象:由升华、蒸馏、熔融及化学反应等产生的蒸气凝结而成的固体颗粒,如熔融金属、凝结的金属氧化物、汽车排气、烟草燃烟、硫酸盐等。

(3) 灰(ash) 颗粒直径:$1\sim200~\mu m$;物态:固体;生成、现象:燃烧过程中产生的不燃性微粒,如煤、木材燃烧时产生的硅酸盐颗粒,粉煤燃烧时产生的飞灰等。

(4) 雾(fog) 颗粒直径:$2\sim200~\mu m$;物态:液体;生成、现象:水蒸气冷凝生成的颗粒小水滴或冰晶水平视程小于$1~km$。

(5) 霭(mist) 颗粒直径:大于$10~\mu m$;物态:液体;生成、现象:与雾相似,气象上规定称轻雾,水平视程在$1\sim2~km$,使大气呈灰色。

(6) 霾(haze) 颗粒直径:$0.1~\mu m$;物态:固体;生成、现象:干的尘或盐粒悬浮于大气中形成,使大气混浊呈浅蓝色或微黄色。水平视程小于$2~km$。

(7) 烟尘(smoke) 颗粒直径:$0.01\sim5~\mu m$;物态:固体与液体;生成、现象:含碳物质,如煤炭燃烧时产生的固体碳粒、水、焦油状物质及不完全燃烧的灰分所形成的混合物,如果煤烟中失去了液态颗粒,即成为烟炭。

(8) 烟雾(smog) 颗粒直径:$0.001\sim2~\mu m$;物态:固体;粒径在$2~\mu m$以下,现泛指各种妨碍视程(能见度低于$2~km$)的大气污染现象;生成、现象:光化学烟雾产生的颗粒物,粒

径常小于 $0.5~\mu m$,使大气呈淡褐色。

按监测和粒径分类,可归为以下四类:

(1) 总悬浮颗粒物(total suspended particulate,TSP) 用标准大容量颗粒采样器在滤膜上所收集的颗粒物的总质量作为大气质量评价中的一个通用的重要污染指标。其粒径多在 $100~\mu m$ 以下,尤其以 $10~\mu m$ 以下的为最多。

(2) 飘尘(airborne particle) 长期漂泊在大气中,颗粒直径小于 $10~\mu m$ 的悬浮物。

(3) 降尘(dust fall) 大于 $10~\mu m$ 的微粒,由于自身的重力作用而很快沉降下来的部分微粒。

(4) 可吸入性粒子(inhalable particles,IP) 易于通过呼吸过程而进入呼吸道的粒子,是粒径小于 $10~\mu m$ 以下的颗粒物。

4) 颗粒的沉降

颗粒在空气中飘浮一段时间后,可能会受到自身重力、离心力或其他外力的作用而发生沉降,这一过程对海洋和陆地生态系统的化学元素传输有着重要的影响。不过,颗粒沉降最直接的作用效果是可以减小大气中污染物的浓度。颗粒的沉降主要分为干沉降和湿沉降。

干沉降是指颗粒物通过重力作用或与其他物体碰撞后发生的沉降,是污染物从大气中清除与自净的途径之一。该过程有两种作用机制:一种是粒径小于 $0.1~\mu m$ 的颗粒,通过扩散运动、相互碰撞而消除或凝聚成较大的颗粒,随着大气湍流散落到地面;另一种是颗粒在重力的作用下逐渐飘落,其沉降速率与密度、粒径、空气运动黏滞系数等有关。

湿沉降是指通过降雨、降雪等使颗粒物从大气中去除的过程,是去除大气颗粒物和气态污染物的有效途径,有雨除和冲刷两种机制。雨除是指一些颗粒物可作为形成云的凝结核,成为云滴的中心,通过凝结过程和碰撞过程使其逐渐增大变为雨滴,进一步长大而形成雨降落到地面,颗粒物随之从大气中被去除,这一机制在去除粒径小于 $1~\mu m$ 的颗粒物时有较好的效果。冲刷是指降雨时悬浮在云层下面的颗粒物和降下的雨滴产生惯性碰撞或扩散、吸附过程,从而去除掉颗粒物,冲刷多用于去除粒径大于 $4~\mu m$ 的颗粒物[43,44]。但是,这两种机制对粒径为 $2~\mu m$ 左右的颗粒物都不会产生明显的去除作用,故而这些颗粒物可以随大气运动扩散到数百千米甚至上千千米以外的地方去,造成大范围的污染。

5) 颗粒物的三模态和PM2.5

1978年,Whitby 将颗粒物粒径分为三模态,分别是艾根核模、积聚模和粗粒模(图7-33)。艾根核模是指由蒸气凝结或光化学反应使气体形成核作用而形成的颗粒,粒径为 $0.005\sim0.05~\mu m$;积聚模是指粒径为 $0.05\sim2~\mu m$ 的颗粒物,它是由艾根核模颗粒凝聚或通过蒸气凝结气体而长大的。以上两种小于 $2~\mu m$ 的颗粒合称为细粒,靠冷凝和凝聚形成。粗粒模是粒径大于 $2~\mu m$ 的颗粒物,为粗粒,多由机械粉碎、液滴蒸发等过程形成,主要来源是自然界及人类活动的一次污染物。

PM,英文全称为 particulate matter,即颗粒物。现在人们常说的 PM2.5 的中文名称是

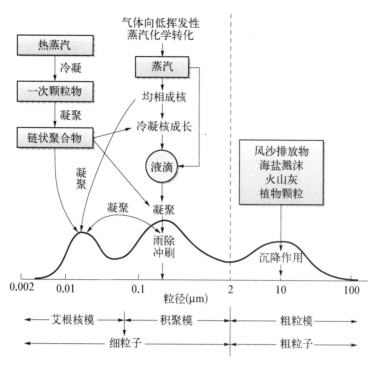

图 7-33　气溶胶的粒度分布及其来源和沉降

细颗粒物,是指环境空气中空气动力学当量直径小于等于 2.5 μm 的颗粒物,与 Whitby 的划分基本相符。PM2.5 标准是美国 1997 年为了更有效地监测随着工业化日益发达而出现的、在旧标准中被忽略的、对人体有害的细小颗粒物而提出的。细颗粒物的来源主要是日常发电、工业生产、汽车尾气排放等过程中经过燃烧而排放的残留物,其化学成分包括有机碳、碳元素、硝酸盐、硫酸盐、铵盐、钠盐等。颗粒较长时间悬浮于空气中,对空气质量和能见度的影响很大。与粗颗粒物相比,PM2.5 面积大、活性强,由于长时间停留于易携带重金属、微生物等有毒有害物质,因而对人体健康和大气环境质量的影响更大。

　　气象专家和医学专家认为,细颗粒物弥漫所产生的雾霾天气对人体健康的危害要远大于沙尘暴。粒径 10 μm 以上的粗颗粒,通常不会吸入鼻腔。粒径为 2.5~10 μm 的颗粒物,虽易被吸入上呼吸道,但大部分会被鼻内绒毛阻挡或通过痰液等方式排出体外,因此对人体的危害并不大。而粒径小于 2.5 μm 的细颗粒物,其直径只有头发粗细的十分之一,会直接吸入支气管中,对肺部的空气交换造成干扰,引发支气管炎、哮喘、心血管病等慢性疾病。2013 年,《环境研究通讯》发表了一篇韦斯特等用六个不同的大气环境计算机模型模拟的实验论文,结论称全世界每年有 210 万人因为室外的有毒空气污染物细颗粒物而死亡。

7.3.2　微粒扩散与城市规划

　　来自欧洲的一项研究显示,长期接触空气中的颗粒污染物会增加患肺癌的概率,即使颗粒浓度低于环境标准上限也是如此。另一项报告称,这些微粒或其他空气污染物的浓度在近些年内还会不断上升,从而增加心脏病的患病率。研究人员还发现,即使污染水平只是短暂时间内升高——类似城市发出的雾霾警告,也会使心力衰竭者发病或死亡的风险上升 2%~3%。研究者将这些数据应用于美国环境的研究,发现如果每立方米空气中的PM2.5 减少 3.9 mg,每年就可以减少近 8 000 例因心力衰竭而引起的住院治疗。

城市运转每时每刻都在向空气中排放各种烟雾和颗粒,这些微粒随着大气运动飘散在世界各地,没有一块大陆可以幸免,因而大气颗粒对城市的危害作用也是一个全球性的问题。这些粒子是如何运输到地球的每一个角落去的,想要改变城市烟雾笼罩的现状,首先要了解微粒在空气中的扩散规律。

1) 微粒扩散作用

微粒在气体介质中,由于会受到气体分子的随机碰撞,时刻都在做随机的迁移运动,这种运动现象称为布朗扩散运动。布朗运动可以促使微粒与其他离子结合受到足够的重力发生沉降或附着在其他物体表面而被移除。但在此之前,它们会在大气中进行布朗运动,从浓度高的区域迁移到浓度低的区域,这就是微粒的扩散作用。

微粒扩散是具有一定的运动规律的,由布朗运动引起的扩散作用,使粒子即使在不受任何外力的作用下也会自动从高浓度区域向低浓度区域扩散。微粒由扩散而发生的位置转移满足菲克第一扩散定律,即单位时间内越过单位面积的粒子数(粒子通量),与垂直于该单位面积的粒子浓度梯度成正比。由于扩散作用,任何一点的粒子浓度都在不停地变化着,菲克第二扩散定律解释了空间中某一点的微粒由于扩散而引起的浓度随时间的变化关系,它与该点的浓度梯度的偏微分成正比。布朗运动引起气溶胶粒子做无定向的随机运动,但对单个粒子而言,经过一定时间后,回到原始位置的可能性极小,因此必然会产生一个净的位移,这个位移可能是线性的,也可能是受到气体分子的碰撞发生的旋转。在现实生活中,一束光通过粒子云时所发生的闪动现象,就可能是一些粗颗粒产生的粒子旋转。

不仅在静止的空气中粒子会产生扩散,空气对流也会促进微粒的扩散作用。事实上,大部分扩散现象都属于对流扩散。例如,在一个房间里,有人抽了一支烟,很快屋内的其他人甚至外面的人就能闻到一股烟味,这其实不是分子扩散而是对流扩散的结果,因为分子扩散的距离是非常有限的,即使在感觉不到风吹动的室内,空气对流作用也是不可忽视的。

除了有规则的空气对流外,近地层的大气始终处于无规则的湍流状态,特别是大气边界层内,气流受下垫面影响,湍流运动更加强烈。大气湍流引起流场之间强烈的混合作用,会驱使局部的污染气体或微粒迅速扩散。比如烟团在大气的湍流混合作用下,湍涡会不断将烟气向周围空气中推去,同时又把周围的空气卷入烟团,从而产生烟气的快速扩散稀释过程。

烟气在大气中的扩散特征取决于湍流的存在与否以及湍涡的尺度。如图 7-34 所示,图 7-34a 为无湍流时烟团在分子扩散作用下的增长,烟团的扩散速率非常缓慢,要比湍流扩散小 5~6 个数量级;图 7-34b 是烟团在远小于其尺度的湍涡中扩散,烟团边缘因受小湍涡的扰动作用,渐渐与周围空气混合而发生缓慢的膨胀,浓度逐渐降低,烟流基本呈直线向下风运动;图 7-34c 是烟团在与其尺度相仿的湍涡中扩散,烟团在湍涡的切入卷出作用下被迅速撕裂,横截面快速膨胀,产生大幅度的形变,因而扩散较快,烟流呈小摆幅曲线向下风运动;图 7-34d 是烟团在远大于其尺度的湍涡中产生的扩散,烟团受大湍涡的卷吸扰动影响较弱,膨胀程度有限,烟团在大湍涡的夹带下做较大摆幅的蛇形曲线运动。现实中,大气中同时并存的湍涡具有各种不同的尺度,故而烟云的扩散过程通常并不是在单一情况下进行的[45]。

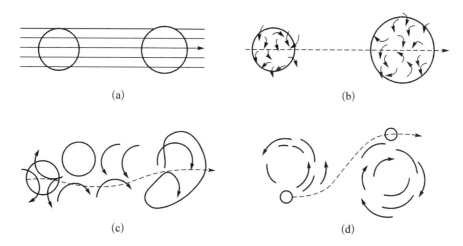

图 7-34 烟团在大气中的扩散

(a) 无湍流;(b) 小湍涡中的烟团;(c) 与烟团尺度相仿的湍涡中的烟团;(d) 大湍涡中的烟团

颗粒物中 1 μm 以下的微粒沉降速度很慢,可以在大气中长久存留并在大气动力作用下被吹送到很远的地方。所以颗粒物的污染往往波及很大区域,甚至成为全球性的问题。粒径为 0.1～1 μm 的颗粒物,与可见光的波长相近,会对可见光产生很强的散射作用,导致空气的能见度降低。由二氧化硫和氮氧化物化学反应产生的硫酸和硝酸微粒是造成酸雨的主要原因,大量的颗粒物落在植物叶子上影响植物生长,落在建筑物和衣服上能起沾污和腐蚀作用。粒径在 3.5 μm 以下的颗粒物,能被吸入人的支气管和肺泡中并沉积下来,引起或加重呼吸系统的疾病。大气中大量的颗粒物干扰太阳和地面的辐射,从而对地区性甚至全球性的气候发生影响[46]。

2) 大数据在改善空气环境中的应用

20 世纪 90 年代以前,我国气象资料大部分局限于地面及高空观测。当时,2 000 多个地面站以小时为单位收集气象信息,120 多个高空站每天观测最多不超过 4 次。因而数据量并不算太大,即使加上卫星和雷达资料,总体日增量也只停留在 GB 量级。可 20 多年后的今天,我国区域自动气象站就增加到了 4.6 万个,平均间距 20 km 左右,每 10 min 就观测一次,未来还将加密至分钟级,在空间密度上,至少增加 23 倍,频度增加 60 倍,地面及高空观测信息总量增加了上千倍。而这些只占整个气象数据的 30%,雷达、卫星以及数值预报数据占到了 70%。目前，我国每年的气象数据已接近 PB 量级。

气象资料的观测信息量越大，所蕴含的真实信息就越多，每个数据虽说都有特定的价值，但难以从中提取出来。由于大气运动的复杂性，人们只能利用简化的数值模型对天气、气候的形成进行模拟。但这一模拟并不够精确，即使是对短短几天的天气预报都无法非常准确的预报，更不要说对未来几个月、几年的气候变化进行精确预测了。因为虽然是气象预报，实际分析时所使用的数据却不仅仅局限于气象数据，人类的工作出行，动物的生存竞争，植物的花开花落，河流的奔腾流淌，地球上的每一点动静都会影响天气的变化。暂且不谈这些数据从何处获取，即使有幸得到，连世界上最先进的计算机也无法精确模拟气象的变化。气象变化每时每刻都在进行，因而预测模型差之秋毫，就可能导致实际结果谬以千里。

目前，大数据的主要运用在社会科学部门，如政府、公共卫生、社会安全等部门，而在自然科学界的运用还比较少。纵观气象数据，虽然在量上并没有业界所定义的"大数据"那样多，但其多种类、高增长、信息分布稀疏等特征均与大数据相符。对大数据进行相对简单的运算永远比对小数据进行复杂运算得出的结果准确，如果能够将气象数据与地理信息、行业信息相结合，有效提取其中的数据特征，寻找大气运动乃至气候变化的规律，将会成为今后改善城市环境的重要依据。

人们对于无处不在的环境污染到底了解多少？我国对雾霾的危害和治理虽然争论不断，却难以见到权威的结论，可见其中的信息匮乏程度之严重。如果没有有效的"大数据"分析，建立立体的治理框架和信息公开机制，环境危机的解决就难以避免低效的现状。

其实，在中国，环境监测方面的"大数据"尝试已经开启，其中最具代表性的是由著名环保人士马军领衔的环保非政府组织——公众与环境研究中心。他们于 2006 年开始先后制定了"中国水污染地图"和"中国空气污染地图"，建立了国内首个公益性的水污染和空气污染数据库。2013 年，国内就准备在京津冀、长三角和珠三角地区建立雾霾的应急减控对策系统，这个系统将依托于"天河一号"计算机，可以对采集到的大量空气质量数据进行分析，以对雾霾做出全面的分析及准确的预报。

在欧洲，一些国家已经将大数据运用在了空气颗粒物浓度降低方面。德国联邦环境署的报告指出，交通流量大的德国城市的颗粒物浓度经常超标。例如，波茨坦的 Zeppelinstrae 测定站 2011 年的记录显示，该市有 55 天的颗粒物浓度超过官方限值，将近六分之一的时间居民都生活在微粒污染的威胁之中。2012 年，波茨坦与西门子联合发起了一项旨在降低颗粒物和二氧化氮排放量的试点计划。西门子部署了一个名为 SitrafficConcert/Scala 的交通管理系统，用于从各式各样的传感器采集最新交通数据信息（如车流量和封闭路段等），并根据分析结果自动生成交通引导策略，在保证车辆通行畅通的基础上减少尾气的排放。该系统还会实时接收温度、风力、风向等气象数据以及关于建筑工地的位置信息，利用所有这些数据，该系统能够准确计算出不同街道和路段的污染状况。在空气颗粒浓度较高的区域，该系统可以将路口的所有信号灯变为绿灯，减少车辆滞留；或者通过转移交通流，切断行进缓慢的车辆长龙,从而达到减少污染的目的。通过在进城方向的主要道路上,根据实际情况调整红绿灯的时长,也可以改善空气状况。得益于这些措施,波茨坦现在的大气二氧化氮浓度比 2012 年项目开始时测得的 44 mg/m³ 降低了 4%,且同一时期的 PM10 排放量也有所降低。

　　虽然大数据在大气环境中的运用技术尚不完善,范围也不够广泛,但从波茨坦的案例已经可以看出,大数据在改善城市气候条件的研究和应用中具有一定的前景,关键在于如何搭建这个数据平台,怎样将气象资料与其他信息结合进行分析和建模,从而为城市宜居性的提高提供科学的建议。

◇ 参 ◇ 考 ◇ 文 ◇ 献 ◇

[1] 白德懋. 居住区规划与环境设计[M]. 北京:中国建筑工业出版社,1992.

[2] 周淑贞,范一胜. 上海城市对风的影响[J]. 地理研究,1986,2:104 - 105.

[3] 刘辉志,姜瑜君,梁彬,等. 城市高大建筑群周围风环境研究[J]. 中国科学:D 辑,2005,35(A01):84 - 96.

[4] 杨华. 华北地区山地城镇居住小区外部空间设计研究[D]. 天津:天津大学,2009.

[5] 关滨蓉,马国馨. 建筑设计和风环境[J]. 建筑学报,1995,(11):44 - 48.

[6] Lechner N. Heating cooling, lighting: Design methods for architects [M]. 2nd ed. New York:John Wiley & Sons,2000.

[7] 曹智界. 建筑区域风环境的数值模拟分析[D]. 天津:天津大学,2012.

[8] Mary Ivan, Sagaut Pierre. Large-eddy simulation of flow around an airfoil near stall[J]. AIAA Journal,2002,40(6):1139 - 1145.

[9] Shen L, Yue D K P. Large-eddy simulation of free-surface turbulence[J]. Journal of Fluid Mechanics,2001,440.

[10] Marshall J S, Beninati M L. Analysis of subgrid-scale torque for large-eddy simulation of turbulence [J]. AIAA Journal,2003,41(10):1875 - 1881.

[11] Michelassi V, Wissink J G, Rodi W. Direct numerical simulation, large eddy simulation and unsteady Reynolds-averaged Navier-Stokes simulations of periodic unsteady flow in alow-pressure turbine cascade:A comparison[J]. Journal of Power and Energy,2003,217(4):403 - 412.

[12] Wissink J G. DNS of separating low Reynolds number flow in a turbine cascade with incoming wakes [J]. International Journal of Heat and Fluid Flow,2003,24(4):626 - 635.

[13] Stephane V. Local mesh refinement and penalty methods dedicated to the Direct Numerical Simulation of incompressible multiphase flows[C]. Proceedings of the ASME/JSME Joint Fluids

Engineering Conference，2003.

[14] Launder B E，Spalding D B. Lectures in mathematical models of turbulence[M]. London：Academic Press，1972.

[15] 王福军.计算流体动力学分析——CFD软件流体动力学分析[M].北京：清华大学出版社，2004：124-125.

[16] Fluent Inc. Fluent User's Guide[S]. Fluent Inc. 2003.

[17] Launder B E，Reece G J，Rodi W. Progress in the development of a Reynolds-stress turbulent closure[J]. Journal of Fluid Mechanics，1975，68(3).

[18] 李志印,熊小辉,吴家鸣.计算流体力学常用数值方法简介[J].广东造船，2005,(3)：5-8.

[19] 杨丽.居住区风环境分析中的CFD技术应用研究[J].建筑学报,2010,4：5-9.

[20] Arnfield A J. Two decades of urban climate research：a review of turbulence，exchanges of energy and water，and the urban heat island[J]. International journal of climatology，2003，23(1)：1-26.

[21] Marshall Shepherd J，Pierce H，Negri A J. Rainfall modification by major urban areas：Observations from spaceborne rain radar on the TRMM satellite[J]. Journal of Applied Meteorology，2002，41(7)：1247-1266.

[22] 王桂新,沈续雷.上海城市化发展对城市热岛效应影响关系之考察[J].亚热带资源与环境学报，2010,5(2)：1-11.

[23] 谢启姣.城市热岛演变及其影响因素研究[D].武汉：华中农业大学,2011.

[24] 寿亦萱,张大林.城市热岛效应的研究进展与展望[J].气象学报,2012,70(3)：338-353.

[25] Masson V. A physically-based scheme for the urban energy budget in atmospheric models[J]. Boundary-layer meteorology，2000，94(3).

[26] Kusaka H，Kimura F. Thermal effects of urban canyon structure on the nocturnal heat island：Numerical experiment using a mesoscale model coupled with an urban canopy model[J]. Journal of applied meteorology，2004，43(12)：1899-1910.

[27] Fei Chen. Utilizing the coupled WRF/LSM/Urban modeling system with detailed urban classification to simulate the urban heat island phenomena over the Greater Houston area[C]. Fifth Conference on Urban Environment，2004.

[28] 陈志,俞炳丰,胡汪洋,等.城市热岛效应的灰色评价与预测[J].西安交通大学学报,2004,38(9)：985-988.

[29] 徐莎莎,傅庚杰.建筑水环境特性及其价值[J].价值工程,2010,29(8)：8-10.

[30] 王浩.陆地水体对气候影响的数值研究[J].海洋与湖沼,1991,22(5)：467-473.

[31] 王浩.一般情况下陆地水体上流场演变的模拟结果[J].海洋湖沼通报,1992,1：12-20.

[32] Miller N L，Jin J，Tsang Chin-Fu. Local climate sensitivity of the Three Gorges Dam[J]. Geophys. Res. Lett.，2005，32：L16704.

[33] 李书严,轩春怡,李伟,等.城市中水体的微气候效应研究[J].大气科学,2008,32(3)：552-560.

[34] 杨凯,唐敏,刘源,等.上海中心城区河流及水体周边小气候效应分析[J].华东师范大学学报：自然科学版,2004,(3)：105-114.

[35] 李书严.城市不同下垫面覆盖的微气候效应[C].中国气象学会2006年年会"首届研究生年会"分会

场论文集,2006：173 - 186.

[36] 王捷.土石坝水库工程投资与效益的量化比研究[D].合肥：合肥工业大学,2010.

[37] 李万义.适用于全国范围的水面蒸发量计算模型的研究[J].水文,2000,20(4)：13 - 17.

[38] 曹伟,刘玉甫,赵春燕,等.气象要素对水面蒸发量影响程度的灰色关联分析[J].云南水力发电,2008,24(2)：7 - 9.

[39] 黄淑静.不同遮阴形式下户外空间温热环境舒适度之研究——以公车候车亭为例[R].朝阳科技大学,2012.

[40] 香港地下天文台[EB/OL],http：//www. weather. org. hk/indices. html.

[41] Schwartz S E. The whitehouse effect-Shortwave radiative forcing of climate by anthropogenic aerosols：an overview [J]. Journal of Aerosol Science, 1996, 27(3).

[42] 聂玮.我国典型地区大气颗粒物测量技术、粒径分布及长期变化趋势[D].济南：山东大学,2012.

[43] 李军.珠江三角洲有机氯农药污染的区域地球化学研究[D].广州：中国科学院广州地球化学研究所,2005.

[44] 凌镇浩.珠三角大气持久性有机污染物(POPs)的浓度及迁移规律研究[D].广州：中山大学,2009.

[45] 环境工程基础(第五章)[EB/OL]. http：//unit. xjtu. edu. cn/boiler/szwang/book-ee/book-ee. htm.

[46] 赵亚民.尘埃粒子计数器光电传感器信号熵特性研究[D].南京：南京理工大学,2008.

第 8 章

城市规划中的新技术

未来城市规划学科的突破将是城市规划技术与方法的突破。引入地理信息系统、遥感技术、全球定位系统、虚拟现实(virtual reality，VR)技术等新技术到城市规划中，顺应现代科学发展的总体趋势，即综合利用传感技术、通信技术、计算机技术、人工智能、计算机图形学、图像处理与模式识别、多媒体技术、虚拟现实技术、并行处理技术、计算机网络、数据库技术等领域的高新科技，构建一套更加科学合理的城市规划体系。城市规划的新技术涉及内容非常广泛，是多学科知识体系的交叉融合，能够对城市的未来发展做出可持续的规划和科学的建设，为城市规划领域注入更多的新鲜活力。

8.1　3S 技术

从 20 世纪 90 年代开始，3S 技术逐渐进入人们的视野。3S 技术是地理信息系统(GIS)、遥感(RS)技术和全球定位系统(GPS)的英文缩写简称。GIS 能够对多源的空间数据进行综合处理、集成管理和动态存取，为智能化数据采集提供地理学支持。RS 用于实时提供目标信息及其周围的环境信息，监测地球表面的各种变化。GPS 可以快速定位目标的空间位置，并且获取准确的数据。三者融合互补，形成"一个大脑，两只眼睛"的框架，即 RS 和 GPS 向 GIS 提供或更新区域信息以及空间定位，GIS 进行相应的空间分析。3S 技术是跨越多个学科、高度集成化的现代信息化技术，成功将空间技术、传感器技术、导航技术、卫星定位技术、通信技术和计算机技术相结合，对空间信息进行采集、处理、管理、分析、表达、传播和应用操作。

8.1.1　GIS 技术

GIS 是指在计算机软件和硬件支持下，对具有空间内涵的地理信息进行输入、存储、检索、运算、分析、表达等操作的技术系统。GIS 具有标准化、数字化和多维结构等基本特点，能够科学管理和综合分析多源时空数据，反映地理分布特征及其之间的拓扑关系。GIS 同时也是信息可视化工具，能够通过计算机屏幕把所有的信息逼真地再现到地图上，直观地表现信息的规律和分析结果，还可以在屏幕上动态地监测信息的变化[1]。GIS 广泛应用于资源调查、数据库建设与管理、土地利用及其适宜性评价、灾害监测与预报、区域规划、生态规划、精确农业等方面，起到解释事件、预测结果、规划战略等作用。

1) GIS 的组成

从系统构成的角度来看，GIS 的组成有五大要素(图 8 - 1)：计算机硬件、系统软件、数据库系统、数据库管理系统和应用人员。

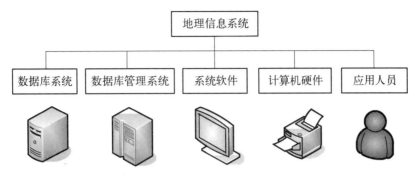

图 8-1 GIS 的组成要素

（1）计算机硬件 计算机硬件是进行地理信息系统开发和应用的基础,主要包括计算机、显示器、打印机、扫描仪、绘图仪、数字化仪等。

（2）系统软件 系统软件是对地理信息进行输入、输出、处理、运算、存储的工具,主要指操作系统,支持地理查询、分析和可视化的工具,图形化界面等。

（3）数据库系统 数据库系统的功能是完成对数据的存储,包括几何(图形)数据和属性数据库。

（4）数据库管理系统 数据库管理系统是地理信息系统的核心。通过数据库管理系统,可以完成对地理数据的输入、处理、管理、分析和输出操作。

（5）应用人员 GIS 的用户范围从日常使用该系统的工作人员,到负责设计和维护系统的技术专家。复合人才(既懂计算机技术,又熟悉地理信息系统)是 GIS 成功应用的关键,而强有力的组织是系统运行的保障。

2) GIS 的分类

按研究范围进行分类[2],GIS 大致可以分为以下三大类:

（1）专题性信息系统 专题性信息系统是选取某个专业、问题或对象为主要内容的系统,也是当今发展最快、最为普遍的系统,如美国的地震分析系统、法国的地球物理信息系统等。

（2）区域性信息系统 区域性信息系统是将某个地域范围作为研究对象进行分析的系统,"瑞典斯德哥尔摩地区信息系统"就是典型的例子。此外,还有区域性卫生资源信息系统、区域性医学影像信息系统、区域性城市地理信息系统、区域性楼宇信息系统、区域性耕地预警信息系统等。

（3）全国性综合系统 全国性综合系统是以整个国家作为研究主体的系统,在全国范围内施行统一标准存储涵盖自然地理要素和社会经济要素的系统性信息,供整个国家进行查询和检索服务。经典的例子有日本的国土信息系统和加拿大的国家地理信息系统等。

按行业特征进行分类[3],GIS 大致可以分为六大类,见表 8-1。

表 8-1　GIS 按照行业的分类

行 业 类 别	序号及专题类别		
政　　府	(1) 测绘	(2) 城管	(3) 信息中心
	(4) 房地产	(5) 计生委	(6) 建委
	(7) 地震		
公共安全与应急减灾	(1) 综合应急	(2) 公共卫生	(3) 公安
	(4) 消防		
自然资源	(1) 环保	(2) 林业	(3) 气象
	(4) 海洋	(5) 土地	(6) 石油
	(7) 农业	(8) 矿产	(9) 水利
交通运输	(1) 公路	(2) 铁路	(3) 水运
	(4) 航空	(5) 城市智能交通	
公共事业	(1) 煤(天然)气	(2) 排水/供水	(3) 通信
	(4) 电力		
商业与公共服务	(1) 物流/零售业	(2) 银行/保险	(3) 旅游

3) GIS 使用的关键技术

GIS 是多学科、多技术高度交叉融合的产物,涉及地理学、地图学、计算机科学、摄影测量等诸多学科的知识,广泛应用于科学调查、资源管理、财产管理、发展规划、绘图和路线规划等领域。下面介绍 GIS 使用的关键技术[4]:

(1) 传感器网络　传感器网络在本质上是一种计算机网络,由许多在空间上分布的自动装置组成。这些装置利用传感器设备互相配合和通信,监控不同空间位置的物理或环境状况,然后将获得的信息上传至联机的中央地理信息系统和分析系统中。传感器网络技术最初是面向战场监测等军事应用,而现今无线传感器网络正逐渐深入民用领域,趋于社会化和大众化。现阶段该项技术主要应用在环境与生态监测、交通控制、家庭自动化以及健康监护等方面。

(2) 数据管理　数据是 GIS 的“血液”,有数据支持的 GIS 才有生命力。在 GIS 中,数据拥有空间位置、图形信息及对应的属性信息。GIS 数据具有数据源多、数据量大的特点。现有的 GIS 具备管理大型数据库的能力,可以提供多用户读写访问,调整分布式地理数据库。

(3) 建模和分析　功能强大,开发便捷的 GIS 软件可以在空间分析和建模方面帮助用户增强处理地理信息的能力。基于 GIS 开发的探索性空间数据分析、空间查询、数据管理与存储、专业制图、地理统计、决策支持、过程建模等方面的进步,能够激发传统学科对 GIS 的兴趣,与此同时,提高参与者和使用者的推理能力。

（4）GIS 可视化技术　GIS 可视化是一门基于科学计算可视化、虚拟现实、地图学、地理信息系统、认知科学和通信学等，以识别、解释、表现和传输为目的，能够直观表示地理信息技术和方法的学科。GIS 可视化作为可视化与地理信息数据结合而形成的技术，以计算机软硬件技术为依托，对 GIS 数据进行交互、分析、处理和图形化表达。作为一项高度集成的技术，GIS 可视化涉及的相关技术有地图标注技术、多维数据表达技术、网络地图技术、实时动态处理技术、交互反馈技术、并行技术等。

（5）网络地图技术　网络地图是电子地图技术与网络 GIS 技术结合的产物，用计算机与互联网技术，以数字方式存储与传输地图产品，可以对网络地图进行漫游、查询、制图和地图数据分析等操作。

4）GIS 开发工具

GIS 在发展过程中，已涌现出了大量的 GIS 开发工具。从组成结构上看，目前常用的 GIS 开发工具分为模块式、集成式、组件式和网络式。

（1）模块式工具　模块式 GIS 开发工具是把 GIS 系统按功能分成一些模块来运行。比较常见的有 Intergraph 公司的 MGE。优势是开发的 GIS 系统具有较强的针对性，便于二次开发和应用。

（2）集成式工具　集成式 GIS 开发工具整合各种功能模块的 GIS 开发包。比较常见的有：ESRI 公司的 ArcGIS、MapInfo 公司的 MapInfo、武汉吉奥信息工程技术有限公司研制的吉奥之星（GeoStar）系列 GIS 软件产品等。优势是各项功能已形成独立的完整系统，提供了强大的数据输入输出功能、空间分析功能、良好的图形平台和可靠性能。缺点是系统复杂、庞大且成本较高，难以与其他应用系统集成。

（3）组件式工具　组件式 GIS 的基本思想是把 GIS 的各大功能模块划分为几个控件，每个控件完成不同的功能。GIS 控件之间、GIS 控件与非 GIS 控件之间，可以像搭积木一样方便地通过可视化的软件开发工具集成起来，形成最终的 GIS 应用系统。组件式 GIS 开发工具是计算机技术发展的产物，不仅有标准的开发平台和简单易用的标准接口，还可以实现自由灵活的重组。组件式 GIS 开发工具的核心技术是微软的组件对象模型技术。新一代组件式 GIS 开发工具多是采用 ActiveX 控件技术实现的。比较常见的组件式 GIS 开发工具有：TatukGIS 公司的 Developer Kernel、ThinkGeo 公司的 Map Suite GIS，Intergraph 公司推出的 Geomedia、ESRI 公司推出的 MapObjects 以及北京超图软件股份有限公司的 SuperMap Objects 等。优势是组件化的 GIS 平台集中提供丰富的空间数据管理和分析能力，以灵活的方式与数据库系统连接。系统运行灵活，价格较低。对于 GIS 应用开发者，无须掌握额外的 GIS 开发语言，只需熟悉基于 Windows 平台的通用集成开发环境以及 GIS 各个控件的属性、方法和事件，就可以完成应用系统的开发和集成。

（4）网络式工具　网络地理信息系统（WebGIS）是基于 Internet 平台，客户端应用软件采用网络协议，运用在 Internet 上的地理信息系统。WebGIS 的核心是在 GIS 中嵌入 HTTP 标准的应用体系，实现 Internet 环境下的空间信息管理和发布。GIS 通过 Web 功能得以扩展,真正成为一种大众化的使用工具。互联网用户可以从网络的任意一个节点访问 WebGIS 站点,浏览网站上的空间数据、制作专题图,进行相应的空间检索和空间分析,让 GIS 更加广泛深入地满足普通民众的需求。WebGIS 的主要功能是进行空间数据分布式获取、空间查询与检索、空间模型分析服务、互联网资源共享等。WebGIS 现处于初级发展阶段,不过有很多公司推出了 WebGIS 开发工具,如 TatukGIS 公司的 Internet Server(IS)、ThinkGeo 公司的 Map Suite Web Edition、MapInfo 公司的 MapInfo ProSever、Intergraph 公司的 GeoMedia Web Map 等。优势是 WebGIS 系统是全球化的服务器应用,可以进行世界范围内的 GIS 数据更新。WebGIS 很容易与 Web 中的其他信息服务进行无缝集成,可以建立灵活多变的 GIS 应用。此外,WebGIS 具有良好的可扩展性和跨平台特性。

5) GIS 在城市规划管理中的应用

我国城市规划行业应用信息技术起步于 20 世纪 80 年代中后期,随着城市社会经济的发展,城市规划与管理的覆盖区域不断延伸,社会对城市规划与管理向着高要求发展。其中涉及的相关信息囊括了一个城市的历史、现在和未来的发展数据,覆盖面逐渐扩散,信息量不断增加,使得传统的手工作业和技术方法与现实中持续扩展的城规要求逐步拉大。GIS 技术能填补城市规划和管理人员在空间信息管理方面的要求,可以将现实世界中对象的空间位置和相关属性进行深层次整合,并借助自身特有的空间分析功能和可视化表达技术,辅助城市规划和设计人员对方案的科学化决策。武汉大学虚拟现实实验室研发的具有自主知识产权的三维 GIS 平台软件 GeoScope(图 8-2),提供精确分析和高性能真实感可视化的多尺度表达,为大规模三维空间数据的整合、管理、分析、可视化和综合应用提供完整的解决方案,并在武汉市建成了国内首个投入使用的大城市级三维城市模型,推进了从传统的二维平面审批到三维立体方案审批的转变。可以看出,城市规划现已成为我国推广应用 GIS 技术最有影响、发展最快和取得实际成果最多的应用领域。GIS 技术能够为城市规划与管理[5]提供快捷有效的信息获取手段、信息分析方法、规划管理技术、规划方案表现形式、公众参与形式和公众监督机制,从而提高城市规划管理工作的效率和水平。

GIS 在城市规划与管理中主要应用于以下几个方面[6]:

(1) GIS 提供直观和理性的规划工具 GIS 拥有强大的空间数据分析能力,提升了空间数据的图形表现和属性数据的空间分析性能,弥补了过去城市规划使用纯图形文字的滞后表现形式,提供给城市规划一种直观化、理性化的规划工具。

(2) GIS 对规划数据的存储管理与分析功能 GIS 支持多种表现形式的空间数据,允许管理大容量的数据,具备高效的数据维护和更新能力以及空间信息的查询和分析,使得城市规划空间分析更加理性化和科学化。此外,GIS 技术依托数据库技术,并在搭建数据库时进行分层操作,即以数据的性质划分类别,将具有相同或相近性质的信息一起存储,组建一个数据层,以此实现对图形数据和属性数据的分析和指标量算。这样能够大幅度降低系统的计算复杂度和规划设计人员的工作量[7]。

(3) GIS 在城市规划动态管理运行中提供支持 GIS 可以对数据进行快速更新,对空

(a)

(b)   (c)

图 8-2 基于三维 GIS 软件 GeoScope 开发的大城市级三维城市模型

(a) 规划方案对比；(b) 室内外一体化寻径；(c) 可视域分析

间进行实时分析，故能够在城市规划的动态调整方面提供强大的技术资源，从而对城市规划设计方案展开科学合理的数据检测和自动反馈。结合施工情况和进度对规划方案实施适当的调度和安排，来保障城市规划运作具有良好的通畅性和循环性。

（4）GIS 在城市三维仿真和可视化中的应用　城市规划设计者和管理者借助三维 GIS 技术可以实时地观察不同设计方案在虚拟城市环境中的效果，从任意角度、各个方向、任意路线对不同方案进行交互、比较和评估。这些仅依赖于以往的平面图和建筑缩微模型是难以实现的，因此，GIS 技术为从空间角度评价建筑方案的合理性和美观性提供了更加直接、有效的手段。

（5）GIS 在规划方案决策中的作用　利用三维虚拟现实技术直观、准确的表达技术以及城市规划数据的管理和分析功能，GIS 可以辅助设计和决策人员对规划方案进行模拟、评估、修改、选择等操作，从而确定最优化的规划方案，保证工程的质量。

8.1.2 RS 技术

遥感(RS)技术是利用飞机、卫星等空间平台上的传感器从空中远距离对地面进行观测，根据目标反射、辐射或散射的电磁波进行提取、判定、加工处理、分析与应用的一门科学和技术。

1) RS 的组成

RS 是一门对地观测综合性技术，不但需要技术装备的支持，也依赖多种学科的参与和配合。从定义来看，RS 系统的组成大致可以分为以下四大要素[8]：

（1）信息源　信息源即为遥感执行探测操作的目标对象。所有目标物的共同特性是能够对电磁波进行吸收、反射、透射及辐射作用等。遥感探测信息的来源就是检测目标对象与电磁波发生相互作用时形成的电磁波。

（2）信息获取　信息获取指的是借助遥感技术设备获取、存储目标对象电磁波特征片段的探测过程。此过程中涉及的主要技术设备是传感器和遥感平台。传感器的作用是探测目标对象电磁波特性，常见的传感器有照相机、扫描仪和成像雷达等。遥感平台即为搭载传感器的运载工具，比如气球、飞机和人造卫星等。

（3）信息处理　信息处理即对采集的遥感信息（如电场、磁场、电磁波、地震波等信息）使用计算机设备和光学仪器执行校正、分析和解译的处理过程。经过对获取的遥感信息采取这一系列的处理操作，能够了解或剔除遥感原始信息的误差，对被探测目标物的影像特征进行梳理和归纳，从而依据这些特征将有价值的信息从原始的电磁波特征中识别并提取出来。

（4）信息应用　信息应用指的是专业人员根据不同的目的将遥感信息投入到各个业务领域的使用过程。信息应用的一般方法是将遥感信息作为地理信息系统的数据来源，供用户进行相关的查询、统计和分析操作。遥感涉及的应用领域非常广泛，比如军事斗争、地质矿产勘探、自然资源调查、地图测绘、环境监测以及城市建设和管理等。

2) RS 的分类

RS 技术的类别[9]可以从以下几个方面进行归纳：

（1）按传感器的搭载平台分类

① 地面遥感。是指将传感器安装在陆地平台上，典型的地面遥感有手提式、车载型、船载型、固定或活动高架等。

② 航空遥感。是指将传感器安装在航空器上，典型的航空器有气球、航模、飞机等。

③ 航天遥感。是指将传感器安装在航天器上，典型的航天器有宇宙飞船、人造卫星、空间实验室等。

（2）按 RS 探测的工作方式分类

① 主动型遥感。是指从传感器主动地朝着目标对象发射特定波长的电磁波，再接收和记录从目标物反射回来的电磁波。

② 被动型遥感。是指传感器没有朝着被探测的目标对象发射电磁波，而是直接接收并

记录目标物自身发射或目标物反射太阳辐射的电磁波。

（3）按几何空间分辨率分类 从人们最为关注的空间特征角度看，即根据可视特征的地物识别大小来区分。分辨率的选择是依据分析目标来确定的，常见的分辨率有 1 km、250 m、30 m、19.5 m、5 m、2.5 m、0.8 m、0.61 m、0.4 m、0.17 m 等。在实际应用中，需要混合分辨率和多类型遥感数据结合使用。

（4）按 RS 探测的工作波段分类

① 紫外遥感。它的探测波段范围为 0.3～0.38 μm。

② 可见光遥感。它的探测波段范围为 0.38～0.76 μm。

③ 红外、热红外遥感。它的探测波段范围为 0.76～14 μm。

④ 微波遥感。它的探测波段范围为 1 mm～1 m。

⑤ 多光谱遥感。它的探测波段范围在可见光与红外波段之内。对这一波段范围做进一步划分，可以细分为很多个窄波段进行探测。

⑥ 高光谱遥感。它的探测波段范围在紫外到中红外波段之内，并且这一波段范围也可以划分为若干个在光谱上连续且相当窄的波段来进行探测，其光谱范围为 400～1 250 nm。

（5）按 RS 的应用领域分类

① 从微观角度看，遥感可以分为水体污染遥感、固体物质遥感等。

② 从中观角度看，遥感可以分为车载导航遥感、场地探测遥感、安全探测遥感、城市定位遥感等。

③ 从中宏观角度看，遥感可以分为军事遥感、资源遥感、环境遥感、地质遥感、测绘遥感、气象遥感、水文遥感、农业遥感、林业遥感、渔业遥感、灾害遥感、城市遥感等。

④ 从宏观角度看，遥感可以分为海洋遥感、陆地遥感、大气层遥感、外层空间遥感等。

3) RS 使用的关键技术

（1）RS 数据的获取 利用 RS 平台上的传感器获取目标特征原始记录的过程。RS 数据获取的常见来源有常规航空相机、数码航摄仪、对地观测卫星系统、高分辨率卫星、气象卫星、机载对地观测技术、无人机及其他 RS 技术等。

（2）RS 图像处理技术 利用 RS 图像处理技术可以对 RS 图像进行图像校正、图像增强、图像整饰、投影变换、特征提取、图像分类以及各种专题处理。常用的 RS 图像处理方法有光学处理和数字处理。其中光学处理涵盖普通的照相处理、分层叠加曝光、光学的几何纠正、假彩色合成、相关掩模处理、物理光学处理和电子灰度分割等。而数字处理是指通过计算机图像分析处理系统来进行特定的 RS 图像处理。一般来说，RS 图像的数字处理在大部分情况下会与多谱段扫描仪和专题制图仪图像数据的应用联系在一起。数字处理方式灵活、重复性好、处理速度快，能够得到高像质和高几何精度的图像。

（3）RS 提取技术 针对特定的应用，需要从海量的 RS 信息中提取感兴趣的信息，为特定领域服务，推动了很多针对特定目标的信息提取理论、方法以及模型的产生。RS 信息的提取方法主要有两大类：目视解译和计算机信息提取。其中，目视解译[10]的定义为：提取图像的空间特征(大小、形状、图形、纹理、阴影、位置和布局)和影像特征(色调或色彩,即波谱特征),与不同类型的非遥感信息(地形图、各种专题图等)整合在一起,运用生物地理学相关规律,并采用对照分析的方法,进行由表及里、由此及彼、去伪存真的逻辑推理和综合分析的思维过程。而计算机信息提取[11]则是利用计算机自动提取遥感信息。因为地物在同一波段、同一地物在不同波段都具有不一样的波谱特征,通过对某种地物在各波段的波谱曲线进行分析,根据其特点进行相应的增强处理后,就可以在 RS 影像上识别并提取同类目标物。目前,RS 变化信息提取技术主要是以目视解译为主,通过人机交互进行的半自动提取技术。但是该技术存在变化信息漏提、错提等现象。为适应更加深入的大规模动态监测需求,迫切需要对变化信息自动提取技术做更深入的研究,建立适用于遥感图像自动解译的专家系统,逐步实现遥感图像专题信息提取自动化。

4) RS 软件

现在比较流行的遥感图像处理软件[12]中,国外比较著名的有美国 ERDAS LLC 公司研发的 ERDAS Imagine、美国 Research System INC 公司研发的 ENVI、加拿大 PCI 公司研发的 PCI Geomatica 以及澳大利亚 EARTH RESOURCE MAPPING 公司研发的 ER Mapper。国产遥感软件中应用较为广泛的有国家遥感应用工程技术研究中心开发的 IRSA、原地矿部三联公司开发的 RSIES、中国林业科学研究院与北京大学遥感与地理信息系统研究所联合开发的 SAR INFORS、武汉大学开发的 GeoImage 以及中国测绘科学研究院与四维测绘技术有限公司联合开发的 CASM ImageInfo。

从总体上看,国外软件的功能相对强大,支持的格式很多,方便对影像的分类,缺点是不符合国人的使用习惯,学习掌握难度较大,且软件价格较高;国产软件具有界面友好、价格低、容易掌握等特点,但功能有待完善。

5) RS 在城市规划管理中的应用

现今,RS 已成为获取地球资源与环境信息的重要手段,它构成了一个从地面到空中乃至空间,从信息数据收集、处理、判读分析到应用,对全球进行探测和监测的多视角、多层次、多领域的观测体系。RS 在城市规划管理工作中的应用[13]可以大致归纳为以下几点:

(1) 实现对土地资源利用的适时调查和动态监测,为加强土地资源的管理、优化政府部门决策提供有力支持。土地资源作为城市发展的基本资料,在城市规划中受到高度重视和广泛关注。使用卫星 RS 影像作为信息来源,随时掌握土地性质和利用现状的特征,是现代城市最常用的手段。

(2) 通过对城市变迁、发展、人文环境变化进行动态分析和研究,能够为城市规划发展提供信息资源。对不同历史时期的遥感资料进行分析,结合各时期城市建设管理环境等因素,能够做到系统化、全方位地研究城市发展轨迹和时空变化规律,为城市规划的研究提供数据来源。

(3) 利用 RS 图像进行特征分析,为环境监测从水质、土壤、固体废物污染、城市热岛效应等方面提供有关资料及数据。环境条件(如温度、湿度)的改变和环境污染会引起地物波谱特征发生不同程度的变化,而地物波谱特征的差异正是遥感识别地物最根本的依据。

(4) 利用 RS 获取的数字化影像可制作"4D"(即数字高程模型 DEM、数字正射影像图 DOM、数字栅格地图 DRG、数字矢量地图 DLG)产品,为城市基础地理信息系统提供翔实、可靠的数据来源,并在城市规划设计中引入人机对话式操作。根据 RS 资料可以制作城市地形图、交通图等各种专题及综合图件。

(5) 获取应急灾害资料。由于 RS 技术具有在不接触目标情况下获取信息的能力,在自然灾害发生时,国土资源部的专业人员借助 RS 影像就可以在短时间迅速地获取地理信息。特别是在自然和地理环境极端恶劣的情况下,RS 影像成为能够获取信息的唯一来源。比如,2008 年发生的汶川地震中,RS 影像充分用于获取灾情、决策救灾和灾后重建等方面。在"福卫二号"多光谱卫星遥感影像(分辨率为 8 m)下的北川地区,地震前后(2006 年 5 月 14 日和 2008 年 5 月 14 号)的对比图如图 8-3 所示。由图可见,在大地震的

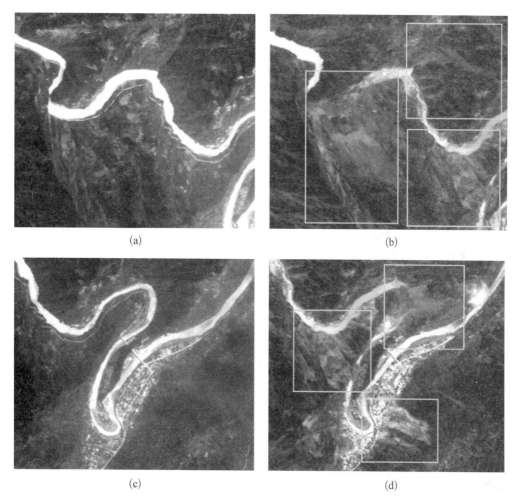

(a) (b)

(c) (d)

图 8-3 汶川地震的 RS 影像对比图

(a) 2006 年 5 月 14 日地震前;(b) 2008 年 5 月 14 日地震后;(c) 2006 年 5 月 14 日地震前;(d) 2008 年 5 月 14 日地震后

作用下,该地区遭受山体滑坡、泥石流、河流堵塞等自然灾害。图中用方框标示地形地貌发生变化的部分。

8.1.3 GPS 技术

全球定位系统是一种同时接收来自多颗卫星的电波信号,以卫星为基准求出接收点位置的技术,可以在全球范围内实时进行定位、测量、监控、导航。GPS 以其高精度、自动化、快速化、全球化、全天候的定位功能,广泛应用于军事、民用交通导航、大地测量、摄影测量、野外考察探险、土地利用调查、精确农业以及日常生活等领域[14]。

1) GPS 的组成

GPS 由空间段(space segment)、地面控制段(control segment)以及用户段(user segment)三个独立的部分组成。通俗地讲,就是天上飞的卫星、地面的控制站以及手里拿的导航仪(图 8 - 4)。

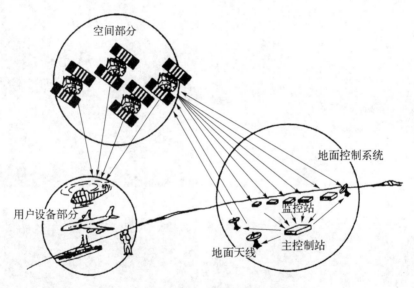

图 8 - 4 GPS 的硬件组成示意图

(1) 空间部分 GPS 的空间部分[15]由 24 颗卫星组成(其中工作卫星 21 颗,备用卫星 3 颗),处在距离地球表面 20 200 km 的太空中,每 12 h 运行一圈。这些卫星运行在 6 个轨道面上(每个轨道面有 4 颗卫星),轨道长半轴为 26 609 km,轨道倾角为 55°。卫星的均匀分布保证在地球表面上任何地方,都可全天候观测到多于 4 颗的卫星,并可以将导航信息预存到卫星中。随着时间的推移,大气摩擦等问题会导致 GPS 卫星的导航精度逐渐降低。

(2) 地面控制系统 地面控制系统的构成要素有监控站(monitor station)、主控制站(master monitor station)和地面天线(ground antenna),由一个位于美国范登堡空军基地的主控站(MCS),5 个分别位于夏威夷岛、范登堡空军基地、阿森松岛、迪戈加西亚岛和夸贾林岛的监控站以及 3 个用于给在轨卫星上传信息的大型地面天线站组成。地面控制站主要负责收集由卫星传回的信息,并计算导航信息、卫星星历、相对距离、大气校正等数据。

(3) 用户设备部分   用户设备部分即 GPS 信号接收机,能够捕获导航卫星播发的信号,经过检测、解码以及处理 GPS 信号三个主要流程来解算导航信息,实时地计算出测站的三维位置、三维速度和时间。接收机的外形千姿百态,有袖珍式、背负式、手持式等,但其结构都分为天线单元和接收单元两部分。其中,天线单元由接收天线和前置放大器两个部件组成,接收单元信号是软硬件相结合的有机体。GPS 接收机现在一般都是 12 通道的,可以同时接收 12 颗卫星的导航定位信号,满足不限量用户的共享需求。

2) GPS 的分类

GPS 信号能够全天候 24 h 用于导航、定位和测量。根据用户使用 GPS 的目标差异,GPS 信号接收机也各有差异。GPS 接收机可根据用途、工作原理、接收频率、通道数等进行分类,见表 8 – 2。

表 8 – 2   GPS 接收机的分类

分 类 依 据	类 别
用 途	(1) 导航型接收机
	(2) 测地型接收机
	(3) 授时型接收机
载波频率	(1) 单频接收机
	(2) 双频接收机
通道数	(1) 多通道接收机
	(2) 序贯通道接收机
	(3) 多路多用通道接收机
工作原理	(1) 码相关型接收机
	(2) 平方型接收机
	(3) 混合型接收机
	(4) 干涉型接收机

(1) 以接收机的用途[16]进行分类

① 导航型接收机。主要用于运动载体的导航,可以实时给出载体的位置和速度。此种类型的接收机成本低廉,用途广泛。依照应用领域来做进一步划分,导航型接收机又分成车载型、航海型、航空型、星载型。

② 测地型接收机。主要应用于精密工程测量和精密大地测量领域。此种仪器使用载

波相位观测值进行高精度的相对定位。这种类型的接收机结构复杂,售价相对较高。

③ 授时型接收机。主要用于无线电通信及天文台的时间同步。它的原理是利用 GPS 卫星提供的高精度时间标准进行授时。

(2) 以接收机的载波频率[17]进行分类

① 单频接收机。只能够接收 L1 载波信号,通过测定载波相位观测值进行定位。因为无法有效去除由电离层延迟带来的影响,单频接收机只能适用于短基线(小于 15 km)的精密定位。

② 双频接收机。能够同步接收 L1、L2 载波信号。利用双频对电离层延迟的差异,顺利消除电离层对电磁波信号延迟的影响,所以双频接收机可进行长达数千千米的精密定位。

(3) 以接收机通道数[18]进行分类　GPS 接收机之所以能够同时接收来自多颗 GPS 卫星的信号,是依靠关键器件天线信号通道的支持。它可以对接收到的不同卫星信号进行分离,成功地对卫星信号执行量测、处理和跟踪操作。依照接收机占有的通道类型不同,可分为多通道接收机、多路多用通道接收机、序贯通道接收机等。

(4) 以接收机工作原理[2]进行分类

① 码相关型接收机。即使用码相关技术得到伪距观测值。

② 平方型接收机。即应用载波信号的平方技术剔除调制信号,以实现恢复完整的载波信号效果。测定伪距观测值是通过计算相位计测定接收机内产生的载波信号与接收到的载波信号之间的相位差。

③ 混合型接收机。融合以上两种接收机的优势,即同时获取码相位伪距和载波相位观测值。

④ 干涉型接收机。以 GPS 卫星作为射电源,采用干涉测量方法测定两个测站间的距离。

3) GPS 的关键模块

GPS 的软件部分总共有以下六大关键模块[19]:

(1) GPS 核心数据处理系统和 GPS 信号接收机通信模块　该模块用来进行 GPS 核心数据处理系统与 GPS 信号接收机之间的通信,即利用 GPS 信号接收机获取 GPS 卫星信号。

(2) GPS 信号处理系统设备描述模块　该模块用来定义 GPS 信号处理系统设备,使得车载嵌入式系统能够快速地对目标设备进行识别。

(3) GPS 信号处理系统同车载嵌入式系统通信模块　该模块是作为固件程序运行在 GPS 信号处理系统上,以实现 GPS 信号处理系统同车载设备的通信。该过程主要是把 GPS 信号处理系统获取的有效 GPS 经度、纬度以及速度信息传送给车载嵌入式系统,以便嵌入式系统做进一步的处理。

(4) 车载嵌入式系统上的 GPS 信号处理系统设备驱动模块　该模块的功能是让嵌入

式系统识别 GPS 信号处理系统,并能够同 GPS 信号处理系统进行通信。

(5) 嵌入式系统同外部设备 GPS 信号处理系统通信模块　作为运行在车载计算机上的程序,该模块的主要功能是与 GPS 信号处理系统进行通信,读出从 GPS 信号处理系统传送过来的 GPS 经度、纬度和速度等数据。

(6) 车载嵌入式系统的地理信息系统数据库模块　以 GIS 为支撑的地图数据库能够给车辆定位导航系统提供一个具备存放导航信息功能的可视化载体。这个载体可以把特定区域的地图资料信息存放在大容量的存储设备中,根据实际需要自动调用,执行展示、查询、平移、缩放等操作。这样的机制为车辆导航系统提供了直观、清晰的车辆位置显示,有利于提高导航系统的性能。此外,该模块还支持功能扩展,可以实现相关信息的查询并通过文字或图像的方式显示在屏幕上。

4) GPS 在城市规划管理中的应用

GPS 在城市规划管理的工作环境、规划数据的正常测量、城市施工的顺利进行等方面都起着重要的作用。城市规划管理人员可以利用 GPS 技术来保证城市规划管理的运行效率和测量数据的精确程度。GPS 的应用可以有效降低规划管理过程中出现误差和错误的概率,显著提高 GPS 接收机的工作效率,使其能够准确地执行任务。具体来说,GPS 在城市规划管理中的应用可以从以下几个方面进行分析[20]:

(1) GPS 在城市规划编制过程中的应用　GPS 在城市现状的测量、电子数据与地形图数据库的及时更新中起着重要的促进作用。GPS 对于城市建筑和城市的具体分类、城市规划的基本条件可以通过大比例尺地形图进行研究,从而更加深入地对影响城市规划管理的因素进行细化分析。

(2) GPS 在城市规划管理实施中的应用　在城市规划管理中,GPS 能够辅助从事城市规划管理的工作人员对规划地区的历史文化遗产进行有效的保护。在开展规划管理实践时,城市规划管理单位可以对城市规划的全过程进行有效的监控与分析,并对城市主要部分的管道施工进行测量放线和测量评估,同时对其他竣工的建设项目进行远程质量验收,为城市规划和管理部门及时提供精确的调查结果,从而更好地促进城市规划和经济建设的顺利进行。

(3) GPS 在处理城市规划管理纠纷中的应用　随着我国城市化进程的快速发展,城市建设规划过程中不时发生纠纷现象,使许多城市的规划管理计划遭到了严重的破坏。在这种情况下,部分城市规划管理工作可以通过 GPS 技术提供高精度的观测数据以及观测站之间的有效通信来解决并预防纠纷。GPS 通过测量和演示实际的规划管理情况,为城市的规划管理提供准确、实时的依据,经过科学的测试,提前采取必要的预防措施,以有效地减少或者避免城市规划管理中不必要的纠纷。GPS 对汽车和非法商贩的控制和管理(图 8-5),对城市建设的管理,对流动场所和固定场所的监控,能够有效地促进城市建设的良性发展,为经济建设的快速发展创造稳定的环境。

图 8 - 5　GPS 全球卫星车辆管理系统

8.1.4　3S 技术的集成模式

3S 集成技术将遥感、全球卫星定位系统和地理信息系统紧密结合起来。这三大技术拥有各自的技术优势，但是在单独使用时也存在自身的缺陷[21]：GIS 具有较好的查询检索、空间分析计算和综合处理能力，但是数据的录入和获取始终是难题；RS 可以迅速获取区域面状信息，但受到光谱波段和地面分辨率的限制，众多地物特性不可遥感且精度有限；GPS 能够瞬间锁定目标，给出定位坐标，但不能获取地理属性。三者在功能和技术方法上存在明显的互补性，将它们集成在统一的平台上，各自的优势才能得到充分的发挥，进行通畅的信息获取、信息处理、信息应用服务。

在信息时代大背景下，随着"数字地球"技术研究和网络化、信息化的发展，3S 的集成是 GIS、RS 和 GPS 三者发展的必然结果。目前 3S 技术的结合与集成研究已经取得了显著的效果，正在经历一个从低级向高级发展的过程。在 3S 系统的低级阶段，系统之间互相调用相关功能；在 3S 集成的高级阶段，三者之间直接共同作用，形成有机的一体化系统，能够快速、准确地获取定位信息，并且实时动态更新相关数据，不受时间和地域限制进行现场查询和分析判断。3S 有以下四种结合模式：GIS 与 RS 结合，GIS 与 GPS 结合，RS 与 GPS 结合，GIS、RS 和 GPS 三者结合。

（1）GIS 与 RS 结合　这两者的结合在 3S 集成中占据最重要的位置。GIS 与 RS 的结合主要表现为 RS 是 GIS 的重要外部信息源,提供数据更新;GIS 为处理和分析应用空间数据提供一种强有力的技术保证。两者结合的核心技术在于矢量数据和栅格数据的接口问题。GIS 主要是采用图形矢量格式,是按点、线、面(多边形)方式存储;而 RS 普遍采用栅格格式,其信息是以像元存储。两者之间的差别在于影像数据和制图数据采用不同的空间概念表示客观世界的相同信息。目前,RS 与 GIS 一体化的集成应用技术正逐步迈向成熟,广泛应用于植被分类、灾害估算、图像处理等方面。

(2) GIS 与 GPS 结合　这两者的结合不仅能取长补短发挥各自的功能,而且还能让两者的效用都迈上一个新台阶。GIS 可使 GPS 的定位信息在电子地图上获得实时、准确而又形象的呈现及漫游查询;GPS 能够为 GIS 提供数据的采集、修正和更新。两者集成的主要内容有多尺度的空间数据库技术、金字塔和 LOD 空间数据库技术、真四维的时空 GIS 和实时数据库更新等。集成 GPS 的实时定位技术和 GIS 的电子地图技术,能够带来一种组合的空间信息服务方式,可广泛应用于交通、公安侦破、车船自动驾驶等方面。

(3) RS 与 GPS 结合　RS 和 GPS 既具有独立的功能,又可以互相补充完善对方,这就是 GPS 和 RS 相互融合的必要条件[22]。利用 RS 数据可以实现 GPS 定位遥感信息查询,而 GPS 的精确定位功能解决了 RS 在定位方面的困难。从传统上看,RS 对地定位技术大部分使用二维空间变换、立体观测等方式生成 DEM 和地学编码图像。这种定位方式的缺点显而易见,消耗大量的人力和时间成本,并且在地面没有控制点的情况时甚至无法实现,影响数据实时进入系统。而快速定位的 GPS 技术运用 GPS/INS 方法则克服了这一缺陷,通过把传感器的空间位置(X, Y, Z)和姿态参数(φ, w, K)同步记录下来,操作相应的软件,快速产生直接地学编码,使得 RS 能够实时、快速进入 GIS。

(4) GIS、RS 和 GPS 三者结合　GIS、RS 和 GPS 的一体化集成在现实生活中拥有广阔的应用背景,成为科研领域追求的目标——在线连接、实时处理、系统整体。在这个高度集成的系统中,GIS 扮演着中枢神经的角色,RS 诠释着传感器的功能,GPS 发挥着定位器的作用[23]。这种系统不仅具有自动、实时地采集、处理和更新数据的功能,而且可以自动化、智能化地对数据进行分析与运用,供各种具体应用进行科学化的决策和咨询,并根据使用人员可能提出的各种复杂问题给出答案。迎合"数字地球"的构建需求,GIS、RS 和 GPS 的共同作用会让地球捕捉到自身的实时变化,在资源、环境、区域管理等诸多应用领域发挥巨大的潜力和功用。

8.1.5　3S 技术在城市规划中的作用

3S 集成技术顺应当代科学技术发展的集成化趋势,将 GIS、RS 和 GPS 三种独立技术有机集成起来,可构成一个强大的技术体系。3S 集成技术以 3S 地学参数为根据,重点研究 3S 时空特征的兼容性、技术方法的互补性、应用目标的一致性、数据结构的兼容性、软件集成的可行性以及数据库技术的支撑性等方面[24]。在城市规划管理中,需要综合运用 GIS、

RS、GPS 的技术优势，才能进行整体化、高速化、动态化的对地观测、信息处理、目标分析、决策辅助、规划仿真、评估预测等操作。3S 技术在城市规划信息化中拥有广阔的应用前景，可从以下几个方面进行说明：

（1）信息采集与数据更新　城市环境信息烦冗复杂，呈现海量性、多样性、变化性的特点，包括宏观和微观、区域和局部、动态和静态、定性和定量因素，也包括自然和人文因素，如大气、地貌、植被、土壤、水体、道路、居民等。集成的 3S 技术功能强大，可以用来获取区域至全球范围的、动态的、综合的环境信息，辅之以常规的环境信息采集手段，就能够采集综合性、系统性的城市环境信息[25]。RS 技术借助卫星遥感影像，经过图像处理，根据城市环境要素的遥感图像解译标志对环境信息进行提取，可以获取城市生态和人文环境变化的基本数据和图像资料，提取城市规划需要的城市绿化、土地利用、建筑物分布、道路布局、热岛效应、环境污染等信息。GIS 技术与 RS 技术相结合，可高效率地完成 RS 影像的定位和地形校准工作，实现区域精确定位。GPS 技术和常规测量技术的结合，可实现对城市土地利用情况的动态综合监测，捕获实时动态的全方位信息，助力于城市土地资源的管理。利用 GIS 的数据采集功能，把常规方法检测到的城市环境数据录入至地理信息数据库，并对 GPS 数据库中存在的遥感信息、环境信息等数据进行叠加融合，可进行城市环境信息的整体化管理。

（2）现状调查与动态监测　现状调查作为城市规划的初始步骤往往需要耗费大量的人力、物力、财力，又难以达到实时、准确的效果。运用 RS 技术能够对城市地形地貌、湖泊水系、绿化植被、景观资源、交通状况、土地利用、建筑分布等情况进行快速的调查。使用 GIS 技术可以将海量化的基础信息与专业化的信息集成输入至数据库中，从而进行空间信息和属性信息的一体化管理，通过可视化展现来克服 CAD 辅助制图的缺陷，实现快捷的信息查询和统计服务。城市发展是一个不断变化的动态过程，要实现城市发展的动态监测，主要依靠信息的适时更新、分析与综合处理。遥感信息具有多时相、多波谱、多领域的特性，是进行城市发展变化动态监测的理想信息源。RS 技术的核心是构建数理化的监测模型，挖掘出其中有价值的信息做加工处理，以保障对城市变化进行实时测量和监管。借助 GIS 在空间分析和数据处理方面的强大功能，筛选出合适的监测模型，就能实现对城市多源信息的科学化处理，从中发现并总结出城市演变发展的规律。对比和分析不同时段城市的综合信息，可以更加有效地对城市变化信息进行全方位的监测。比如，2013 年由中国地质调查局发展研究中心承担的"基于 3S 技术的野外地质调查工作管理与服务关键技术研究与应用"项目，完成了黑龙江和内蒙古自治区节点的部署工作。该项目的开展使我国卫星技术真正融入一线野外地质工作，为野外人员的安全保障以及野外地质工作的统一管理与调度提供了信息基础，推动了国产卫星技术在地质调查领域的产业化应用。

（3）方案评价与成果表现　对规划方案使用一系列的经济分析（如土地价格分布影响、房屋拆迁量计算、土石方填挖平衡等），并依照科学化的模型对城市进行内部用地功能更新时序分析、外围用地建设适宜性评价、发展方向与用地布局优化研究，就可以对规划方案的社会效益和经济合理性做出合理的评估和预测[26]。利用 GIS 的专题图能够将规划成果的表现形式向多元化、立体化方向发展。综合利用摄影测量、遥感技术、虚拟现实技术，能够开发出城市规划的动态模型，重现历史画面，展示未来蓝图，丰富城市规划的宣传形式和内容。3S 技术和虚拟现实技术的不断发展，使得规划中的未来城市形象能够以三维仿真的方式呈现，从而满足人们视觉、听觉甚至是触觉的感观需求。利用这些技术，就可以使城市规划中原有的一些"只可意会而不可言传"的东西，以一种直观的面貌展现出来，让人们对未来城市"身临其境"，并可对城市历史景观进行恢复与再现，对新的城市规划方案进行可视化的展示和评估。比如，由泰瑞数创科技有限公司自主研发的 SmartEarth 软件（图 8 - 6），是一个集数据与软件一体化的三维地理空间信息系统，提供"数据-软件-网络-应用"四位一体的完整解决方案。该软件能够实现海量三维模型数据的浏览和管理，快速产生具有高质量测绘精度的城市级三维模型数据，为用户提供了一个易于使用、功能全面的三维可视化平台，可广泛用于城市规划、城市地下管线管理、城市应急指挥、国土资源管理、房地产服务等多个领域。

（a）

（b）

（c）

（d）

图 8 - 6　SmartEarth 数字城市版

（a）数字城市三维浏览；（b）天际线分析；（c）控高分析；（d）规划方案

（4）公路交通建设 3S 技术在公路交通领域有着广泛的应用。现阶段国外将 3S 技术投入现实的道路设计、交通规划、交通分析、智能交通管理系统等众多方面，显著提高了相关部门的管理水平及生产效率，同时带来巨大的社会效益和经济效益。3S 技术在高速公路规划、路线优化、工程地质调查、大型桥梁和隧道工程方案论证等方面的成功应用，说明 3S 技术能大幅度提高传统交通运输的工作效率，实现产业升级，保障公路建设的可持续发展。此外，利用 GIS 技术构造城市交通出行分布的数据库系统，从而对现状路网密度、交通可达性、出行距离、公交服务范围等方面进行合理性评估，借助专业软件对城市交通的出行分布和流量分配做出规划和预测，并开展针对交通环境容量影响的评价。利用 RS 数据实施道路勘测和设计，以便在短时间内对路线途经区域的地形、地貌、河流、建筑以及交通网络的概要分析。结合"三库一体"（矢量图形库、影像数据库和数字高程模型）技术和虚拟现实技术，能够开展对道路方案的仿真展示和环境模拟，引入立体化、全方位、多层次的规划和评价新模式。

（5）信息发布与公众参与 在城市管理与规划中，公众参与是公众利益和"以人为本"精神的体现。公众的意见能够给予城市规划和设计人员新的思路，拓展其考虑问题的全面性，改善其城市规划的水平，评估其规划决策的合理性。但是现今的公众参与方式暴露出诸多问题，比如费时费力、参与方式单一、技术背景薄弱、直接参与的居民数量有限和公众参与范围狭窄等。利用互联网平台可以进行城市规划方案的信息发布、网上公示、意见征集和动态查询，将闭门造车的传统模式转变为多方参与、重在过程、公开透明的开放模式，提高城市规划的法律基础和群众基础。一方面，规划设计部门借助网络平台可以开展市民意愿调查，公布城市规划设计草案，召开规划方案及成果的公众展示会、听证会、评议会等；另一方面，民众可以利用可视化技术欣赏虚拟城市景观，传达和分享切身感受，为城市规划建言献策，提高参与积极性[27]。与此同时，各地的专家也可以随时随地通过互联网，利用虚拟现实技术展示规划方案的相关信息（如建筑物三维动态模型），以便开展方案评审；通过网络会议，专家可以实时与规划师进行交流，提出自己的意见和设想，并可以通过建立数字模型加以证实。

（6）城市防灾 随着计算机技术、信息技术和现代通信技术的发展，GIS 在多源信息处理和空间数据分析方面取得了显著的进步，对自动监测数据的处理、存储、传输以及发布具有前瞻性优势，例如"洪水淹没模型分析""位移自动监测处理信息系统"等可对各种灾变进行预警并向政府提供决策依据。RS 技术通过获取目标（地物、地貌）信息进行灾害分析，把雷达影像数据用于汛期灾情的监测与快速评估。把遥感作为灾害检测信息源，具有信息量大、更新速度快和极强现势性等特点，便于监测数据和灾害信息更新，是自动监测特别是自然灾害（洪水、森林病虫害、风灾、干旱）最理想的信息源。GPS 用于野外空间定位数据的采集、存储、处理和传输，锁定自然灾害的空间位置，使用数字水准仪、精密水准仪、高精度经纬仪或全站仪进行垂直和倾斜位移数据的采集，提取自然或工程灾害数据，并综合遥感数据进行分析，为城市灾害监测系统提供可靠信息。

（7）生态旅游　生态旅游作为一种基于保护生态环境和可持续发展的旅游形式，引领当今旅游发展的主要趋势[28]。在生态旅游业中，资源调查，产品开发、营销、经营管理等环节都要涉及大量的环境监测、资源勘测、数据分析、信息查询、可视化输出测量、产品质量管理、人力资源管理等工作。借助于 3S 技术的优势，可以大幅度减轻生态旅游开发和管理过程中的工作强度，为产品的开发、营销、管理提供科学依据，从而增强开发和管理的科学性。在资源调查与产品开发环节，3S 技术可以更加方便、迅速、实时地获取大量资源和环境信息，从而节省生态旅游资源勘测与调查费用。在环境规划环节，3S 技术可以使旅游开发项目做到有计划、有步骤地协调进行，保证生态资源的可持续性。在产品促销环节，建立数字化营销网络，有利于生态旅游产品的推广和销售。在信息管理与服务环节，3S 技术可以为旅客提供空间定位、空间特征查询，从而科学、合理地安排旅游线路。同时管理者的智能化调度，能够带给旅游者周到、全面、贴心的旅游服务并为生命财产安全提供保障。

8.2　虚拟现实技术

虚拟现实被专家学者们公认为是 21 世纪最可能促使社会发生巨大变化的高新技术之一。它涉及的技术领域非常广泛，有计算机图形技术、多媒体技术、传感器技术、计算机科学、仿真技术、心理学、生理学、认知科学、信息科学、微电子技术等，并以这些技术为支撑进行高度的集成和渗透。运用虚拟现实技术的强大功能，可以改变城市规划和建筑设计的表现形式，从传统效果图、沙盘模型、三维动画的设计模式升级到数字技术发展，实现对城市环境从过去到未来变化状态及趋势进行科学的仿真、模拟和预测。借助虚拟现实技术，无须规划方案的真正实施，就能先期检验规划方案的实施效果，通过反复修改，辅助决策方案的制订到施行。

8.2.1　概念和特性

虚拟现实，又译作灵境，是利用计算机模拟产生一个三维空间的虚拟世界，提供给使用者关于其视觉、听觉、触觉等感官的模拟，使用户仿佛身临其境，产生一种具有视觉、听觉、触觉的高度逼真体验；同时还能够运用感觉、手势、语言等方式对虚拟的对象进行交互式操作。置身其中的用户不仅可以在虚拟现实的环境中漫游，还可以进行相关信息的查询、分析、评价、规划和决策。虚拟现实技术是在计算机图形学、图像处理与模式识别、智能接口技术、人工智能技术、多传感技术、语音处理与音响技术、网络技术、并行处理技术和高性能计算机系统等信息技术的基础上迅速发展起来的。

在 1993 年的世界电子年会上，虚拟现实技术总结出"3I"特性，即沉浸感（immersion）、交互性(interactivity)、构想性(imagination)。"3I"特性的提出,将虚拟现实技术提升到一个新的高度,与简单传统的二维画面、三维造型区分开来,形成一种新的新媒体艺术形式[29]。城市规划领域的虚拟现实技术同样具备了这些美学特征,但在表现方式上稍有不同。

(1) 沉浸感　沉浸感是指参与者置身于虚拟世界当中的真实程度。这要求计算机所创造的虚拟环境能使用户产生身临其境的感觉,即具有立体视觉、听觉甚至触觉的感觉。随着科学技术的发展,在理想虚拟现实系统中,用户可以在视觉、听觉、触觉、嗅觉、味觉方面体验到与现实世界完全相同的感受。高度的沉浸感会使用户在计算机产生的虚拟世界中产生幻觉,难以分辨真实环境与虚拟环境。采用虚拟现实技术,能将各种城市规划设计方案模拟在现实环境中,从制作大比例尺城市模型到对城市的环境设计和规划进行研究,都能呈现出相当逼真的效果。用户置身其中甚至无法感受到差别,能够提前享受到城市规划带来的全新体验。在构建的虚拟世界中,用户甚至会被障碍物隔离,与之发生碰撞,与真实世界无异。目前在城市规划领域,设备简单的半沉浸式虚拟现实艺术品居多,用户凭借视觉和听觉感官,比照现实世界即可获得比较理想的沉浸效果。

(2) 交互性　交互性是指参与者对虚拟环境内物体的可操作程度和从环境得到反馈的自然程度。使用者可以借助键盘、鼠标、立体眼镜、数据手套、三维空间交互球、位置跟踪器等传感设备进行交互体验,主动接收模拟环境的信息,获得多感知的逼真体验。如搬动虚拟环境中的一个虚拟盒子,可以感受到盒子的重量,视野中被抓的物体也能随着手的移动而移动。城市规划领域中的虚拟现实技术的交互性,不仅仅渗透在用户的参与过程中,也体现在城市规划设计师的设计过程中。设计师利用计算机网络协调工作状态,设计师之间可以不受时空的限制,通过网络实现共同合作,对规划方案进行同步讨论、修改、评估和预测。

(3) 构想性　构想性是指在虚拟环境中用户可以根据所获取的多种信息和自身行为,通过联想、推理和逻辑判断等思维过程,对系统运动的未来进展展开想象,以认识复杂系统深层次的运动机理和规律性。构想性强调虚拟现实技术应具有广阔的可想象空间,拓宽人类的认知范围,不仅可再现真实存在的环境,也可以随意构想客观不存在的甚至是不可能发生的环境。因此,有学者称虚拟现实为"可放大人类心灵的工具",这正是基于构想性的特性。对于城市规划领域来说,虚拟现实的构想性分为两方面:一方面体现在设计者创作的过程中;另一方面体现在用户体验虚拟现实系统的过程中。这要求虚拟环境中的任何物体并不是机械地照搬现实世界,而是多角度、全方位的有机统一。在虚拟环境中,三维模型物体的构造、颜色、光线、互动方式等都离不开设计师的主观作用。同时,用户在虚拟环境中也需要发挥主观能动性,运用想象力以获得虚拟环境的交互体验。

8.2.2　系统分类

虚拟现实系统的主要功能是创建虚拟世界和在虚拟世界中进行人机交互。为了让用户沉浸到虚拟的环境当中，必须配备完整的设备。而一个典型的系统由中心计算机、输入工具、输出工具、应用软件系统和虚拟环境数据库组成。总的来说，虚拟现实系统包括硬件系统和软件系统两个部分。硬件系统主要由跟踪系统、触觉系统、音频系统和图像生成显示系统组成。软件系统通过三维建模来创建虚拟世界的数据库，包括虚拟世界中虚拟物体的几何形状及其表面信息、运动的建模、物体的分层建模、碰撞的测试、物体的物理模型、三维世界的透视等。

实时交互式仿真主要依赖于人控制鼠标器、简单的操纵杆等硬件设备来实现观察位置、角度、方向的调整。为了更加逼真地提高观察者和景观之间的交互性，还可以有以下控制观察的方式：

（1）观察者戴上过滤眼镜，在水平方向由计算机产生两个相邻视点的图像，分别看到两个图像，产生有立体感的景象。

（2）观察者戴上有传感器的三维立体显示器头盔，转动头部，通过传感器传输信号，使得计算机获取改变观察角度的指令，显示器头盔会实时根据新的视角渲染出新的图片。

（3）观察者戴上配置有六个自由度力传感器的数据手套，使用此手套向计算机传达事先编码过的指令，比如打开门、窗，移动家具，开关照明灯具，指示电梯升降，计算机会按指令产生新的渲染图。

（4）观察者穿上特殊的、有传感器的鞋子，当观察者移动脚步时，计算机就模拟人在场景中步行，产生步移景异的效果。

（5）用特殊投影仪和大幅面状、弧形、环形的银幕，使显示的效果更贴近实际。

虚拟现实技术具有的沉浸感、交互性、构想性，能让用户在虚拟环境中进退自如，自由交互。它强调人在虚拟系统中的主导作用，即人的感受在整个系统中是最重要的。因此，交互性和沉浸感这两个特征，是虚拟现实与其他相关技术（如三维动画、科学可视化以及传统的多媒体图形图像技术等）最本质的区别。虚拟现实系统从交互性和沉浸感的不同程度可以分为以下几大类（图8-7）：

（1）桌面式虚拟现实系统　桌面式虚拟现实系统也称窗口式虚拟现实系统，将计算机的屏幕当作观察虚拟世界的窗口，利用计算机进行仿真来产生三维空间的虚拟场景。参与者需要利用各种输入设备和位置追踪器，来实现在虚拟场景中的沉浸。用户通过一个窗口来全方位地观察虚拟世界，并与其中的物体进行交互。桌面式虚拟现实系统最大的优点就是价格低廉，装置简单，易于使用，缺点是这样的沉浸很容易受周围真实环境的干扰，影响体验的虚拟逼真度。桌面式虚拟现实系统主要包括虚拟现实图形显示、效果观察和人机交互等几部分。桌面式虚拟现实系统的沉浸感相对较低，但仍然普遍使用，就是因为价格较低廉并具备虚拟现实系统的技术要求。作为入门式的虚拟现实系统，桌面式虚拟现实系统比较适合刚进入虚拟现实系统开发的团队或个人。

（2）增强式虚拟现实系统　增强式虚拟现实系统也称叠加式虚拟现实系统，通过让参与者佩戴头戴式显示器，将计算机中的虚拟图像叠加于现实世界中，补充参与者对现实世

图 8-7 虚拟现实系统示意图

(a) 桌面式；(b) 增强式；(c) 分布式；(d) 临境式

界感知不足或无法感知的那部分内容，来增强参与者对现实世界的感受。最常见的增强式虚拟现实系统的观察形式是让用户的一只眼睛看到真实的世界，另一个眼睛则看到显示器上的虚拟世界。增强式虚拟现实系统的典型实例是歼击机飞行员佩戴的平视显示器（图 8-8b），它可以将仪表和瞄准两方面的数据同时显示在飞行员眼前的穿透式屏幕上，无须低头看座舱中的仪表，从而集中精力进行战斗。

（3）分布式虚拟现实系统 分布式虚拟现实系统是基于网络的虚拟环境。系统包括四个基本组成部件：通信和控制设备、图形显示器、数据网络以及处理系统。利用分布式虚拟现实系统可以创建设计协作系统、多媒体通信、实境式电子商务、虚拟社区、网络游戏等应用系统。多个用户可以利用计算机在网络中对同一虚拟世界进行观察，以达到共同的体验。分布式虚拟现实系统在科学计算可视化、远程教育、工程技术、电子商务、交互式娱乐等领域都有着十分广阔的应用前景。通过分布式虚拟现实系统，相隔很远的两个国家可以在同一虚拟战场中进行演练。最为熟知的例子就是网络游戏，全世界各个地方的玩家可以在同一款网络游戏中进行各式各样的任务，像在真实世界中一样。由于参与者人数众多，即使沉浸感不如临境式虚拟现实系统那样彻底，但在分布式系统中，有了玩家与玩家之间的合作和竞争，使得参与者精神上的沉浸感反而要比临境式系统效果更佳。

（4）临境式虚拟现实系统　临境式虚拟现实系统也称沉浸式虚拟现实系统,提供一种完全沉浸式的虚拟体验,是相对较为高级的虚拟现实系统。在临境式虚拟现实系统中,参与者要佩戴系统提供的数据头盔、数据手套、数据衣等装置,及时地对参与者的活动进行反馈,实现参与者与系统的交互,让参与者完全地参与到虚拟环境中来,给予参与者最大程度的沉浸感。近年来开发的虚拟现实影院就是临境式虚拟现实系统的实例,是一个完全沉浸式的投影式系统。由六个平面组成的高达几米的立方体屏幕将观众围绕起来,在立方体外设置六个投影设备,使它们共同投射在立方体内的投射平面上。置身于立方体中的观众,就可以看到六个平面组成的超大图像,完全沉浸在图像的组成空间中。

8.2.3　建模方法

建模方法是虚拟现实技术中最重要的技术领域。享有“计算机图形学之父”美称的著名科学家伊万·萨瑟兰曾说过,“计算机屏幕只是一个窗口,但通过这个窗口,我们可以看见一个虚拟的世界。我们面临的挑战是如何使这个世界看起来真实、动起来真实、听起来真实、摸起来真实!”这里强调的“真实”体验,依靠的就是建模技术。建模方法主要包括几何建模、物理建模、运动建模、行为建模以及模型分割等。

1）几何建模（geometric modeling）

几何建模是一种最传统的三维虚拟建模方法,也是生成高质量视觉影像的先决条件,它是以图形学为基础,配合使用三维建模软件来实现的。虚拟环境中的几何建模是物体几何信息的表示,涉及表示几何信息的数据结构、相关的构造与操纵该数据结构的算法。对虚拟环境中凡是涉及形状和外观两方面的物体,存储在虚拟环境中的几何模型文件都能提供准确的信息。物体的形状由构造物体的各个多边形及定点所确定,包括房屋、树木、汽车等;物体的外观由物体的表面纹理、色彩、阴影、光照系数来确定,包括蓝天、大海、地貌等。

从划分结构上对几何建模分类可以分为层次建模法与属主建模法。其中,层次建模法指的是使用树形结构来表征对象的组成结构,对于描述物体的动态继承关系优势明显。譬如可以将手臂描述成由肩关节、大臂、肘关节、小臂、腕关节、手掌、手指等部分组合成的层次结构。其中每个手指又可以细分为大拇指、食指、中指、无名指和小拇指。在层次模型中,较高层次构件的运动必然会带动较低层次构件从而改变其空间位置[30]。比如转动腕关节势必会连带改变手掌和手指的位置,转动肘关节一定会连带改变小臂、腕关节、手掌的位置,而转动肩关节肯定会影响大臂、腕关节和小臂的位置。而属主建模法指的是同一类型的对象共享同一个包含该类对象详细结构的属主。如果需要建立关于某个属主的一个实例,只要复制指向该属主的指针即可。这样一来,每一个对象实例都可以独立为一个节点,各自拥有属于自己的方位变换矩阵。拿构建木椅模型的例子来说,由于木椅的四条凳腿是相同的构造,故只要建立一个凳腿属主,每当需要凳腿实例时,就创建一个指向凳腿属主的指针即可。通过独立的方位变换矩阵,即可获取各个凳腿的方位。这种方法的优点是简单高效,易于修改,拥有良好的一致性。

几何建模的可操作性和便捷性为研究人员提供了便利,在城市规划的初级阶段,只要按照图样上的比例、数据进行模拟构建,就能达到虚拟实化这一目标。然而,几何建模只是绘制出物体对象的外形特征,而忽视了对象的物理特征和行为特征,即几何建模仅仅能够实现虚拟现实"看起来像"的特征,而没有展现虚拟现实的其他众多特性。因此,人们需要对建模技术展开进一步的探索。

2) 物理建模(physical modeling)

物理建模是对物体的物理特征进行建模,包括物体的质量、重力、速度、加速度、体积、惯性、表面纹理、硬度等。物理建模属于虚拟现实系统中层次比较高的建模方法,需要计算机图形学与物理学相互合作,涉及力的反馈问题,如重量建模、表面变形和软硬度等物理属性的表现。物体在虚拟现实环境的运动过程中,其物理特性需要符合物理学规律,并及时地体现出来,反馈给用户。

物理建模主要包括分形技术和粒子系统两种建模方法。物理建模用分形技术中的自相似原则,即一个物体的某一部分和整体有极其高的相似度。分形技术可以用于海岸线、云朵、河流和山体模型。分形技术的优点是用简单的操作就可以完成复杂的不规则物体建模,缺点是计算量太大,不利于实时性。因此在虚拟现实中一般仅用于静态远景的建模。粒子系统利用简单的体素(体积元素)完成物体在虚拟环境中复杂的运动方式的建模。体素构成了整个粒子系统,每一个粒子都具有位置、速度、颜色和生命周期等物理属性。在虚拟现实系统中粒子系统多用于动态、运动的物体建模,如火焰、雨雪、喷泉、飓风等现象。

3) 运动建模(kinematic modeling)

在虚拟现实系统中,几何建模和物理建模只是客观的视觉呈现,要想达到感官上的冲击,则需要细腻的运动建模。凡是在虚拟现实系统中,相对位置发生改变,包括表面变形、物体碰撞、位置改变、形状缩放等都需要运动建模来解决。

运动建模中比较重要的两个问题是对象位置和碰撞检测。对象位置包括对象的移动、旋转和缩放。在虚拟环境中,除了要确定每个对象的绝对位置,还要考虑相对位置。每个对象都有独立的坐标系,也就是对象坐标系,其原点位置随着对象模型的改变而改变。碰撞检测是物体之间碰撞的一种识别技术。碰撞检测需要计算两个物体的相对位置。如果要对两个对象上的每一个点都做碰撞计算,需要消耗大量的时间成本和人力资源。为了减小系统的开销,许多虚拟现实系统在实时计算中,通常会选择使用矩形边界检测方法来达到节省时间的目的,但会降低一定程度的精确性。为了最大化解决这种问题,研究者从节约时间成本和提高系统精确性的角度提出了许多改进的碰撞检测算法。

4) 行为建模(behavior modeling)

物理建模和几何建模的结合,可以让虚拟现实系统在一定程度上模拟真实世界。但是要创造一个非常逼真的虚拟现实世界,就必须采用行为建模法。行为建模是对处理物体的运动和行为的描述。行为建模不仅在外形、质感上有很高的仿真度,其本身也被赋予了物理属性,具备对"事件"的反应能力,就像有了生命一样,服从现实生活的客观规律。就像对一个人进行建模,对人体表面进行建模仅仅是做了几何建模,这个人就像雕塑一样,要想让其在虚拟环境中呼吸、奔跑、交流,具备自主性,就要进行行为建模。

行为建模方法包括基于过程的行为建模,即将物体的属性数据与其动作行为相分离,利用编程语言来实现全部建模过程;基于对象的行为建模,即将物体的行为描述和属性数据相结合,这是比较常用的建模方法;基于智能体的行为建模,这是未来的一种发展趋势,这种建模方法主要体现在智能化上,例如在人的建模上,结合几何建模和物理建模之外,还会赋予信念、愿望、情感等精神层面的东西。

5)模型分割(model segmentation)

虚拟现实系统中,一个虚拟对象的表示是非常复杂的,之前论述的建模方法有大量的多边形需要绘制,大幅度降低了工作效率,因此需要对模型进行优化。

模型分割是建模时把虚拟环境分割成一个个"单元"和"空间"。只有在当前的"单元"和"空间"中才能够被绘制,极大地降低了被处理模型的复杂度。这种分割方法对大型建筑模型非常适用。楼层规划自动分割方法在城市规划当中经常被使用,模型被分割成多个分个体,可能是一个"单元",也可能是几个"单元",通过 Anchor 节点,来为模型中具有联系的分个体建立关系,这样一来只有当前的"单元"才被绘制,提高了绘制效率。

8.2.4 关键技术

目前已经有很多模拟仿真系统融入了虚拟现实技术,下面从城市规划建设的角度介绍比较热门的虚拟现实建模关键技术[31]。

1)外部引用技术(external reference)

外部引用技术是对外部单块几何模型数据结构的引用,即对外部几何模型的链接,有利于大型场景的建设和编辑以及多人的协同工作。外部引用技术方便用户把所需要的数据结构或纹理导入当前的场景中,进行编辑并重新定位。在模型创建的开始阶段,预先计算好各个模型之间的比例,在当前的模拟环境下,建造精确的可进行操作的模型,再辅之以外部引用技术将建造好的模型导入系统中,为三维环境的建设提供了极大的方便。外部引用技术的优点是可以节省系统的空间内存,提高模型的渲染速度;方便对整个场景进行组织管理;实现模型的快捷替换和更新。外部引用技术使用的缺点是只能改变引用模型的位置、方向和大小,而不能对其进行编辑。如果想要修改模型,只能重新打开模型本身的文件进行修改,修改后还要对模型进行重新刷新。这种技术对模型的一次成型要求极高,否则会拖延整个系统的完成速度。

2)细节层次技术(level of detail, LOD)

细节层次技术主要是通过视点的切换改变模型的细节程度,从而提高显示速度。这种技术最本质的特征是在不影响画面视觉效果的前提下,以一组复杂程度不同的实体层次细节模型描述同一个对象,并在绘制图形时根据视点的远近在细节模型中进行切换,自动匹配相适应的显示层次,进而能够改变三维环境复杂度的一种技术。在三维环境建模中,模型一般都被转化为三角形网络,从网络的几何和拓扑性出发,存在三种删减操作(图8-8):顶点删除操作、边压缩操作和面片压缩操作。细节层次技术大多情况下都用于多边形由繁化简,实现模型的快速生成。在现阶段模型简化的研究中,生成细节层次模型的方法主要是删减法、采样法和细分法。细节层次技术能够显著简化模型的多边形数量,但在漫游过程中,视点连续在不同的层次模型间变化时,画面会有明显的跳跃感,极大地削弱了三维环境的真实度。因此需要生成几何形状过渡,在相邻的模型间形成平滑的视觉转换,在相邻的两层 LOD 之间生成一个过渡带,避免产生视觉上的跳跃,大幅度提升真实感体验。

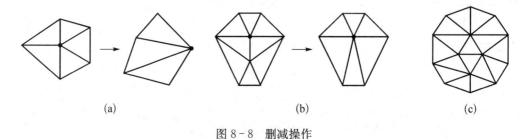

图8-8 删减操作

(a)顶点删除操作;(b)边压缩操作;(c)面片压缩操作

3) 纹理映射技术(texture mapping)

纹理映射技术的核心是二维纹理图像映射到三维物体表面的制作过程。直观地说,就是将二维平面的数字化图像"贴附"到三维物体的表面上,产生表面细节。在城市规划中的应用就是将照片、图像的二维数据映射到地面或物体表面,从而减少三维环境下模型的面片数。在一些复杂的三维模型中,利用纹理映射技术既可以完善模型的细节层次,还可以提高模型的真实度,在不增加三维环境复杂程度的情况下,减少三维场景中模型的多边形数量。纹理映射技术包括透明的纹理映射技术、不透明的纹理映射技术以及纹理拼接技术。采用纹理映射技术的优点是改善景物在细节处和真实感的体验,大幅度减少环境模型的多边形数量,提供优化的三维线索,提升显卡的刷新频率。复杂模型的创建是建模的难点,其纹理贴图也一直备受关注。最基本的解决方法是将复杂模型分解为不同的子单元,针对每一个子单元采用相应的纹理贴图技术来实现。

4) 实例化技术(instance)

三维环境中,如果具有多个形状相近、属性相似但具体位置不同的模型,可以采用实例化技术。它是图形学运算中为了减少计算机的运算负荷而采用的一种算法。对多个形状和属性相似的物体,如果只采用传统的拷贝手段,每增加一个物体就会导致多边形的数量增加一倍,但采用实例化技术,在增加近似物体数量时不会增加复杂的多边形数量。在三维环境建模中,使用实例化技术的优点是显著减少多边形数量,节省大量内存,在分布式仿真中会大幅度减少数据传输量。

在实例对象增多时,运用实例化技术会导致系统的计算量增大,运行速度下降,影响系统的实时性。因此在使用实例化技术时,需要在实例对象数量和几何变换的次数上找到一个平衡点,从而降低对系统实时性的影响。

8.2.5 VR 景观建模软件

对于城市规划而言,虚拟现实技术凭借其全新的可视化特征改变了城市规划和建筑设计的表现形式,实现了对城市环境从过去到未来变化状态及趋势进行科学的仿真、模拟和预测。以下介绍在城市虚拟现实景观建模中常见的五大类软件[32]:

(1) 以国外 MultiGen-Paradigm 公司研发的 MultiGen Creator 系列仿真软件(Creator、Vega 等)为代表的专业三维视景仿真软件 这种类型的软件采用 Open Flight 数据格式针对实时应用优化,拥有强大的多边形建模、矢量建模、大面积地形精确生成功能,以及多种专业选项及插件,能够高效率、实时化、清晰化地开展三维仿真和模拟。

(2) 以国内适普软件有限公司为代表的三维视景仿真软件 像三维可视化地理信息系统 IMAGIS、全数字摄影测量系统 VirtuoZo、影像快速漫游系统 3DBrowser 以及城市建模与三维景观可视化系统 Cyber City 等。这些仿真软件的共同特点是均从航空影像、航天影像和地形图中提取建筑物模型的空间坐标、体量和高度信息等。获取的地物信息准确,而且融合地面高程模型数据,能够对大区域的地形地貌进行建模,依靠测绘 RS 技术就能够较为便捷地实现可视域分析、洪水淹没分析、地形坡度分析等操作,部分软件还具有三维可视化查询功能。这种三维仿真技术在大部分情况下用于大面积的现状仿真,地面纹理较多用地面高程模型叠加航片实现。

(3) 以国内伟景行数字城市科技有限公司研发的 City Maker 为代表的三维虚拟仿真软件 City Maker 是根据城市规划和建筑领域的三维虚拟仿真需求而研发出来的,适用于搭建小范围的环境和建筑模型,甚至实现近似动画的展示效果。City Maker 除了在实时三维仿真环境的建模和交互式漫游方面拥有良好表现外,系统的编辑功能能够满足用户实时地进行各建筑单体设计参数的交互修改,像楼层数目、高度、纹理材料等;也能够实时调整景观环境,所见即所得,方便项目设计方案的及时调整和评估。

(4) 以 APPLE 公司研发的 QUICK TIME 软件为代表的基于图像的虚拟现实制作软件 以交互方式观察,360°环绕影像为基础。基于图像的虚拟现实技术虽然相对基于模型的实时漫游的虚拟现实技术,在灵活性与沉浸感上相比较弱,但前者大幅度地减少了建立三维模型的工作量,拥有高效快速、易于掌握、成本低廉、形象逼真、传播广泛等优点。

(5) 动画制作软件 最为广泛使用的是 3DSMAX 和 3DSMAXVIZ,外加辅助建模工具 AutoCAD、辅助纹理图像处理软件 PhotoShop 和 CorelDraw 等。

8.2.6　VR 在城市规划中的作用

在城市规划中,虚拟现实技术应用能够提供丰富的交互式操作手段,从多个视角全方位观察实地场景,进行实时漫游和空间分析,帮助用户更好地掌握城市的形态和理解规划师的设计意图。虚拟现实技术可广泛应用于城市规划中[33],从制作大比例尺模型到对城市的环境设计和规划进行研究。采用虚拟现实技术,能将各种规划设计的方案定位于模拟的现实环境中,评价规划方案对现实环境的影响;同时可以模拟人在虚拟环境中行走,能够感知空间设计的合理性。应用虚拟现实技术为实践各种可行方案的模拟创造条件,从而能够提高城市规划设计的科学性,降低城市开发成本,同时还能缩短规划设计的时间。数字化高科技赋予城市规划以时代性和信息性。建立逼真的城市三维仿真系统[34]能够直观地展示城市规划成果、宣传城市建设、提升城市形象,可被广泛应用于规划设计及展示、方案评估、领导决策、规划审批、市民公示等方面。具体来说,虚拟现实技术在城市规划中有如下的作用:

(1) 有效地展示规划设计成果　由于城市三维仿真系统特有的沉浸感,人们能够随意在三维的数字化城市里沿着街道行走、鸟瞰或飞行。在观察建筑物的同时,随意停留下来对重点规划地段的各种规划方案进行探讨。不同于传统的平面和静态的设计成果展示,虚拟现实系统能够从各个方位,全面、立体、形象地反映规划方案的设计成果。虚拟现实技术能够支持体验者在立体场景中任意漫游,人机交互,还能够通过佩戴特殊的头盔调动听觉、视觉及其他感觉,赋予体验者一种仿佛置身其中的逼真感。例如,3D 设计公司华锐视点数字科技有限公司借助虚拟现实开发的"上海项目日景/夜景"(图 8-9),通过计算机仿真技术进行模拟,构造虚拟的真实环境,能够对社区规划方案进行全方位的立体展示。客户可以通过自己的电脑,使用鼠标、操纵杆等方式,随意在地面"行走",对任何区域或景观选取任意最佳角度进行观赏,获得身临其境的体验。

(a)　　　　　　　　　　　　　　　　(b)

图 8-9　上海项目

(a) 日景;(b) 夜景

（2）进行科学的决策，改善管理效率　现阶段规划和建筑方案的设计大多数借助主观想象、专业经验和抽象数据模型，而且对规划和建筑设计方案的可行性没有一个系统、直观的评价论证。因此，在城市建设过程中，很容易出现实际效果与预期偏差很大的情况，造成无法挽回的损失。而采用虚拟现实技术可以进行先期的技术成果演示和论证，将其多个设计方案的成果制作成三维虚拟仿真模型，再叠加到现状三维仿真模型上，建立实时三维仿真环境，有助于发现设计中多余的措施和方案中不协调的部分，方便及时修正和讨论。逼真化的模拟仿真能够为规划管理人员提供可靠的、科学的决策依据，在进行方案评估时更为准确、合理、公正和快捷，减少由于事先规划不周全而造成的损失，大幅度提高项目的评估质量。比如南方数码科技有限公司提供的"合肥市三维城市规划辅助决策系统"（图8-10），利用合肥地区最新的高分辨率卫星影像平台，融入市区重要建筑物的三维立体模型数据，构建可视化的三维城市模型，形象地展示城市的布局，方便动态地监测和辅助城市规划与城市管理工作，为规划审批提供坚实的决策依据。

(a)　　　　　　　　　　　　　(b)

图8-10　合肥市三维城市规划辅助决策系统
(a) 布局图；(b) 近景图

（3）搭建沟通平台，提高公众参与度　立体、形象的城市三维虚拟现实系统打破了专业人士与非专业人士之间的沟通障碍，使得各部门能够在统一的平台下进行交流，更好地理解设计人员的思路和收集来自各方的意见，帮助快速锁定问题，解决设计中存在的缺陷。同时随着互联网技术的高速发展，采用虚拟现实技术搭建的城市三维仿真系统还可以通过因特网进行远程浏览，从而提高方案的透明度和公众的参与度。虚拟现实技术作为城市规划和管理的重要手段，对于城市规划的影响不仅表现在对城市规划所需信息的采集、处理和利用方面，更为重要的是改变了城市规划部门内部信息流程和城市规划部门与社会的信息交流和反馈机制方式，进而对城市规划的管理体制产生深远的影响。例如，2009年北京清华城市规划设计研究院创立"再现遗产（Re-relic）"开放式科研平台，实现圆明园的数字重建工作，在互联网上发布三维虚拟圆明园（图8-11），展示其原貌和相关研究成果，并提供虚拟漫游、信息查询等功能。该平台增进了民众对圆明园的了解，进一步扩大了圆明园在全球的文化影响力，推进了文物保护和研究工作。

(a)　　　　　　　　　　　　　　　　　(b)

图 8-11　在线圆明园 IPAD 移动应用体验

(a) 虚拟圆明园的效果图；(b) 虚拟圆明园的公众使用

（4）节省投资和运行费用　在城市三维虚拟现实系统的平台上，设计师和规划者可以轻松随意地对建筑高度、墙体的材质、颜色、绿化密度进行修改。凭借"所看即所得"的技术，只要修改系统中的参数即可，而不需要像传统三维动画那样，每做一次修改都需要对场景进行一次渲染。不同的规划设计意图和方案，通过虚拟现实技术实时地展示出来，用户可以做出全面、可视化的对比，辅助用户做出决定。这一过程显著提升了方案设计的速度和质量，提高了方案设计和修正的效率，也节省了大量的资金、人力、物力和时间成本。如深圳市民中心区项目规划[35]中进行虚拟城市环境仿真，通过不同方案的比较过程，随时选择观看的角度和运动方式，了解不同方案在虚拟城市环境中的效果，最终将市民中心建筑物屋顶提高 10 m，使整体构型更加开阔宏伟（图 8-12），将原有 88 m 高的水晶岛缩小一半（44 m 高），使它与周围环境更加和谐（图 8-13）。

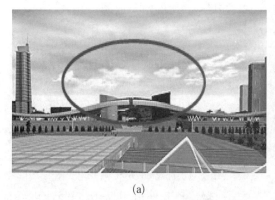 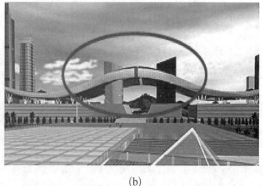

(a)　　　　　　　　　　　　　　　　　(b)

图 8-12　深圳市民中心建筑物的方案调整

(a) 调整高度前；(b) 提高 10 m 后

（5）借助高新科技，有效地进行招商引资　现状地形与规划道路的叠加，可视化的城市模型展示，能够带给投资者直观的视觉体验，有效地进行招商引资。原始的招商引资通常是给开发商一张平面的二维图，投资者无法清楚地了解现场的具体情况，增加了不可预测

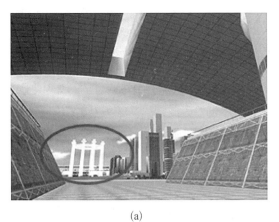 

(a)　　　　　　　　　　　　　　　　(b)

图 8-13　水晶岛的方案调整

(a) 调整高度前；(b) 缩小一半后

性和投资风险。在城市三维虚拟现实系统中，投资者不用进出施工现场就能够清晰地了解每一个地块的地形起伏情况，范围内房屋的数量和规模，规划道路穿越地块情况。同时还可以通过在城市三维虚拟现实系统中设定设计高程，计算地块内的挖填方量，运用科学化的数据运算，帮助投资商有效地降低投资风险。例如，全球领先的三维空间地理信息可视化软件 Skyline(图 8-14)可为用户提供"应用-工具-服务"三个不同层面的解决方案，提供给用户快速建立逼真的三维数字城市场景和基于自身业务的可视化管理系统，提供添加几何图形、视域查询、阴影效果、影像比对等功能，能够编辑、注释、更改和发布现实影像的交互三维环境，全方位、数字化地展示社区模型，为投资者提供可视化和科学化的参考依据。

图 8-14　利用 Skyline 软件进行城市快速建模和分析

（6）展示和宣传城市　城市三维虚拟现实系统的沉浸感和交互性不但能够让用户获得身临其境的体验，同时还能随时获取项目的相关数据信息。对于公众关心的重大设施建设项目，虚拟现实系统可以将设定的规划方案导出为图片或视频文件来制作多媒体城市宣传片，改善项目的展示效果，扩大城市的宣传范围，同时达到宣传城市、经营城市的目的。如"网上中国 2010 上海世博会"平台（图 8 - 15）以及高德公司开发的"数字上海项目"（图 8 - 16）都是城市三维虚拟现实系统典型的范例，能够用高科技手段宣传城市的文化，展示城市的魅力，吸引公众的眼球。

图 8 - 15　网上中国 2010 上海世博会——城市足迹馆

图 8 - 16　高德公司开发的"数字上海项目"

◇参◇考◇文◇献◇

[1] 张玉龙.达里诺尔自然保护区地理信息系统设计与开发[D].呼和浩特：内蒙古农业大学,2009.

[2] 曹蕾.地理信息系统构成及应用[J].交通科技与经济,2009,11(3)：102 - 103.

[3] 莫秀林.地理信息系统(GIS)专题内容的分类探讨[J].新建设：现代物业上旬刊,2013,(10)：23 - 25.

[4] 胡祎.地理信息系统(GIS)发展史及前景展望[D].北京：中国地质大学(北京),2011.

[5] 左飞航.GIS技术在城市规划管理信息系统中的应用研究[D].西安：西安科技大学,2011.

[6] 张进洁.基于3D GIS的规划支持系统研究[D].北京：中国地质大学(北京),2009.

[7] 张利飞.浅谈城市GIS在城市规划中的应用[J].城市建设理论研究,2013,(16)：1 - 7.

[8] 吴可.遥感图像数据分析处理平台的设计与实现[D].长沙：湖南大学,2012.

[9] 孙建中.遥感与数字城乡——空间信息增殖的关键技术[C].北京：中国宇航出版社,2006.

[10] 陈宁强,戴锦芳.人机交互式土地资源遥感解译方法研究[J].遥感技术与应用,1998,13(2)：15 - 20.

[11] 强永刚.基于显著性的遥感图像分析技术研究[D].长沙：国防科学技术大学,2006.

[12] 王海芹,杨燕,汪生燕.国外四大遥感软件影像分类过程及效果比较[J].地理空间信息,2009,7(5)：153 - 155.

[13] 范文兵."3S"技术在城市规划及建设中的应用[J].安徽建筑,2006,13(1)：16 - 17.

[14] 梁会民,彭世揆.园林规划设计中的3S技术应用[J].江苏林业科技,2010,37(5)：37 - 40.

[15] 杨琰.北斗卫星导航系统与GPS全球定位系统简要对比分析[J].无线互联科技,2013,(4)：114.

[16] 苏海鹏.农田导航系统设计及其在精准农业中的应用[D].合肥：中国科学技术大学,2012.

[17] 匡俊华.智能航标灯的设计与实现[D].天津：天津大学,2006.

[18] 邰建民.应用GPS监控铁路行车系统的研究[D].北京：北京交通大学,2003.

[19] 陈玉刚.车载GPS导航系统中的关键技术研究[D].武汉：华中科技大学,2004.

[20] 赵鹰.探讨GPS在城市规划管理中的应用[J].科技传播,2013,(12)：195 - 209.

[21] 王俊.数字城市技术在城市规划管理中的应用——以广州市为例[J].规划师,2005,21(5)：86 - 90.

[22] 赵文武,东野光亮,张银辉,等."3S"技术集成及其应用研究进展[J].山东农业大学学报：自然科学版,2001：117 - 123.

[23] 廖敏.3S技术在环境地质综合调查中的应用——以筠连地质公园、资中地质公园为例[D].成都：成都理工大学,2007.

[24] 马莉,宋庆."3S"集成技术研究现状的综述[J].资源环境与发展,2009,2：31 - 35.

[25] 郑朝贵."3S"技术及其在城市规划中的应用[J].滁州学院学报,2005,6(4)：105 - 107.

[26] 徐振华,韦松林,张燕妮,等.3S技术的发展趋势及其在城市规划中的应用前景[J].科技情报开发与经济,2006,15(12)：139 - 141.

[27] 储金龙.数字城市技术在城市规划中的应用[J].合肥工业大学学报：自然科学版,2002,25(3)：414 - 418.

[28] 李莹,张国楷.3S技术在生态旅游中的应用[J].经济研究导刊,2010(3)：148 - 149.

[29] 李路.虚拟现实技术在城市规划艺术中应用的研究[D].哈尔滨：哈尔滨师范大学,2013.

[30]　杨克俭,刘舒燕,陈定方.虚拟现实中的建模方法[J].武汉工业大学学报,2001,23(6)：47－50.

[31]　李荣辉.三维建模技术在虚拟现实中的应用研究[D].大庆：大庆石油学院,2007.

[32]　张文君,李永树,王卫红.城市规划中虚拟现实景观设计及其应用展望[J].计算机工程与应用, 2006,41(35)：186－188.

[33]　艾丽双.三维可视化 GIS 在城市规划中的应用研究[D].北京：清华大学,2004.

[34]　王莉,胡开全,王阳生.城市仿真技术在城市规划管理中的应用实例[J].中国建设信息,2008,(4)： 71－73.

[35]　黄伟文,郭永明.计算机仿真技术在深圳中心区规划设计中的探索应用[J].世界建筑,2006,(6)： 78－79.